旋转捷联惯导
在线标定技术

石志勇　王志伟　王怀光　全振中　著

北京理工大学出版社
BEIJING INSTITUTE OF TECHNOLOGY PRESS

内 容 简 介

火箭弹在飞行过程中绕弹轴旋转，因此弹载惯导可以等效为旋转捷联惯导。本书以火箭弹载惯导为例，介绍旋转捷联惯导在线标定技术。全书共分7章，第1章主要介绍远程火箭弹的发展情况和惯导误差标定技术现状；第2章针对弹载惯导工作特点，分析了弹载惯导的误差特性；第3章从系统可观测性和状态变量可观测度的角度，对匹配模式进行了研究；第4章主要介绍基于逆向运用PWCS理论的弹载惯导在线标定路径设计方法；第5章基于路面特性和各种机动对可观测度的影响分析了弹载惯导在线标定可行性；第6章主要介绍火箭炮在无阵地转移条件下的弹载惯导在线标定方法；第7章主要介绍提高参数估计精度和估计实时性的方法。

本书可供从事惯导误差标定技术研究的工程人员和研究生参考。

图书在版编目(CIP)数据

旋转捷联惯导在线标定技术 / 石志勇等著. -- 北京：北京理工大学出版社，2021.8

ISBN 978-7-5763-0271-4

Ⅰ. ①旋… Ⅱ. ①石… Ⅲ. ①捷联式惯性制导-标定 Ⅳ. ①V448.131

中国版本图书馆CIP数据核字(2021)第174237号

出　　版 / 北京理工大学出版社有限责任公司
社　　址 / 北京市海淀区中关村南大街5号
邮　　编 / 100081
电　　话 / (010) 68914775（总编室）
(010) 82562903（教材售后服务热线）
(010) 68944723（其他图书服务热线）
网　　址 / http://www.bitpress.com.cn
经　　销 / 全国各地新华书店
印　　刷 / 三河市华骏印务包装有限公司
开　　本 / 710毫米×1000毫米　1/16
印　　张 / 10.75
彩　　插 / 8
字　　数 / 187千字
版　　次 / 2021年8月第1版　2021年8月第1次印刷
定　　价 / 59.00元

责任编辑 / 刘　派
文案编辑 / 宋　肖
责任校对 / 周瑞红
责任印制 / 李志强

图书出现印装质量问题，请拨打售后服务热线，本社负责调换

前　言

火箭炮具有机动性强、发射速度快、火力集中等特点，其发展受到世界各国高度重视。现代战争要求火箭炮在射击远程化的同时必须达到精确化，以提高其打击能力。常规无控多管火箭炮随着射程的增加，其射击精度必然下降，而简易的弹道修正技术也只能对弹体飞行姿态部分修正，故提高射击精度的效果有限。为了提高火箭弹的威力，美国等军事强国已开始对其进行制导化改造，即对火箭弹加装以惯性测量单元为主的制导控制器件形成制导火箭弹。

由于成本的限制，弹载惯导成本较低，所采用惯性器件性能稳定性差、精度较低，因此在发射前有必要采用一定的误差标定方案将惯性器件的误差标定出来，在导航解算过程中，通过误差补偿算法将标定出来的器件误差补偿掉，以此来消除器件误差的影响，提高制导精度。

对惯导系统进行标定，就是借助一定的基准信息，求解惯性器件的误差。纵观惯导系统误差标定技术研究成果，所使用的基准信息主要包括重力、地球自转角速度信息、卫星导航输出信息等。对于弹载惯导而言，由于火箭炮发射速度快，所需火箭弹数量大，误差标定不可能在转台或实验室内依赖于重力和地球自转角度来进行；由于卫星导航容易受干扰或使用环境的影响，弹载惯导也不能依赖于卫星导航信息。

随着武器装备机械化和信息化的发展，火箭炮武器系统配置了导航定位系统，该系统精度较高，可以提供弹载惯导标定的基准信息，从而实现弹载惯导的在线标定。近年来，我们在武器装备预研基金的支持下，就基于主惯导信息的弹载惯导在线标定技术进行了理论和仿真研究，取得了一些研究成果。在此，我们将所取得的成果整理成书，希望对从事相关研究的学者有所帮助。

本书共分7章，第1章介绍了远程制导火箭弹的发展现状和关键技术，并对误差参数标定技术状况进行了概述；第2章在分析火箭弹飞行特点的基础上，将弹载惯导等效为单轴旋转惯导，分析了弹载惯导误差特性；第3章从系统可观测性和状态变量可观测度的角度，对匹配模式进行了研究；第4章逆向运用PWCS理论对标定路径设计方法进行了研究，提出了标定路径的设计原则，并进行了仿真验证；第5章在分析野战路面特点的基础上，对在线标定的可行性进行了分析；第6章主要针对火箭炮不进行阵地转移时如何标定弹载惯导主要误差进行研究；第7章主要就如何提高误差参数估计精度和估计实时性进行研究。

本书第1章和第2章由石志勇编写，第3章、第4章和第6章由王志伟编写，第5章由全振中编写，第7章由王怀光编写。在编写过程中参考了同行的研究成果，在此表示感谢。

由于作者水平有限，书中不妥之处在所难免，恳请专家、读者批评指正。

作　者

2021年1月于石家庄

目　录

第1章

概　　述

对火箭弹进行制导化改造是提高火箭炮精确打击能力的重要手段，由于成本的限制，弹载惯导采用的惯性器件精度较低，因此，在发射前有必要对其误差进行标定。本章首先介绍远程制导火箭的发展现状和关键技术，其次简要说明所搭载的捷联惯导系统工作原理，以及制约导航精度的主要因素，最后针对误差参数标定技术状况进行概述。

1.1 远程火箭弹及其发展[1-2]

远程火箭是陆军炮兵拥有的一类重要装备，主要包括火箭炮、火箭弹等战斗装备，侦察、指挥等信息装备，装填、运输等保障装备，可适应全地形、全天候作战，主要进行面压制、小幅员压制及火力突击等作战任务。其中，火箭弹直接体现了远程火箭武器系统的性能和威力，是远程火箭武器系统的核心，也是国内外学者的主要研究对象。

早期的火箭弹是无控或简易控制的，作战准备时间较长，对作战保障精度要求高，射程较近，精度较差，主要作为战术面压制火力使用。但随着当今武器装备技术的不断发展和战场需求的不断提高，战场所需求的不仅仅是火箭弹的威力，也对火箭弹的射程、打击精度和效益性提出了更高的要求。因此，对火箭弹进行制导化改进或研制新型的远程制导火箭弹，以提高火箭弹的精确打击能力是远程火箭弹研究的重要方向。

1.1.1 远程制导火箭弹关键技术

纵观远程制导火箭弹发展现状，远程制导火箭弹多是在无控火箭弹的基础上增加导航与制导模块、控制模块、修正执行机构等部件而来，所以，其关键技术可分为弹道测量技术和弹道偏差消除技术两类。

1. 弹道测量技术

实现准确命中目标的前提是利用弹道测量技术准确测得火箭弹及目标的速度、位置等信息，在已有的远程制导火箭弹中所使用的弹道测量技术主要包括以下几个方面。

1）惯性制导

惯性制导是指利用弹上测量元件，测量导弹相对于惯性空间的运动参数，并在给定运动的初始条件下，由制导计算机计算出导弹的速度、位置及姿态等信息。惯性制导不依赖于外部提供信息，能独立进行工作，不受气象条件的影响，抗干扰能力强，隐蔽性好。装有这种制导系统的导弹，在发射后不再与发射平台和目标产生联系，不受外界电磁波、光波和周围气象条件等的干扰，也不向外发射任何能量，但它的存储信息不可改变，因而不能攻击活动目标，且弹道误差随飞行时间增长而增大。美国在其研制的制导火箭弹中分别使用两种惯性测量单元（IMU）：HG1700 型 IMU 使用了 GG1308 型环形激光陀螺和 3 个独立的 RBA - 500 型开环石英振梁式加速度计；LB200 型 IMU 采用单轴光纤长 200 m 的光纤陀螺，是为新一代战术导弹研制的。此外，随着制导炮弹技术的发展，适用于制导炮弹的微机电惯性测量装置也得到迅速发展，其具有体积小、耐冲击、高可靠性等特点，完全可以为制导火箭弹所借鉴和采用。

2）卫星制导

制导火箭弹所利用的卫星导航系统主要有美国的 GPS（全球定位系统）导航系统、俄罗斯的 GLONASS（全球卫星导航系统）和我国的 BD（北斗）系统。目前应用最为广泛的是美国的 GPS 导航系统，由于战略部署要求，美国的 GPS 导航系统只向民众开放了 C/A 码，而另一种制导精度更高的 P 码则只用于美国及其盟国的军事领域。卫星制导具有全天候、全时域和误差不累积的优点。此外，采用卫星制导可实现“发射后不管”，利于提高武器系统的战场生存性，但其最大的弱点是易受干扰。英国进行的试验表明，1 W 辐射功率的干扰机，在无遮蔽情况下能干扰 10 ~ 20 km 所有 C/A 码 GPS 接收机，而 10 W 的干扰机就可使 10 km 内的 P 码接收机失灵。早在 1997 年莫斯科航展上就曾展出过一种功率为 4 W 的干扰机，据称能使半径 185 km 范围内的 GPS 接收机丧失工作能力。但针对卫星制导的抗干扰技术已有较丰富的研究成果，如 Mayflower 公司开发的时域自适应横向滤波器（ATF）芯片能对大于 30 dB 的窄带干扰源进行有效的抑制；MITRE 公司开发的基于空时自适应处理（STAP）技术的抗干扰接收机能够在不增加阵元的前提下，大大增加天线阵的自由度，从而增加可以处理的干扰数目，这对多径干扰、相干干扰等宽带干扰有较好的抑制效果；Rockwell Collins 公司设计的选择可用防欺骗模块（SAASM）直接捕获 P 码而不需要 C/A 码辅助，可以有效对付基于 C/A 码的产生式欺骗干扰。

3）组合制导

组合制导能够利用卫星导航信息修正惯性导航产生的时间累加误差，同时利用惯性导航信息弥补干扰环境中的卫星信息丢失，增强制导火箭弹的抗干扰能力，是实现精确打击的重要手段之一。组合制导中的关键是卫星导航信息与惯性导航信息的耦合技术，主要的耦合方式有松耦合、紧耦合和深耦合。美国在研制制导火箭弹的过程中，采用了一个 15 个状态的卡尔曼滤波器对 GPS/IMU 进行深耦合，以获得对火箭弹位置和速度误差的最佳估计，对火箭弹姿态、加速度计偏移和 GPS 接收机时钟误差进行修正。该卡尔曼滤波器在整个飞行过程中都在运行，不过最初只传递协方差，一旦嵌入式 GPS 接收机获得优质 GPS 更新信号，滤波器就会计算出测量误差的最小二乘方近似值，对 GPS 接收机的时钟偏移、漂移和加速度计状态进行估计。该预滤波阶段的作用是通过卡尔曼滤波器的处理消除嵌入式 GPS 接收机的初始时钟误差，改善滤波器的收敛性。一旦预滤波阶段结束，卡尔曼滤波器就开始进行 GPS 更新，并更新导航解。

2. 弹道偏差消除技术

在获取火箭弹自身及目标的准确信息后，需要利用弹道修正技术，将偏离目标的火箭弹修正至目标点，以实现精确命中，其中弹道修正技术主要包括以下两个方面。

1）弹道修正导引规律

导引规律最早应用于导弹上，但随着火箭弹命中精度的提高，其在制导火箭弹中也得到了迅速的应用。在制导火箭弹中应用较为广泛的是比例导引规律。

比例导引规律是指制导火箭弹在攻击目标的导引过程中，制导火箭弹速度矢量的旋转角速度与目标线的旋转角速度成比例的一种导引方法。比例导引的优点是弹道前段较为弯曲，能充分利用制导火箭弹的弹道修正能力，弹道后段较为平直，使制导火箭弹具有较充裕的机动能力；其缺点是命中目标时的需用法向过载与命中点的制导火箭弹速度和攻击方向有直接关系。针对比例导引的不足，国内外学者提出了改进型比例导引、变结构比例导引、修正比例导引等导引规律，并在制导火箭弹中得到了一定的应用。如 Jitpraphai、Burchett 等人在 2001 年第一次对比例导引、抛物线比例导引和弹道追踪导引在直射火箭弹上的运用进行了比较，并于 2002 年提出了相应算法的改进。

2）弹道修正执行机构

制导火箭弹采用的修正执行机构主要包括脉冲推冲器和舵机两类。脉冲推冲器能对纵向偏差和横向偏差进行二维修正，具有结构简单、响应速度快和所需驱动功率小的优点，但受弹体空间的限制，脉冲推冲器的数量有限，修正能力有限，难以实现大落角的要求。脉冲推冲器已在俄罗斯的 BM－21、以色列的 Accular 及德国的 Correct 等制导火箭弹中得到应用。舵机能够为制导火箭弹提供连续的修正力，弹道修正能力更强，但结构复杂，控制难度大，且舵机的修正控制效率受大气环境和飞行速度的影响较大，大气密度越高，飞行速度越大，修正能力越强；反之，修正能力则越弱。此外，舵机的最大舵偏角、角速度及动态响应特性等对制导控制回路的设计有较大的影响，如舵机的角速度限制会导致系统时域响应变差，而在频域中的体现，就是幅值变小，相位滞后增加。选用舵机作为弹道修正执行机构的有美国的 M30－GMLRS、挪威的 LCFG、塞尔维亚的 400 式制导火箭弹等。

1.1.2 旋转体制为火箭弹制导带来的机遇和挑战

采用旋转体制滚转通道无须控制，可以简化制导控制系统的组成，采用一对舵面和一个舵机即可控制俯仰和偏航，有利于降低成本。但是，经典的捷联惯性导航技术因误差过大而难以应用。对于转速为 10 r/s 的旋转弹，若滚转通道采用标度因素精度为 100×10^{-6} 的战术级陀螺仪，100 s 后的滚转角测量误差将高达 36°；对于转速为 10 r/s 的旋转弹，即使采用 1 ms 的捷联解算周期，其一个解算周期内滚转角变化也高达 3.6°，如何提高解算效率、发展高精度解算方法也成为制约经典捷联惯性导航技术应用的瓶颈。此外，旋转弹易于诱发以不收敛的锥形运动为主要形式的动态不稳定，必须解决有控旋转弹动态稳定性理论和设计准则的难题。

1.1.3 制导火箭弹发展趋势

在新军事变革大潮推动下，一些军事强国积极适应军队转型，着眼未来战争需求和陆军新发展，倾力打造全新的“陆战之剑”，竞相研制、发展远程火箭武器系统。纵观世界军事强国远程制导火箭弹的发展，主要呈现以下趋势。

（1）提高射程。如美军 1983 年研制成功并装备的 M270 火箭炮，其配备的 M26 火箭弹最大射程为 30 km，1995 年改进的 M26A1/A2 增程火箭弹，射程为 45 km，2005 年首次装备的 M30 制导火箭弹，最大射程为 70 km，并在发展射程为 250 km、300 km 的制导火箭弹。

（2）提高精度。如以色列的 160 mm 制导火箭弹在 30 km 射程的情况下，圆概率误差（CEP）仅为30 m；美国M270火箭炮配用的M26火箭弹，密集度仅为1/100，通过加装捷联惯导和全球定位系统复合制导系统发展的M30制导火箭弹，在70 km射程时，CEP约为30 m，与战术导弹的水平相当。

（3）发展多种类型战斗部。如俄罗斯为BM－30火箭炮研制配备了子母弹、整体弹、末制导弹、末敏弹、区域封锁弹、巡飞侦察弹等弹种；美军为M270火箭炮研制配备了子母弹、整体弹、末制导弹、布雷弹等弹种。

（4）发展与导弹相结合的远程火力体系。如俄罗斯的陆军方面军和集团军中编配有独立的伊斯坎德尔地地战术导弹旅（团）和BM－30火箭炮旅(团)；师编配有托奇卡地地战术导弹营和BM－21火箭炮营。

1.2 惯性导航技术

惯性导航技术的发展主要由两个方面来推动，一个方面是惯性器件的发展，另一个方面是惯性系统设计理论的发展。

1.2.1 惯性器件

1. 陀螺仪

陀螺仪从本质上可分为两类：第一类是经典的机械转子陀螺，包括液浮陀螺、动力调谐陀螺以及静电陀螺；第二类是以相对论和量子力学为基础的光学陀螺，包括激光陀螺和光纤陀螺等。

20世纪60年代，随着液浮陀螺技术的日益成熟，动力调谐陀螺逐步进入科学家的视野中。动力调谐陀螺也称挠性陀螺，精度不及液浮陀螺，其主要优点是成本低，但是误差标定和补偿过程比较复杂。近些年，动力调谐陀螺已逐步被光学陀螺取代。静电陀螺的概念是于20世纪50年代由Nordseik教授提出的，经过几十年的探索和研制，美国在20世纪70年代成功研制出了第一台静电陀螺。由于静电陀螺的精度高达1×10^{-4}(°)/h～1×10^{-7}(°)/h，所以通常被用于卫星或者战略核潜艇中。在各类陀螺仪中，静电陀螺的精度是目前公认最高的。

激光陀螺的发展阶段相对较晚，其概念自1963年被美国提出以来，直到1981年才被应用于波音747的惯导系统中，目前已可以批量生产。光纤陀螺是另一种光学陀螺，与激光陀螺相比，其价格更加低廉，而且还有体积小、功耗低等优点。目前，由于光纤陀螺所能达到的精度不及激光陀螺，所以只能被应用于中低精度的工作中，但是随着其关键技术的不断发展，其优势将逐渐体现出来。

2. 加速度计

陀螺仪的精度和成本决定了整个惯性导航系统的精度和成本，但这并不代表加速度计的精度好坏可以忽略，只是说明加速度计比同一精度等级的陀螺仪更加容易实现。

从发展之初到现在广泛应用的各类加速度计，基本都是以牛顿第二定律为理论基础的，比如摆式加速度计、石英挠性加速度计和 MEMS（微机电系统）硅加速度计等。石英挠性加速度计是现在普遍应用的加速度计。

表 1－1 列举出了不同年代具有代表性的惯性器件和对应参数。

表 1－1 不同年代具有代表性的惯性器件和对应参数

年代	20 世纪 六七十年代	20 世纪 八九十年代	20 世纪 90 年代	2010 年
类型	框架式转子陀螺和大型摆式加速度计	捷联式抖动环形激光陀螺和小型摆式加速度计	捷联式非抖动零锁环形激光陀螺和石英挠性加速度计	捷联式干涉型光纤陀螺和 MEMS 硅加速度计
尺寸/in^3	14 000	1 100	540	100
重量/lb	300	50	20	7
功率/W	600	155	30	20
可靠性/h	1 200	4 000	8 000	20 000

注：1 in＝2.54 cm；1 lb＝0.453 6 kg。

1.2.2 惯导系统设计理论

平台惯导适合用于20 世纪六七十年代计算机技术还不发达、计算能力较差的情况。随着光学陀螺的问世，以及先进的计算机技术和信号处理算法的进步，传统的平台惯导系统逐步转变为以数字模拟平台为基础的捷联式惯导系统，捷联技术在许多领域中正逐步取代平台技术，尤其是在民用航空和低精度导弹领域，几乎看不到平台惯导了。

捷联式惯导系统最明显的特点是没有电气化的惯性导航平台实体，所以它又称为无平台式惯导系统。但并非平台的概念在捷联式系统中不存在，它仅仅是用计算机软件建立了一个数学平台来代替平台式惯导中的电气机械平台实体，实现同样的功能。捷联式系统虽然省去了平台，结构简单、维护方便，但仪表工作条件不佳，导航解算工作量大。所以，捷联惯导性能的好坏不仅取决于惯性器件的性能，还与导航解算过程有很大关系，其关键算法是姿态更新过程，目前常用的姿态更新算法大体有四元数法、欧拉角法和方向余弦法，其中四元数法计算量较小，较为常用。

捷联式导航系统的主要特点还有以下几个。

(1) 从功能上看，捷联式系统除能完成平台式惯导系统的所有功能外，还增加了垂直导航功能。

(2) 能测量沿载体坐标系各轴的角速度，将这些参数传送给载体控制系统和火控系统使用。

(3) 由于没有实体平台，捷联惯导通常采用的是高可靠性的惯性器件，再加上多敏感元件和多余度技术的应用，系统的可靠性大大提高。

然而，捷联式惯导系统除了具有诸多优势以外，还有一定的不足。如对惯性器件和计算机的要求太高，当载体进行大角速度运动时，为了保证计算精度，对计算机的字长、运算速度和容量都提出了很高的要求。另外，由于捷联式惯导系统将陀螺和加速度计固联到载体上，载体恶劣的机动环境对惯性器件造成了很大的误差，再加上惯性器件自身的误差、导航解算过程存在的误差、初始安装误差，捷联惯导系统的精度达不到平台惯导系统的水平，并且随时间不断增长而下降。实践证明，惯性器件的误差以及安装误差是系统误差的主要来源，所以标定、补偿惯性器件自身误差和安装误差，对提高导航精度是非常有必要的。

1.3 捷联惯导系统原理

在不同的应用场合，惯导解算时都要选取不同的坐标系作为导航坐标系，且不同坐标系之间的转换关系也不尽相同，将直接影响导航的计算过程。结合弹载惯导的实际应用环境，本书选取东北天地理坐标系（ENU）为导航坐标系，在导航解算及标定过程中，通常还需要考虑地心惯性坐标系、地球坐标系、地理坐标系、载体坐标系和计算坐标系等多种三维坐标系。

与其他导航方式相比，惯性导航系统具有全自主、全天候、不受人为因素影响等优点，已广泛应用于陆、海、空、天等领域。按照惯性器件安装方式的不同，惯导系统可分为平台式和捷联式两种。平台式惯导系统采用稳定平台技术，将惯性器件安装在一个稳定平台上，并以其为基准测量载体的运动，虽然精度较高，但成本高、体积大、不易维护。捷联式惯导系统是将惯性器件直接安装到载体上，以导航算法解算出载体的姿态矩阵作为数学平台，去除了平台式惯导系统大部分的机械复杂性，成本低、可靠性高、体积小、易维修，代表着导航系统的发展方向，其工作原理图如图 1－1 所示。

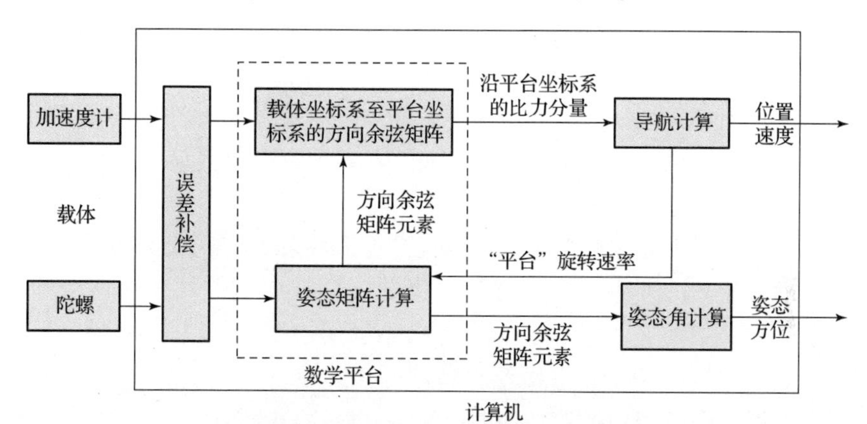

图 1－1 捷联式惯导系统的工作原理图

图 1－2 为捷联式惯导系统的解算原理图，如图中所示，b 为载体坐标系，n 为导航坐标系。在捷联式惯导系统中，陀螺和加速度计是直接固联到载体上的，它们能够直接敏感到载体坐标系三轴向的角运动信息和线运动信息。陀螺敏感到载体坐标系下三轴向的角运动信息，运载体的导航计算机根据这些测量信息进行姿态解算，得到姿态角，进而可以计算得出载体坐标系与导航坐标系的相对姿态角；根据求得的姿态角可以将加速度计在载体坐标系中输出的比力信息转换到导航坐标系，进而计算得到载体在导航系中的速度、位置等导航参数。

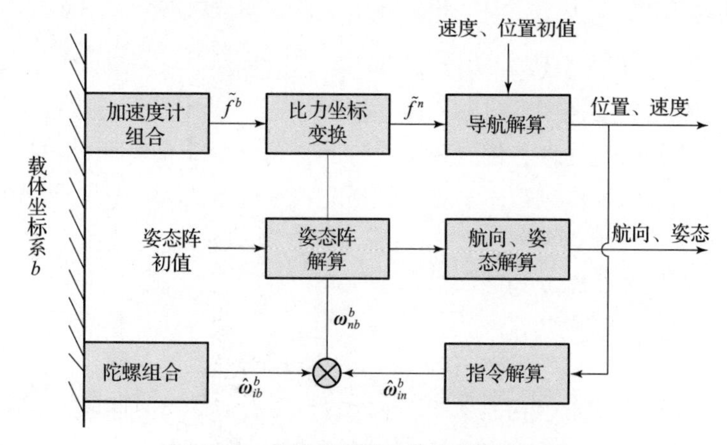

图 1－2 捷联式惯导系统的解算原理图

1.4 惯导误差标定方法综述

1.4.1 误差种类

标定的对象是惯性器件的误差参数，需要首先建立惯性器件的误差模型。按照不同的运动条件，惯性器件的误差模型往往可分为静态误差模型、动态误差模型、随机误差模型。

惯性器件的静态误差模型是指与线运动（即线加速度）相关的误差模型。

惯性器件的动态误差模型是指与角运动（包括角速度和角加速率等）相关的误差模型。对捷联式惯导系统来说，因为惯性器件直接固联在载体上，承受恶劣的动态环境，所以动态误差模型尤其重要。

惯性器件的随机误差模型是指随机变化的那部分误差模型。

若要全部在线标定出各个误差模型的系数将非常困难，所以需要进行合理的取舍。考虑到在线标定的实际，根据系统辨识理论，模型项太多不利于参数估计。一般选择零偏误差、标度因数误差、安装误差为待标定项。

1. 零偏误差

零偏误差是指当输入为零时惯性器件的输出值，包括加速度计零偏（常用∇表示）和陀螺零偏（又称零位漂移，常用ε表示），存在逐次启动不确定性。

2. 标度因数误差

惯性器件的标度因数是指惯性器件的输出增量与输入增量之比。由于捷联惯导系统将陀螺和加速度计直接固联在运载体上，惯性器件直接感受载体的振动冲击等干扰，惯性器件工作过程中实际的标度因数与预先通过实验室标定后存储在计算机里的标度因数不一致，这就是标度因数误差。这项误差对捷联惯导的测量准确性有很大影响，一般情况下，陀螺仪标度因数误差要达到10^{-6}数量级才能满足导航精度的要求。

3. 安装误差

捷联惯组由 3 个加速度计和 3 个陀螺仪组成，理论上加速度计坐标系和陀螺坐标系应该是正交坐标系且和载体坐标系重合，但由于安装误差的存在，加速度计坐标系和陀螺坐标系成为非正交坐标系。安装误差常用安装误差角来表示。

1.4.2 惯导误差标定方法分类

根据选取的观测量不同，标定可分为系统级标定和分立式标定[3]。系统级标定利用载体的机动对惯性器件误差进行激励，能够在导航过程中完成标定，其原理是使器件的输出值直接参与到导航解算中，将导航解算误差作为系统的观测量对各误差参数进行标定。分立式标定需要将惯性器件从载体上拆卸下来，利用实验室精密仪器完成标定，其特点是直接以惯性器件的输出值作为观测量，采用最小二乘估计等数值分析法对相应输出值进行分析最终得到器件误差。分立式标定对标定设备及环境的要求非常高，只能在实验室完成，常见的分立式标定实验包括多位置实验、角速率实验等。系统级标定对标定环境要求较低，不需要实验室精密转台等高精度设备，也不需要将惯性器件从载体上拆卸下来，标定效率较高，已经成为标定技术的发展趋势[4]，弹载捷联惯导系统的在线标定就属于典型的系统级标定。

根据标定等级的不同，标定可分为元件标定和系统标定。元件标定是指惯性器件出厂前，由工厂技术人员对惯性器件的自身精度进行的标定，主要用来确定元器件的基本性能参数。系统标定是指惯性器件安装到系统上后，对整个系统进行的标定，系统标定除了能够标定惯性器件自身的误差，还能够标定出惯性组件的安装误差及载体振动等环境因素引起的误差。

根据标定场地的不同，标定可分为内场标定和外场标定。内场标定是指在实验室内，利用高精度测试设备对惯性器件进行的标定。外场标定是指将惯性器件安装到载体上，在实际应用环境中对器件误差进行的标定。外场标定易受外部环境以及设备因素的影响，标定精度一般，而内场标定由于标定环境较好，其标定精度一般比外场标定要高。

1.4.3 惯导标定技术发展现状

1. 可观测度分析方法

从计算原理上可以看出，惯性导航系统属于时变系统。对时变系统进行误差估计前，有必要分析系统中各待标定参数的可观测性，从而为滤波估计结果的预测、载体机动路径的设计提供理论依据。针对这一问题，Ham[5]给出一种可观测度定义，通过计算状态方程估计误差协方差阵的特征值和特征向量来确定系统的可观测度，最后推算出系统的可观测度与估计误差协方差阵的特征值成反比。东南大学的万德钧等[6]研究了系统可观测矩阵的奇异值分解，用得到的奇异值大小表示状态量的可观测度。Wu 等[7]通过设计双轴旋转方案研究初始对准中的可观测性问题，证明了惯导系统三轴向零偏都可观测，但是该方案在标定中难以实现。Hong 等和 Tang 等[8-9]推导了载体机动方式与系统中各误差参数可观测度之间的关系，但是其在推导过程中只考虑了以位置误差作为观测量，在实际应用中有较大的局限性。Dissanayake 等[10]将“非完整性约束”理论引入惯导系统的可观测性分析中，利用该理论推导了系统各误差参数的可观测度，效果较好。杨晓霞和黄一[11-12]针对惯导系统的可观测性问题进行了深入研究，比较分析了各误差参数的估计收敛速度，并理论推导了天向陀螺零偏可观测性较差的原因，同时还将扩张状态观测器（extended state observer，ESO）和跟踪微分器（tracking differentiator，TD）应用到标定过程中，提高了误差标定的精度。

当前对惯导系统的研究中，基于分段线性定常系统（piece - wise constant system，PWCS）的可观测性分析方法和基于奇异值分解（singular value decomposition，SVD）的可观测度分析方法是最常用的两种分析方法。

对线性时不变（linear time - invariant，LTI）系统进行可观测性分析时，可直接通过计算可观测矩阵的秩来判断系统是否完全可观测。对于时变系统的可观测性分析，则需要求出系统的格莱姆矩阵[13]，而格莱姆矩阵的求取只能通过数值计算的方式，对于一些维数稍高的系统而言，计算量巨大并且无法进行理论分析。为了解决这一问题，以色列学者 Goshen - Meskin 和 Bar - Itzhack[14-15]提出了 PWCS 可观测性分析方法，其原理是将时变系统划分为多个时间段，在不改变系统原有的特性的前提下将每一个时间段等效为线性定常系统来处理，这种方法虽然解决了系统的时变问题，但只能定性地分析系统整体的可观测性，无法分析某一个状态量独立的可观测性以及定量地计算系统的可观测度。

目前在实际工程中应用较为广泛的是由赵睿、程向红等[16-17]提出的基于 SVD 分解的可观测度分析方法，其本质是把系统可观测矩阵的奇异值定义为系统的可观测度，采用该方法无须计算估计方差矩阵，通过计算得出可观测矩阵的奇异值大小与系统的可观测度成正比。基于 SVD 可观测度分析方法，孔星炜等[18]提出了相对可观测度和可观测阶数的概念，以此来分析系统的可观测性，并进行了车载试验验证，得到的试验结果与理论研究相吻合。刘准等[19]将条件数理论引入可观测度分析中，利用条件数定义整个系统的可观测度，该方法既能够定量分析时不变系统的可观测性，又能够定量分析时变系统在任意时间段内的可观测性，实际应用性较强。然而，马艳红等[20]对 SVD 方法的实用性进行了研究，认为在采用该方法比较不同状态量可观测度大小时，需要利用变量代换法对状态量进行无量纲化处理，但是在变换前后可观测度结果会发生变化，他们通过几个实例证明了 SVD 方法存在一定理论缺陷。

2. 匹配模式

针对捷联惯导系统而言，对惯性器件误差的标定和补偿技术是提高其导航精度的重要手段，而匹配模式的选择是影响标定效果的重要因素。卡尔曼滤波器的观测量是由主、子惯导的同类输出量做比较后形成的，根据所用观测信息的不同可得到在线标定的不同匹配模式。如果用主、子惯导的速度输出构造观测量，则称在线标定采用“速度”匹配模式；如果由主、子惯导的角速度输出构造观测信息，则称在线标定采用“角速度”匹配模式。目前常用的观测信息包括角速度、速度、位置等，其中速度匹配和位置匹配在国内外相关研究中，应用最为广泛，技术也最为成熟。近年来，在不同的条件下，几种匹配方案相结合的联合匹配方法逐渐发展成熟起来，它具有标定精度高、速度快的优点，代表着匹配模式的发展方向。

文献［21］采用“速度 + 加速度 + 姿态角 + 角速率”联合匹配模式，能够标定出较多误差参数，但计算量巨大，最高达到了 39 维。文献［22］研究了捷联惯导系统在“速度 + 姿态”匹配模式下的在线标定，但没有分析论证匹配模式的选择问题。文献［23］基于卡尔曼滤波算法及最小二乘理论，分别研究了速度加姿态匹配、角速度匹配、比力匹配模式下的弹载惯导标定效果，但没有分析不同匹配模式的优劣。文献［24］仿真分析了采用速度匹配模式时，失准角估计效果不理想，而采用速度加姿态匹配时，当载体进行特定机动时可有效提高系统的可观测性。因此，选择不同的匹配模式对在线标定效果影响很大，研究不同匹配模式下的在线标定对提高标定精度具有重要意义。

3. 误差激励

误差激励方式的不同直接影响着状态变量可观测度。文献［25］为了能够激励惯性器件全部 12 个误差参数，设计了载体做匀速圆周运动的同时做横滚及偏航运动，但是其所设计的机动方式过于复杂，工程实用性不强。文献［26］和文献［27］为了标定出惯性器件的刻度系数误差、零偏及安装误差等全部 24 个误差参数，设计了载体静止与转动相结合的机动方式，且标定过程中以比力输出值在地理系中的投影作为观测量，但是其标定精度易受基座扰动干扰，且转动过程也比较复杂。文献［28］充分利用船体在海水作用下轻微的俯仰、偏航及横滚机动，以 GPS 外测信息为基准完成对船载惯导系统的在线标定，但是由于机动角度较小，标定精度一般。彭靖等[29]采用“速度 + 姿态”匹配模式，研究了四种不同机动方式下捷联惯导系统误差的激励效果，在综合考虑传递对准效率及精度的前提下得出了最优的机动方式。国防科技大学的吴文启教授等[30]通过安装一个 30°的斜面来激励误差参数，且对惯导系统的特点进行了研究，提出以惯导系统水平姿态修正量与重力测量结果作为观测量，完成对器件误差的标定。Pittman 等[31]通过设计一种安装惯性器件的环架机构，使惯性器件完成固定角度的转动，从而估计出对准失准角及器件零偏。文献［32］和文献［33］将环境函数法用于惯导误差的分离，在对器件误差进行辨识时仅需以速度作为观测量即可辨识器件误差，但环境函数矩阵在计算过程中存在较大的线性化误差，矩阵的计算和推导都十分困难。总之，研究切合实际的机动方式以充分激励惯性器件误差参数是下一步研究的重点。

4. 噪声统计特性不确定情况下的滤波方法

卡尔曼滤波是一种递推估计的滤波算法，它基于状态空间模型，估计的最优准则是最小均方误差，适用于实时处理和计算机运算[34-35]。

卡尔曼滤波算法在各类工程实际中被广泛应用，但是其限制条件也十分严格：一是系统必须是线性的且模型的参数准确已知。二是系统中的状态噪声和观测噪声必须是零均值高斯白噪声。三是状态噪声及观测噪声的统计特性必须是精确已知的。为了消除卡尔曼滤波在使用过程中的条件限制，很多专家进行了大量的研究。针对条件一，一些专家学者提出了能够适用于非线性系统的滤波算法，如无迹卡尔曼滤波（UKF）、容积卡尔曼滤波（CKF）以及扩展卡尔曼滤波（EKF）等，而鲁棒滤波（H∞）和自校正滤波解决了模型参数不确定的问题。针对条件二，一些专家学者提出了粒子滤波（PF），它可以通过粒子模拟噪声分步完成最优估计。针对条件三，为了保证滤波的最优性，一些专家学者提出了自适应卡尔曼滤波（AKF）、强跟踪卡尔曼滤波（STKF）、多模型卡尔曼滤波（MMKF）以及 Sage - Husa 滤波。考虑到多管火箭武器系统在线标定的野战环境比较恶劣，噪声的先验统计特性无法精确获得，会严重影响滤波的效果，因此研究噪声统计特性未知的情况下如何保证滤波的效果十分必要。

针对上述问题，前人在标准卡尔曼滤波算法的基础上提出了几种改进滤波算法，如 Bryson 等和邓自立[36-37]分别针对系统噪声不符合互不相关假设和零均值假设而提出了增广卡尔曼滤波算法；Li 等、Mehra 和 Xing 等及付梦印等[38-41]针对系统噪声协方差矩阵信息不完全已知而提出了自适应卡尔曼滤波算法。但是，以上研究中状态维数增高的同时计算量也成倍增加，且估计效果也没有得到理论证明。

自适应滤波是将自适应控制的思想应用到滤波估计问题中，对未知的状态噪声协方差矩阵和观测噪声协方差矩阵进行实时估计。自适应滤波算法的研究中，Sage - Husa 自适应滤波算法是较早被提出来的，但是该方法在应用中容易出现滤波发散，且方差的正定性无法保证，进而可能导致滤波无法继续进行，而且其中的协方差矩阵的估计也被证明是有偏估计。针对 Sage - Husa 自适应滤波算法存在的这些问题，很多专家学者进行了深入研究，提出了一些改进算法。王忠等[42]通过引入渐消因子改善滤波器的动态性能并应用到 GPS/INS（惯性导航系统）组合导航中。在王忠等研究的基础上，范科等[43]进一步发展了该方法，将算法中的单一遗忘因子替换为多遗忘因子，提高了算法的自适应性。同时，为了限制滤波的发散，鲁平等[44]在 Sage - Husa 自适应滤波算法中加入阈值的限制。黄晓瑞等[45]以新息和观测信息的吻合程度作为指标，提出一种使系统在 Sage - Husa 自适应滤波和强跟踪自适应滤波之间能够随意切换的算法。针对 $\boldsymbol{Q}$、$\boldsymbol{R}$ 矩阵非正定性问题，魏伟等[46]对 Sage - Husa 自适应滤波进行了改进，强化了系统初值的作用，仿真效果较好。以上方法虽然不同程度上提高了滤波的效果，但是没有从根本上解决滤波发散的问题。

此外，很多学者还提出了新的自适应滤波算法。魏燕明[47]详细推导了基于大数定律的三种不同估计形式（只估计 $\boldsymbol{Q}$ 阵，只估计 $\boldsymbol{R}$ 阵，同时估计 $\boldsymbol{Q}$、$\boldsymbol{R}$ 阵）下的计算公式。王跃钢等[48]为了抑制噪声方差发散对滤波过程的影响，将模糊判断思想加入自适应滤波中，在自适应因子的选取中加入了模糊判别。高为广等[49]将神经网络加入自适应滤波中，用神经网络修正状态量预测，可有效抑制扰动异常带来的影响。汪坤等[50]采用低通滤波器对信号进行预处理，降低了噪声在信号中的比重，有利于后面滤波的进行，取得了很好的效果。上述方法都是基于大数定律的思想，将包含待估计噪声的项单独分离出来，利用大数定律求取该项的方差对待估计项进行近似，但是这种方法会破坏滤波回路及增益计算回路的独立性，使滤波的优越性和稳定性无法得到保证。

除了基于大数定律的自适应滤波算法外，何秀凤等[51-52]提出了扩展卡尔曼滤波，将滤波的误差限定在一个已知的区间内。杨长林等[53]进一步发展了该方法，通过滤波新息来估计噪声方差，提高了滤波的鲁棒性。

1.4.4 主、子惯导在线标定研究现状

主、子惯导在线标定技术已经成为一个研究热点问题。在线标定是惯导系统和载体不分离的情况下，在导航过程中对惯性器件进行的误差标定，在线标定要求必须有外参考信息作为基准，例如 GPS、电子地图、多普勒测速仪等设

备提供的信息，但是这样必然会增加标定的成本。而对于主、子惯导系统来说，高精度的主惯导能够为子惯导的标定提供丰富的基准参考信息，可以大大降低标定成本。当一个载体上有不止一套惯导系统时，精度较高的惯导系统可以作为基准来标定精度较低的惯导系统，其中高精度的惯导系统称为主惯导，低精度的惯导系统称为子惯导。主、子惯导在线标定能够在不增加成本的同时提高武器系统的导航精度，是一个值得研究的课题。

党雅娟等[54]通过设计飞机按照特定的轨迹机动来激励误差参数，利用飞机挂飞阶段机载主惯导的输出信息，对弹载捷联惯导系统的相关误差项进行空中标定，但是只标定了惯性器件的零偏误差。戴邵武等[55]以速度和姿态误差作为观测量，充分利用海浪对舰船的摇摆激励，参考舰载主惯导系统的输出信息，对弹载子惯导系统的陀螺刻度系数误差、安装误差、常值漂移以及加速度计零偏进行了在线标定，但是该标定方案只进行了仿真验证，且未能标定出加速度计刻度系数误差和安装误差。游金川等[56]以制导弹箭武器系统为应用背景，针对发射架机动条件有限，推导了待标定误差参数与惯导系统速度误差变化率和变化量的关系，最终以发射架的机动代替低精度转台的转动对系统进行激励，实现了对制导弹箭捷联惯组的在线标定。祝燕华等[57]提出利用发射车运行过程中停车时刻的位置参数结合导弹水平、竖直两位置时的参数对弹载子惯导进行在线标定，但只标定了加速度计的零偏，且设计的机动方式过于复杂，不利于实际应用。文献［58］类比于传递对准思想，提出一种工程上简单实用的不开箱标定方法，通过设计发射车进行横滚、俯仰和偏航机动激励器件误差，并将主、子惯导系统的输出之差作为卡尔曼滤波测量值，完成对待标定惯测组件各误差系数的估计。文献［59］提出一种车载筒弹惯导装置不开箱标定方法，通过设计发射车经过倾斜路面、弧形路面、单边桥路面等机动方式激励惯性器件的输出误差，标定效果明显，但是设计的机动路径过于理想化。文献［60］设计了一种采用速度匹配方法对舰载导弹捷联惯导系统进行在线标定的方案，该方案在标定过程中加入修正算法，确保导弹射前失准角的有效估计，标定时间短、精度高，能够适应各种机动方式。周本川等[61]通过建立“速度 + 姿态”匹配滤波模型，设计了一种新的具有时间延迟补偿功能的 H_∞滤波方法对主、子惯导在线标定时延误差进行补偿，有效提高了主、子惯导的导航精度。东南大学卢思祺[62]通过分析“速度 + 姿态”匹配模式下，弹载惯导系统在不同机动方式时各误差参数的可观测度，设计了合理的在线标定流程及机动路径，有效标定了陀螺和加速度计的刻度系数误差、零偏以及安装误差。文献［63］通过设计飞机做常规平飞、加速平飞、爬升、盘旋、横滚等机动动作对各误差参数进行激励，完成对弹载惯导系统的在线标定，但是系统维数较大，数据实时处理较难实现。

总之，目前对于主、子惯导系统在线标定技术的研究主要都集中在如何充分激励待标定误差参数，由于不同的应用对象机动方式有限，单一的机动方式必然无法激励全部误差参数，很多学者为了能够完成对全部误差参数的标定，设计的机动方式都是基于理论层面，太过于理想化，实际应用价值不高。

第2章

弹载惯导系统误差特性

弹载惯导误差标定中需要考虑的误差主要包括零偏误差、标度因素误差、安装误差。标定的误差参数越多，难度越大，如果能抓住影响导航精度的主要误差，将可简化标定算法，简化标定过程，提高标定效率。本章根据火箭弹飞行特点，将弹载惯导类比为旋转惯导，从误差方程入手，通过提取误差直流分量的方法对飞行时的弹丸进行误差分析，得出影响导航精度的主要误差参数，并仿真验证了所得结论的正确性，为后续研究奠定基础。

2.1　火箭炮技术特点

火箭炮作为一种火力压制型武器，是炮兵部队重要的武器装备之一。火箭炮在战时主要打击敌方地面目标，如装甲部队、坦克部队、待机的直升机编队、技术兵器等，如图 2－1 所示。

图 2－1　不同型号的多管火箭炮武器系统

按照射程不同，火箭炮可分为中近程火箭炮和远程火箭炮两大类。根据机动能力不同，火箭炮又可分为三大类，即便携式、牵引式、自行式，其中自行式火箭炮又可分为轮式和履带式。作为未来战场上的重要角色，火箭炮的发展受各国高度重视，为提高其杀伤力，各国部队都已开始对火箭弹进行制导化改造。但是受武器成本及火箭弹体积的限制，改造使用的惯性器件精度都比较低，为了使火箭弹的导航精度达到战术级要求，发射前必须对弹载惯导进行误差标定。制导化改造后的火箭炮武器系统具有以下特点。

（1）典型的主、子惯导系统。为提高火箭炮性能，炮车都配置了精度较高的惯性定位定向系统，而在弹体上加装惯性器件后，可以将火箭炮武器系统视为典型的主、子惯导系统，其中发射车摇架上安装的高精度惯导系统为主惯导，火箭弹弹体上安装的精度较低的惯导系统为子惯导。

（2）越野能力强。火箭炮能够适应野战环境下的非铺面路况，可轻松通过具有一定坡度的障碍物及起伏路面，能够在复杂野战路况下完成加速、减速、转弯、侧倾等机动，行进速度最大可达 80 km/h。

（3）反应快，可控性好。火箭炮摇架在火控系统的控制下可以实现俯仰和偏航机动，其中方向射界某些型号能够达到 $-102° \sim 102°$，高低射界一般能够达到 60°。

正是基于火箭炮以上结构及运动特点，利用炮车上高精度的主惯导信息在线标定低精度的弹载子惯导误差参数才成为可能。

火箭炮自从在第二次世界大战中崭露头角就备受各国部队青睐，经过几十年的发展，已成为远程压制类武器的主力。

与常规的身管火炮有很大差别，火箭炮最主要的不同点是发射方式不同，所发射的弹丸也不同，火箭弹自身带有发动机，出膛后有主动飞行的过程，而炮弹则是在炮膛内加速到最大，出膛后利用惯性飞行。但两者也有相同点，就是弹丸在飞行过程中都会利用旋转运动对整个飞行过程进行稳定，只是炮弹转速较快，火箭弹转速较慢。身管火炮是利用膛线来挤压弹丸的铜环，而在火箭炮发射过程中，充当膛线作用的是定向管中的螺旋导向槽，通过螺旋导向槽与火箭弹上的定向扭的相互作用，火箭弹在飞出定向管时是旋转的，具体结构如图 2－2 和图 2－3 所示。

火箭弹飞出定向管后的飞行过程可分为主动段和惯性段，在主动段中火箭弹发动机一直在工作，当主动段结束时火箭弹飞行速度达到最大，然后进入惯性段，弹丸靠惯性进行飞行，直到最后击中目标。以某型火箭弹为例，在初始仰角为 55°时，火箭弹具体飞行参数如表 2－1 所示。

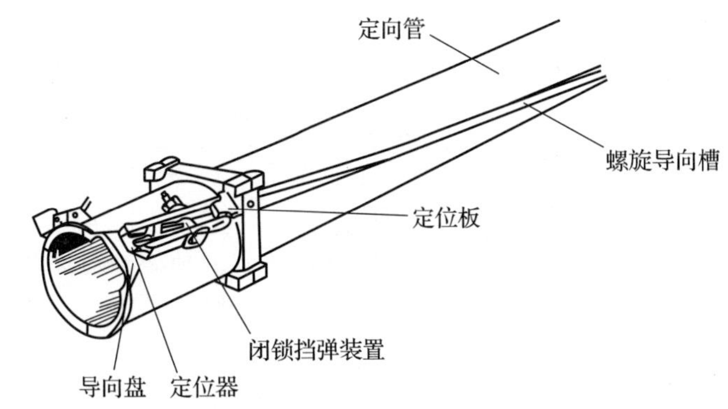

图2-2　定向管结构图

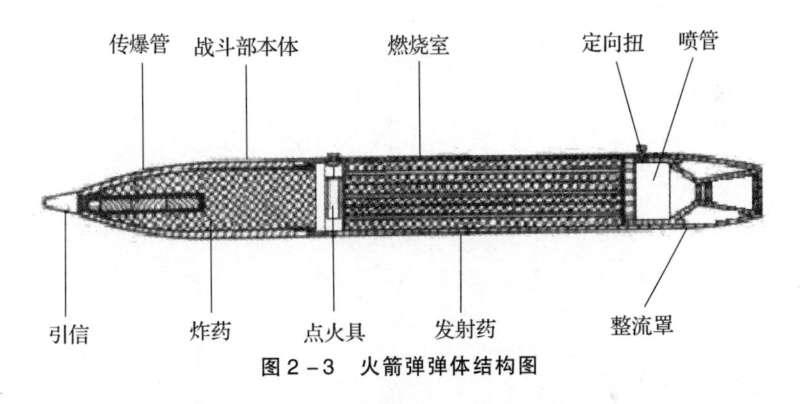

图2-3　火箭弹弹体结构图

表2-1　火箭弹具体飞行参数

时刻	速度 v/ ($\mathrm{m\cdot s^{-1}}$)	加速度 a/ ($\mathrm{m\cdot s^{-2}}$)	仰角 φ/ (°)	飞行距离 s/ m	飞行高度 h/ m
出膛时	15	400	55	0	0
加速度最大时	850	700	50	400	500
速度最大时	1 000	0	50	750	900
高度最大时	300	-3	20	1 600	14 000
飞行末端时	350	—	—	38 000	—

注：表中数据为弹道计算所得的粗略数值，不能用于精确试验。

目前，为了提高火箭弹打击精度，许多国家对火箭弹进行了制导化改造，使火箭弹在飞行过程中可以改变飞行轨迹。

由于火箭弹在飞行过程中是旋转的，所以在对弹载惯导进行误差分析时可以将弹丸当作单轴旋转惯导系统。

2.2 坐标系定义

在宇宙中任何运动都是相对的，因此载体的运动以及导航定位都有其相对的坐标系。在导航解算以及在线标定的过程中，有以下几种常用坐标系。

1. 惯性坐标系（i 系）

原点位于地心 O，X_i 轴指向春分点，Z_i 轴为地球自转轴，X_i 轴和 Y_i 轴在地球赤道平面内与 Z_i 轴成右手系。春分点和秋分点为天球黄道和赤道的交接点，惯性坐标系相对于恒星不转动。

2. 地球坐标系（e 系）

地球坐标系以地球中心为原点（O），与地球固联，Z_e 为地球自转轴，X_e 轴通过本初子午线和赤道的交点，X_e 轴和 Y_e 轴都在地球赤道平面内，构成右手系。地球坐标系相对地球不转动。

3. 地理坐标系（t 系）

地理坐标系即东北天坐标系。以运载体质心为原点（O），X_t 轴、Y_t 轴、Z_t 轴分别指向当地的东、北、天。

4. 导航坐标系（n 系）

导航坐标系是导航解算时用到的坐标系，通常取地理坐标系。

5. 计算坐标系（c 系）

计算坐标系是人们在研究过程中虚拟的一种地理坐标系，它的经纬度（λ_c，L_c）是通过计算得到的，因为误差的存在，与实际的地理坐标系不重合。

6. 载体坐标系（b 系）

载体坐标系以载体质心为原点（O），与载体固联，X_b、Y_b、Z_b 分别指向右、前、上。

本书中使用的车载主惯导的载体坐标系定义为 m 系，弹载子惯导的载体坐标

系定义为 s 系，在区分主、子惯导时使用，m 系和 s 系都同属载体坐标系（b 系）。

2.3　捷联惯导误差模型

2.3.1　器件误差模型

1. 陀螺仪误差

陀螺的误差可表示为（以 x 轴为例）

$$\boldsymbol{\delta\omega}_{ib}^{b} = (\boldsymbol{K}_g + \boldsymbol{M}_g)\boldsymbol{\omega}_{ib}^{b} + \boldsymbol{\varepsilon} \tag{2-1}$$

$$\boldsymbol{K}_g = \begin{bmatrix} K_{gx} & 0 & 0 \\ 0 & K_{gy} & 0 \\ 0 & 0 & K_{gz} \end{bmatrix} \tag{2-2}$$

$$\boldsymbol{M}_g = \begin{bmatrix} 0 & M_{gxY} & M_{gxZ} \\ M_{gyX} & 0 & M_{gyZ} \\ M_{gzX} & M_{gzY} & 0 \end{bmatrix} \tag{2-3}$$

$$\boldsymbol{\varepsilon} = \begin{bmatrix} \varepsilon_x \\ \varepsilon_y \\ \varepsilon_z \end{bmatrix} \tag{2-4}$$

式中，$\boldsymbol{\omega}_{ib}^{b}$为 3 个轴的输入角速度；$\boldsymbol{\varepsilon}$ 为零偏，且满足高斯分布；$\boldsymbol{M}_g$ 为轴间的安装误差；$\boldsymbol{K}_g$ 为刻度系数误差。

零偏、安装误差以及刻度系数误差一般可以量测到足够的精度，以进行某种有效的补偿。其他误差参数的可预测性弱，因此不在误差模型内予以考虑。

2. 加速度计误差

加速度计的误差可表示为（以 x 轴为例）

$$\boldsymbol{\delta f}^{b} = (\boldsymbol{K}_a + \boldsymbol{M}_a)\boldsymbol{f}^{b} + \boldsymbol{\nabla} \tag{2-5}$$

$$\boldsymbol{K}_a = \begin{bmatrix} K_{ax} & 0 & 0 \\ 0 & K_{ay} & 0 \\ 0 & 0 & K_{az} \end{bmatrix} \tag{2-6}$$

$$\boldsymbol{M}_a=\begin{bmatrix}0 & M_{axY} & M_{axZ}\\ M_{ayX} & 0 & M_{ayZ}\\ M_{azX} & M_{azY} & 0\end{bmatrix} \tag{2-7}$$

$$\boldsymbol{\nabla}=\begin{bmatrix}\nabla_x\\ \nabla_y\\ \nabla_z\end{bmatrix} \tag{2-8}$$

式中，$\boldsymbol{f}^b$ 为 3 个轴的输入加速度；∇为零偏，且满足高斯分布；$\boldsymbol{M}_a$ 为两轴间的安装误差；$\boldsymbol{K}_a$ 为 x 轴的刻度系数误差。

一般来说，常值漂移、安装误差系数以及刻度系数误差可以测量，因此可以采用修正方法补偿这些分量。但是，随机零偏和振动相关误差则无法精确补偿。

2.3.2 系统误差模型[64]

1. 速度误差方程

速度误差方程如下：

$$\begin{bmatrix}\delta\dot{V}_E\\ \delta\dot{V}_N\\ \delta\dot{V}_U\end{bmatrix}=\begin{bmatrix}0 & \phi_U & -\phi_N\\ -\phi_U & 0 & \phi_E\\ \phi_N & -\phi_E & 0\end{bmatrix}\begin{bmatrix}f_E\\ f_N\\ f_U\end{bmatrix}+\begin{bmatrix}T_{11} & T_{12} & T_{13}\\ T_{21} & T_{22} & T_{23}\\ T_{31} & T_{32} & T_{33}\end{bmatrix}\times\begin{bmatrix}\delta K_{Ax} & \delta A_z & -\delta A_y\\ -\delta A_z & \delta K_{Ay} & \delta A_x\\ \delta A_y & -\delta A_x & \delta K_{Az}\end{bmatrix}\begin{bmatrix}f_x^b\\ f_y^b\\ f_z^b\end{bmatrix}+$$

$$\begin{bmatrix}0 & -\delta V_U & \delta V_N\\ \delta V_U & 0 & -\delta V_E\\ -\delta V_N & \delta V_E & 0\end{bmatrix}\times\begin{bmatrix}\dfrac{-V_N}{R_M+h}\\ 2\omega_{ie}\cos L+\dfrac{V_E}{R_N+h}\\ 2\omega_{ie}\sin L+\dfrac{V_E\tan L}{R_N+h}\end{bmatrix}+\begin{bmatrix}0 & -V_U & V_N\\ V_U & 0 & -V_E\\ -V_N & V_E & 0\end{bmatrix}\times$$

$$\begin{bmatrix}\dfrac{-\delta V_N}{R_M+h}+\delta h\dfrac{V_N}{(R_M+h)^2}\\ -2\delta L\omega_{ie}\sin L+\dfrac{\delta V_E}{R_N+h}-\delta h\dfrac{V_E}{(R_N+h)^2}\\ 2\delta L\omega_{ie}\cos L+\dfrac{\delta V_E}{R_N+h}\tan L+\delta L\dfrac{V_E}{R_N+h}\sec^2 L-\delta h\dfrac{V_E\tan L}{(R_N+h)^2}\end{bmatrix}+\begin{bmatrix}\nabla_E\\ \nabla_N\\ \nabla_U\end{bmatrix} \tag{2-9}$$

其中，δV_E、δV_N、δV_U 为三个方向上的速度误差；L 为载体所在方位的纬度；h 为高度；R_M、R_N 为地球子午圈和卯酉圈半径；δA_i 和 δK_{Ai}（$i=x, y, z$）为加速

度计的安装误差和刻度系数误差；ϕ_E、ϕ_N、ϕ_U 为姿态误差。

$\boldsymbol{C}_b^n = \begin{bmatrix} T_{11} & T_{12} & T_{13} \\ T_{21} & T_{22} & T_{23} \\ T_{31} & T_{32} & T_{33} \end{bmatrix}$为载体坐标系到导航坐标系的变换矩阵。

$$\nabla_E = T_{11}\nabla_x^b + T_{12}\nabla_y^b + T_{13}\nabla_z^b$$
$$\nabla_N = T_{21}\nabla_x^b + T_{22}\nabla_y^b + T_{23}\nabla_z^b$$
$$\nabla_U = T_{31}\nabla_x^b + T_{32}\nabla_y^b + T_{33}\nabla_z^b$$

2. 位置误差方程

已知载体所在方位的纬度为 L，经度为 λ，高度为 h，则载体的位置可表示为

$$\begin{cases} \dot{L} = \dfrac{V_N}{(R_N + h)} \\ \dot{\lambda} = \dfrac{V_E}{(R_E + h)\cos L} \\ \dot{h} = V_U \end{cases} \tag{2-10}$$

对式（2-10）求偏导，可得惯导系统的位置误差方程为

$$\begin{cases} \delta\dot{L} = \dfrac{1}{(R_N + h)}\delta V_N - \dfrac{V_N}{(R_N + h)^2}\delta h \\ \delta\dot{\lambda} = \dfrac{\sec L}{(R_E + h)}\delta V_E + \dfrac{V_E \tan L \sec L}{(R_E + h)}\delta L - \dfrac{V_E \sec L}{(R_E + h)^2}\delta h \\ \delta\dot{h} = \delta V_U \end{cases} \tag{2-11}$$

整理得

$$\begin{bmatrix} \delta\dot{L} \\ \delta\dot{\lambda} \\ \delta\dot{h} \end{bmatrix} = \begin{bmatrix} 0 & \dfrac{1}{(R_N + h)} & 0 \\ \dfrac{\sec L}{(R_E + h)} & 0 & 0 \\ 0 & 0 & 1 \end{bmatrix} \times \begin{bmatrix} \delta V_E \\ \delta V_N \\ \delta V_U \end{bmatrix} + \begin{bmatrix} 0 & 0 & -\dfrac{V_N}{(R_N + h)^2} \\ \dfrac{V_E \tan L \sec L}{(R_E + h)} & 0 & -\dfrac{V_E \sec L}{(R_E + h)^2} \\ 0 & 0 & 0 \end{bmatrix} \times \begin{bmatrix} \delta L \\ \delta \lambda \\ \delta h \end{bmatrix} \tag{2-12}$$

3. 姿态误差方程

姿态误差方程如下：

$$
\begin{bmatrix}\dot{\phi}_E\\ \dot{\phi}_N\\ \dot{\phi}_U\end{bmatrix}=\begin{bmatrix}0 & -\phi_U & \phi_N\\ \phi_U & 0 & -\phi_E\\ -\phi_N & \phi_E & 0\end{bmatrix}\begin{bmatrix}\dfrac{-V_N}{R_M+h}\\ \omega_{ie}\cos L+\dfrac{V_E}{R_N+h}\\ \omega_{ie}\sin L+\dfrac{V_E\tan L}{R_N+h}\end{bmatrix}+
$$

$$
\begin{bmatrix}\dfrac{-\delta V_N}{R_M+h}+\delta h\dfrac{V_N}{(R_M+h)^2}\\ -\delta L\omega_{ie}\sin L+\dfrac{\delta V_E}{R_N+h}-\delta h\dfrac{V_E}{(R_N+h)^2}\\ \delta L\omega_{ie}\cos L+\dfrac{\delta V_E}{R_N+h}\tan L+\delta L\dfrac{V_E}{R_N+h}\sec^2 L-\delta h\dfrac{V_E\tan L}{(R_N+h)^2}\end{bmatrix}-
$$

$$
\begin{bmatrix}T_{11} & T_{12} & T_{13}\\ T_{21} & T_{22} & T_{23}\\ T_{31} & T_{32} & T_{33}\end{bmatrix}\times\begin{bmatrix}\delta K_{Gx} & \delta G_z & -\delta G_y\\ -\delta G_z & \delta K_{Gy} & \delta G_x\\ \delta G_y & -\delta G_x & \delta K_{Gz}\end{bmatrix}\begin{bmatrix}\omega_{ibx}^b\\ \omega_{iby}^b\\ \omega_{ibz}^b\end{bmatrix}-\begin{bmatrix}\varepsilon_E\\ \varepsilon_N\\ \varepsilon_U\end{bmatrix} \quad (2-13)
$$

其中，δK_{Gi}、$\delta G_i(i=x,\ y,\ z)$ 分别为陀螺的刻度系数误差和安装误差角；$\boldsymbol{\omega}_{ib}^b$ 为陀螺的输出角速率。

$$
\varepsilon_E=T_{11}\varepsilon_x^b+T_{12}\varepsilon_y^b+T_{13}\varepsilon_z^b
$$

$$
\varepsilon_N=T_{21}\varepsilon_x^b+T_{22}\varepsilon_y^b+T_{23}\varepsilon_z^b
$$

$$
\varepsilon_U=T_{31}\varepsilon_x^b+T_{32}\varepsilon_y^b+T_{33}\varepsilon_z^b
$$

2.3.3 杆臂效应相关问题

主、子惯导由于安装位置的不同，感受的比力会不同，从而导致杆臂效应，在利用主惯导信息进行标定时必须消除杆臂效应的影响。对杆臂效应进行处理主要有两种方法：第一种方法，不对主、子惯导的输出速度之差进行处理，而在建立的卡尔曼滤波器系统动态方程中考虑杆臂效应，给出系统杆臂速度的微分方程，设计卡尔曼滤波器，同时估计杆臂效应速度和其他所需的参数。第二种方法，设计卡尔曼滤波器时，在系统动态方程中不考虑杆臂效应带来的影响，而在观测量中对杆臂效应引起的额外的速度误差量进行补偿，经过杆臂效应补偿以后，卡尔曼滤波器的观测量就能更加准确地反映出滤波器的系统模型。第一种方法增加了系统维数，增大了计算量，不利于在线标定。于是本书采用第二种方法。

在不考虑挠曲变形的前提下，当存在角运动时，主惯导感受的速度为

$$V_m = \omega \times r_m \tag{2-14}$$

子惯导感受的速度为

$$V_s = \omega \times r_s \tag{2-15}$$

则主、子惯导速度差为

$$C_b^n v_{gb} = C_b^n \cdot (\omega_{ib}^b \times l) \tag{2-16}$$

在进行卡尔曼滤波时，速度误差观测量应改为

$$\delta v = V^n - V^{n'} - C_b^n v_{gb} \tag{2-17}$$

位置误差观测量应改为

$$\delta p = p_s - p_m - \mathrm{diag}\left(\frac{1}{R_M + h}, \frac{1}{(R_N + h)\cos L}, 1\right) C_b^n l \tag{2-18}$$

其中，C_b^n 为子惯导的方向余弦矩阵；ω_{ib}^b 为主惯导感受的角速度；l 为杆臂长度；L 为当地纬度；R_M、R_N 分别为地球子午圈和卯酉圈半径。

1. 主、子惯导之间姿态矩阵的关系

由于安装误差，子惯导相对主惯导存在姿态误差，两者之间的初始姿态转换矩阵为 C_m^s，则主、子惯导相对 n 系的姿态矩阵 C_n^m 和 C_n^s 之间的关系为

$$C_n^s = C_m^s C_n^m \tag{2-19}$$

2. 主、子惯导之间加速度的关系

由于杆臂效应的存在，主、子惯导感受不同的加速度。

主、子惯导之间加速度的关系为

$$a^{bs} = C_m^s (a^{bm} + a_r^b) \tag{2-20}$$

其中，a^{bm} 为主惯导感受的加速度；a^{bs} 为子惯导感受的加速度。

2.4　弹载子惯导误差特性

2.4.1　弹载子惯导误差特性分析

火箭弹在飞行过程中绕弹轴旋转，旋转速度大概在 10 r/s[1]，在对弹体飞行过程中弹载惯导误差特性进行分析之前，首先定义相关坐标系如下。

将计算坐标系定义为 c 系，c 系的机动都与弹载子惯导保持一致，但是不做旋转运动；将弹载惯导坐标系定义为 s 系；将导航坐标系定义为 n 系。另

外，定义 $\boldsymbol{\omega}_c$ 为弹体飞行时的旋转角速度。

c 系到 n 系的转换矩阵为

$$\boldsymbol{C}_c^n = \begin{bmatrix} C_{11} & C_{12} & C_{13} \\ C_{21} & C_{22} & C_{23} \\ C_{31} & C_{32} & C_{33} \end{bmatrix}$$

当弹体做旋转运动时，s 系到 c 系的转换矩阵为

$$\boldsymbol{C}_c^s = \begin{bmatrix} \cos \omega_c t & 0 & -\sin \omega_c t \\ 0 & 1 & 0 \\ \sin \omega_c t & 0 & \cos \omega_c t \end{bmatrix}$$

$$\boldsymbol{C}_s^c = (\boldsymbol{C}_c^s)^{\mathrm{T}}$$

此时，建立陀螺误差模型如下：

$$\delta\boldsymbol{\omega}_{is}^s = \begin{bmatrix} k_{gx} & G_{gxY} & G_{gxZ} \\ G_{gyX} & k_{gy} & G_{gyZ} \\ G_{gzX} & G_{gzY} & k_{gz} \end{bmatrix} \boldsymbol{\omega}_{is}^s + \begin{bmatrix} \varepsilon_x \\ \varepsilon_y \\ \varepsilon_z \end{bmatrix} = \delta\boldsymbol{M}_g \boldsymbol{\omega}_{is}^s + \boldsymbol{\varepsilon} \tag{2-21}$$

$$\boldsymbol{\omega}_{is}^s = \boldsymbol{C}_c^s(\boldsymbol{\omega}_{ic}^c + \boldsymbol{\omega}_{cs}^c)$$

对陀螺误差进行旋转调制后变为

$$\boldsymbol{C}_c^n \boldsymbol{C}_s^c \delta\boldsymbol{\omega}_{is}^s = \boldsymbol{C}_c^n \boldsymbol{C}_s^c \delta\boldsymbol{M}_g \boldsymbol{C}_c^s \boldsymbol{\omega}_{ic}^c + \boldsymbol{C}_c^n \boldsymbol{C}_s^c \delta\boldsymbol{M}_g \boldsymbol{C}_c^s \boldsymbol{\omega}_{cs}^c + \boldsymbol{C}_c^n \boldsymbol{C}_s^c \boldsymbol{\varepsilon} \tag{2-22}$$

建立加速度计误差模型如下：

$$\delta\boldsymbol{f}^s = \begin{bmatrix} k_{ax} & G_{axY} & G_{axZ} \\ G_{ayX} & k_{ay} & G_{ayZ} \\ G_{azX} & G_{azY} & k_{az} \end{bmatrix} \boldsymbol{f}^s + \begin{bmatrix} \nabla_x \\ \nabla_y \\ \nabla_z \end{bmatrix} = \delta\boldsymbol{M}_a \boldsymbol{f}^s + \boldsymbol{\nabla} \tag{2-23}$$

$$\boldsymbol{f}^s = \boldsymbol{C}_c^s \boldsymbol{f}^c$$

对加速度计进行旋转调制后变为

$$\boldsymbol{C}_c^n \boldsymbol{C}_s^c \delta\boldsymbol{f}^s = \boldsymbol{C}_c^n \boldsymbol{C}_s^c \delta\boldsymbol{M}_a \boldsymbol{C}_c^s \boldsymbol{f}^c + \boldsymbol{C}_c^n \boldsymbol{C}_s^c \boldsymbol{\nabla} \tag{2-24}$$

其中，$k_{ai}(i=x, y, z)$ 为加速度计刻度系数误差；$k_{gi}(i=x, y, z)$ 为陀螺刻度系数误差；$G_{aij}(i, j=x, y, z; i\neq j)$ 为加速度计安装误差；$G_{gij}(i, j=x, y, z; i\neq j)$ 为陀螺安装误差；$\boldsymbol{\omega}$ 和 $\boldsymbol{f}$ 分别为陀螺和加速度计的实际测量值。

对陀螺的输出误差进行分析，式（2-22）右侧第一项为 c 系相对于 n 系的输出误差，第二项为弹载惯导旋转过程中相对于 c 系的输出误差，第三项为陀螺的常值漂移。下面对上述三项误差逐项进行分析。

首先分析陀螺和加速度计的零偏，考虑式（2-22）中右边第三项和式（2-24）中右边第二项：

$$
\boldsymbol{\varepsilon} = \boldsymbol{C}_c^n \begin{bmatrix} \varepsilon_E^n \\ \varepsilon_N^n \\ \varepsilon_U^n \end{bmatrix} =
$$

$$
\begin{bmatrix} (C_{11}\cos\omega_s t + C_{31}\sin\omega_s t)\varepsilon_x^s + (C_{12}\cos\omega_s t + C_{32}\sin\omega_s t)\varepsilon_y^s + (C_{13}\cos\omega_s t + C_{33}\sin\omega_s t)\varepsilon_z^s \\ C_{21}\varepsilon_x^s + C_{22}\varepsilon_y^s + C_{23}\varepsilon_z^s \\ (-C_{11}\sin\omega_s t + C_{31}\cos\omega_s t)\varepsilon_x^s + (-C_{12}\sin\omega_s t + C_{32}\cos\omega_s t)\varepsilon_y^s + (-C_{13}\sin\omega_s t + C_{33}\cos\omega_s t)\varepsilon_z^s \end{bmatrix}
$$

(2 - 25)

$$
\boldsymbol{\nabla} = \boldsymbol{C}_c^n \begin{bmatrix} \nabla_E^n \\ \nabla_N^n \\ \nabla_U^n \end{bmatrix} = \begin{bmatrix} (C_{11}\cos\omega_s t + C_{31}\sin\omega_s t)\nabla_x^s + (C_{12}\cos\omega_s t + C_{32}\sin\omega_s t)\nabla_y^s + \\ (C_{13}\cos\omega_s t + C_{33}\sin\omega_s t)\nabla_z^s \\ C_{21}\nabla_x^s + C_{22}\nabla_y^s + C_{23}\nabla_z^s \\ (-C_{11}\sin\omega_s t + C_{31}\cos\omega_s t)\nabla_x^s + (-C_{12}\sin\omega_s t + C_{32}\cos\omega_s t)\nabla_y^s + \\ (-C_{13}\sin\omega_s t + C_{33}\cos\omega_s t)\nabla_z^s \end{bmatrix}
$$

(2 - 26)

其中，$\varepsilon_i^s(i=x,\ y,\ z)$ 为陀螺常值漂移；$\boldsymbol{\nabla}_i^s(i=x,\ y,\ z)$ 为加速度计零偏；ε_i^n $(i=N,\ E,\ U)$ 和$\boldsymbol{\nabla}_i^n(i=N,\ E,\ U)$ 为在旋转条件下加速度计零偏和陀螺常值漂移造成的等效零偏。由式（2 - 25）、式（2 - 26）可得，$\boldsymbol{\varepsilon}$、$\boldsymbol{\nabla}$在 X、Z 两轴向均得到了调制，得到的等效零偏 ε_i^n 和$\boldsymbol{\nabla}_i^n$ 明显减小。

由上述分析可知，旋转调制能够将两轴向上的零偏误差调制掉，很大程度上降低了器件零偏对导航精度的影响。接下来继续对刻度系数误差和安装误差进行分析。以陀螺为例，不考虑常值漂移的前提下，由式（2 - 22）可得

$$
\boldsymbol{C}_s^c \delta\boldsymbol{\omega}_{is}^s = \begin{bmatrix} \cos\omega_c t & 0 & -\sin\omega_c t \\ 0 & 1 & 0 \\ \sin\omega_c t & 0 & \cos\omega_c t \end{bmatrix}^{\mathrm{T}} \begin{bmatrix} k_{gx} & G_{gxY} & G_{gxZ} \\ G_{gyX} & k_{gy} & G_{gyZ} \\ G_{gzX} & G_{gzY} & k_{gz} \end{bmatrix} \begin{bmatrix} \cos\omega_c t & 0 & -\sin\omega_c t \\ 0 & 1 & 0 \\ \sin\omega_c t & 0 & \cos\omega_c t \end{bmatrix} \begin{bmatrix} \omega_{isx}^c \\ \omega_c \\ \omega_{isz}^c \end{bmatrix}
$$

(2 - 27)

由式（2 - 27）得

$$
\boldsymbol{C}_s^c \delta\boldsymbol{\omega}_{is}^s = \begin{bmatrix} \dfrac{(k_{gx}+k_{gz})}{2} + \dfrac{(k_{gx}-k_{gz})\cos 2\omega_c t}{2} + \dfrac{(G_{gzX}+G_{gxZ})\sin 2\omega_c t}{2} \\ G_{gyZ}\cos\omega_c t + G_{gyX}\sin\omega_c t \\ \dfrac{(G_{gzX}-G_{gxZ})}{2} + \dfrac{(G_{gzX}+G_{gxZ})\cos 2\omega_c t}{2} + \dfrac{(k_{gz}-k_{gx})\sin 2\omega_c t}{2} \end{bmatrix} \boldsymbol{\omega}_{isx}^c +
$$

$$\begin{bmatrix} G_{gxY}\cos\omega_c t + G_{gzY}\sin\omega_c t \\ k_{gy} \\ G_{gzY}\cos\omega_c t - G_{gxY}\sin\omega_c t \end{bmatrix}\boldsymbol{\omega}_c + \begin{bmatrix} \frac{(G_{gxZ}-G_{gzX})}{2} + \frac{(G_{gzX}+G_{gxZ})\cos 2\omega_c t}{2} + \frac{(k_{gz}-k_{gx})\sin 2\omega_c t}{2} \\ G_{gyZ}\cos\omega_c t - G_{gyX}\sin\omega_c t \\ \frac{(k_{gx}+k_{gz})}{2} + \frac{(k_{gz}-k_{gx})\cos 2\omega_c t}{2} - \frac{(G_{gzX}+G_{gxZ})\sin 2\omega_c t}{2} \end{bmatrix}\boldsymbol{\omega}_{isz}^{c} \tag{2-28}$$

将式（2－28）中所有直流分量提取如下：

$$\boldsymbol{C}_s^c\delta\boldsymbol{\omega}_{is}^s = \begin{bmatrix} \frac{(k_{gx}+k_{gz})}{2} \\ 0 \\ \frac{(G_{gzX}-G_{gxZ})}{2} \end{bmatrix}\boldsymbol{\omega}_{isx}^c + \begin{bmatrix} 0 \\ k_{gy} \\ 0 \end{bmatrix}\boldsymbol{\omega}_c + \begin{bmatrix} \frac{(G_{gxZ}-G_{gzX})}{2} \\ 0 \\ \frac{(k_{gx}+k_{gz})}{2} \end{bmatrix}\boldsymbol{\omega}_{isz}^c \tag{2-29}$$

由式（2－28）、式（2－29）可得，安装误差 G_{gxY}、G_{gyX}、G_{gyZ}、G_{gzY}四项均为正弦交流分量，在系统进行周期性运动过程中能够相互抵消，有效减小了惯性器件安装误差对导航精度的影响；但是式（2－29）中提取的直流分量中包含了惯性器件所有的刻度系数误差 k_{gx}、k_{gy}、k_{gz}，这部分误差在系统进行周期性运动时无法被调制。对加速度计输出误差的分析过程同陀螺仪。

根据火箭弹在飞行过程中绕单轴旋转这一特点，将弹载惯导系统类比于单轴旋转惯导进行误差特性分析，结论如下：火箭弹飞行过程中，弹载惯性器件的刻度系数误差对导航精度的影响最大，而器件安装误差和零偏对导航精度的影响较小。

2.4.2 弹载惯导误差特性仿真

下面通过仿真的方式来比较弹丸在飞行过程中，各个误差对导航精度的影响，设置仿真参数如下。

初始经度为118°，纬度为30°，加速度计刻度系数误差为 $10^{-3}/(\mathrm{P/g})$，零偏为 4×10^{-4} rad/s，陀螺刻度系数误差为 $10^{-3}/[\mathrm{P/('')}]$，常值偏移为 $10^{-3}g$，弹载子惯导安装误差角在3个方向上均为10′，状态变量 X 的初值都为0。

由于要模拟弹丸飞行的过程，所以设计机动条件如下。

设火箭弹沿 y 轴做匀加速运动，加速度为200 m/s²，此时为火箭弹飞行的主动阶段，时长为10 s，而后利用惯性飞行，假设惯性飞行阶段火箭弹以最大速度做匀速运动；火箭弹在整个仿真过程中做匀速俯仰运动，转过的角度为

π/2，并以 $\omega_s = 70$ r/s 的速率旋转，总时长为 180 s。

按照上述系统参数和机动方式分别仿真刻度系数误差和安装误差对导航精度的影响，由于转速大，图中的曲线很密集，为了便于识别，这里选取结果中的后 10 s 作为仿真结果，如图 2－4、图 2－5、图 2－6 所示，（a）为考虑所有误差时的姿态误差仿真结果，（b）为只考虑刻度系数误差时的姿态误差仿真结果，（c）为只考虑零偏和常值漂移时的姿态误差仿真结果。

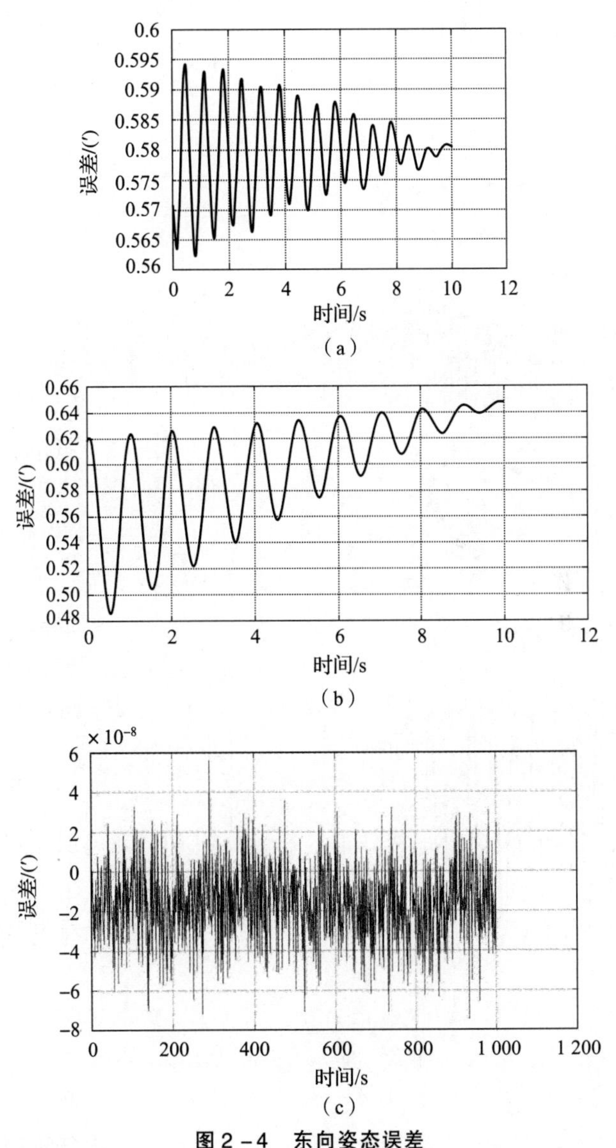

图 2－4　东向姿态误差

（a）考虑所有误差；（b）只考虑刻度系数误差；（c）只考虑零偏和常值漂移

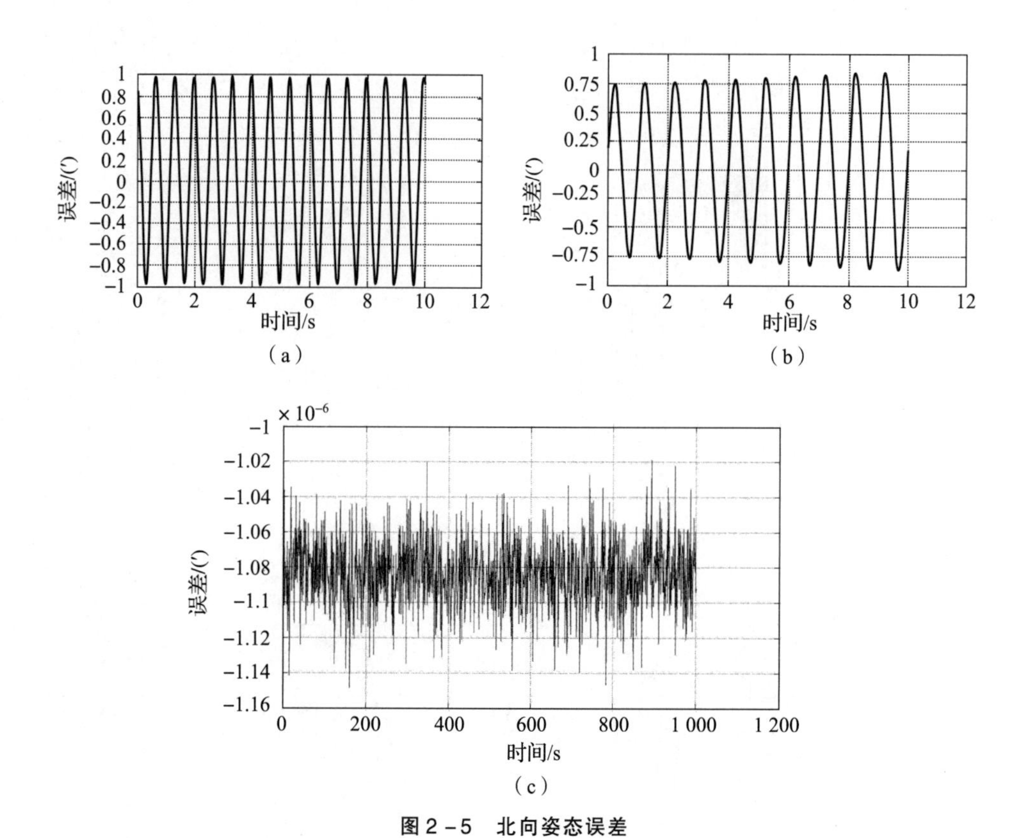

图 2-5　北向姿态误差

(a) 考虑所有误差；(b) 只考虑刻度系数误差；(c) 只考虑零偏和常值漂移

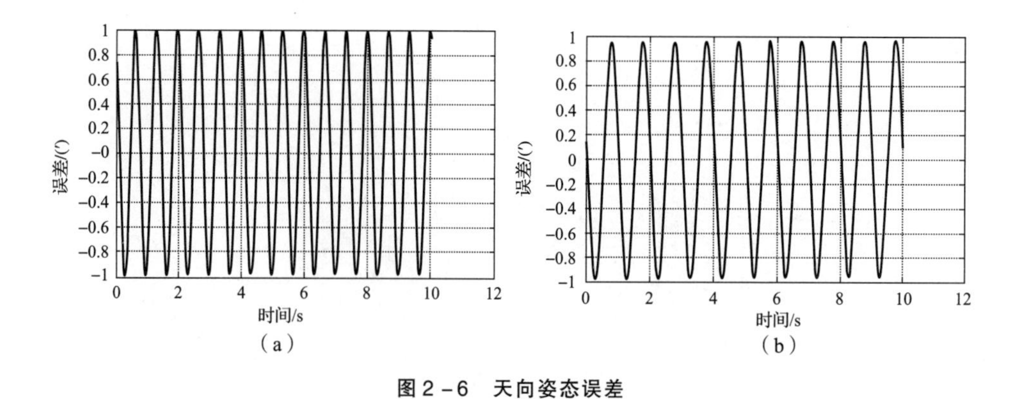

图 2-6　天向姿态误差

(a) 考虑所有误差；(b) 只考虑刻度系数误差

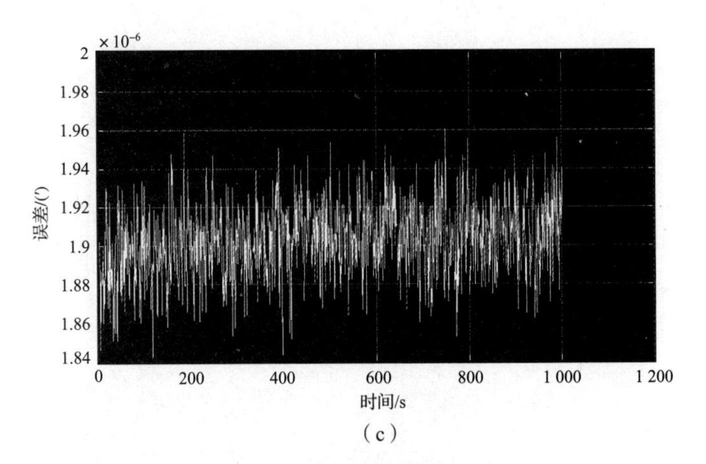

（c）

图 2－6　天向姿态误差（续）

（c）只考虑零偏和常值漂移

对比每组仿真结果中的（a）、（b）可看出，在旋转调制的条件下，刻度系数误差单独造成的导航姿态误差与多种误差参数共同造成的导航姿态误差变化趋势相同，峰值也差别不大；从每组结果的最后一幅图可看出，在旋转条件下三个方向的零偏和常值漂移对导航精度影响很小，可忽略不计，说明了刻度系数误差为影响弹丸飞行精度的主要误差参数。与 2. 4. 1 小节所推导出的结果一致，即惯性器件零偏可以被旋转运动调制，而影响弹丸导航精度的主要因素是刻度系数误差。

通过理论分析和仿真验证可知，在发射前对弹载惯导进行误差标定时，必须对刻度系数误差进行标定，而对于安装误差以及器件零偏则可结合实际选择性进行标定，以达到缩短标定时间、提高标定效率的目的。

第3章

匹配模式选择

在线标定中一般采用卡尔曼滤波算法对器件误差进行估计，而滤波的估计精度及收敛速度取决于误差参数的可观测性。系统中各状态量的可观测度越高，其滤波收敛速度越快、估计精度越高。相反，当状态量的可观测度较低，说明该状态量可观测性较差，则无法准确估计出该状态量。因此，在对状态量进行卡尔曼滤波之前，应该首先对系统做可观测性分析，得出系统状态是否完全可观测以及系统中各状态量的可观测度。此外，在线标定过程中系统匹配模式的选择也是影响滤波估计效果的主要因素之一，为了提高惯性器件误差的标定效果，有必要研究不同匹配模式对在线标定结果的影响。

本章首先对卡尔曼滤波基本理论以及常用可观测性分析方法进行介绍。而后针对当前可观测度分析方法的不足，给出一种基于最小二乘估计理论的可观测度分析方法，该方法将系统初始状态估计误差的衰减程度定义为状态量的可观测度指标，用以评价系统可观测度。通过设计仿真试验，对比基于SVD的可观测度分析方法，证明该方法的特点及优越性。最后采用新的可观测度指标，对比分析“速度+姿态”匹配、“速度+姿态+位置”匹配、“速度+位置”匹配三种匹配模式下各误差参数的可观测度，并通过仿真试验得出在弹载捷联惯导系统在线标定中采用“速度+姿态”匹配效果最好，为捷联惯导系统标定方案的优化提供了理论依据。

3.1 卡尔曼滤波基本理论

卡尔曼滤波算法是在1960年由Kalman首次提出的一种递推最优估计理论。由于采用了状态空间法描述系统，且算法是递推形式，因此卡尔曼滤波能够处理多维和非平稳的随机过程。系统状态方程、观测方程和系统噪声统计特性是卡尔曼滤波估计过程中的三个必要条件。

考虑如下离散系统模型：

$$\begin{aligned}\boldsymbol{X}_k &= \boldsymbol{F}_{k,k-1}\boldsymbol{X}_{k-1} + \boldsymbol{\Gamma}_{k-1}\boldsymbol{W}_{k-1} \\ \boldsymbol{Z}_k &= \boldsymbol{H}_k\boldsymbol{X}_k + \boldsymbol{V}_k\end{aligned} \tag{3-1}$$

式中，$\boldsymbol{X}_k$ 为 t_k 时刻系统的状态变量；$\boldsymbol{F}_{k,k-1}$ 为 t_{k-1} 时刻至 t_k 时刻系统的一步状态转移矩阵；$\boldsymbol{X}_{k-1}$ 为 t_{k-1} 时刻系统的状态变量；$\boldsymbol{\Gamma}_{k-1}$ 为 t_{k-1} 时刻系统噪声驱动矩阵；$\boldsymbol{W}_{k-1}$ 为 t_{k-1} 时刻系统状态噪声矩阵；$\boldsymbol{Z}_k$ 为 t_k 时刻系统的观测变量；$\boldsymbol{H}_k$ 为 t_k 时刻观测矩阵；$\boldsymbol{V}_k$ 为 t_k 时刻观测噪声矩阵。假定系统噪声序列协方差阵 $\boldsymbol{Q}_k$ 为非负定阵，观测噪声序列协方差阵 $\boldsymbol{R}_k$ 为正定阵，则 $\boldsymbol{X}_k$ 的估计 $\hat{\boldsymbol{X}}_k$ 按照下述方程求解[65]。

状态一步预测方程如下：

$$\hat{\boldsymbol{X}}_{k/k-1} = \boldsymbol{F}_{k,k-1}\hat{\boldsymbol{X}}_{k-1/k-1} \tag{3-2}$$

状态估计方程如下：

$$\hat{\boldsymbol{X}}_{k/k}=\hat{\boldsymbol{X}}_{k/k-1}+\boldsymbol{K}_k[\boldsymbol{Z}_k-\boldsymbol{H}_k\hat{\boldsymbol{X}}_{k/k-1}] \tag{3-3}$$

滤波增益方程如下：

$$\boldsymbol{K}_k=\boldsymbol{P}_{k/k-1}\boldsymbol{H}_k^{\mathrm{T}}[\boldsymbol{H}_k\boldsymbol{P}_{k/k-1}\boldsymbol{H}_k^{\mathrm{T}}+\boldsymbol{R}_k]^{-1} \tag{3-4}$$

一步预测均方误差方程如下：

$$\boldsymbol{P}_{k/k-1}=\boldsymbol{F}_{k,k-1}\boldsymbol{P}_{k-1}\boldsymbol{F}_{k,k-1}^{\mathrm{T}}+\boldsymbol{\Gamma}_{k-1}\boldsymbol{Q}_{k-1}\boldsymbol{\Gamma}_{k-1}^{\mathrm{T}} \tag{3-5}$$

估计均方误差方程如下：

$$\boldsymbol{P}_k=[\boldsymbol{I}-\boldsymbol{K}_k\boldsymbol{H}_k]\boldsymbol{P}_{k/k-1}[\boldsymbol{I}-\boldsymbol{K}_k\boldsymbol{H}_k]^{\mathrm{T}}+\boldsymbol{K}_k\boldsymbol{R}_k\boldsymbol{K}_k^{\mathrm{T}} \tag{3-6}$$

式（3-2）~式（3-6）即为卡尔曼滤波算法的5个基本递推方程。只要已知初值 $\hat{\boldsymbol{X}}_0$ 和 $\boldsymbol{P}_0$，则依据 k 时刻系统的观测值 $\boldsymbol{Z}_k$，就能够通过递推方程求得 k 时刻的状态估计 $\hat{\boldsymbol{X}}_k(k=1,2\cdots)$。

图3-1为卡尔曼滤波算法递推过程。如图3-1所示，卡尔曼滤波由两个计算回路组成：独立的增益计算回路和依赖于增益计算回路的滤波计算回路。从递推过程中使用信息的先后顺序看，卡尔曼滤波在一个完整的滤波周期内又具有时间更新和量测更新两个明显的信息更新过程。

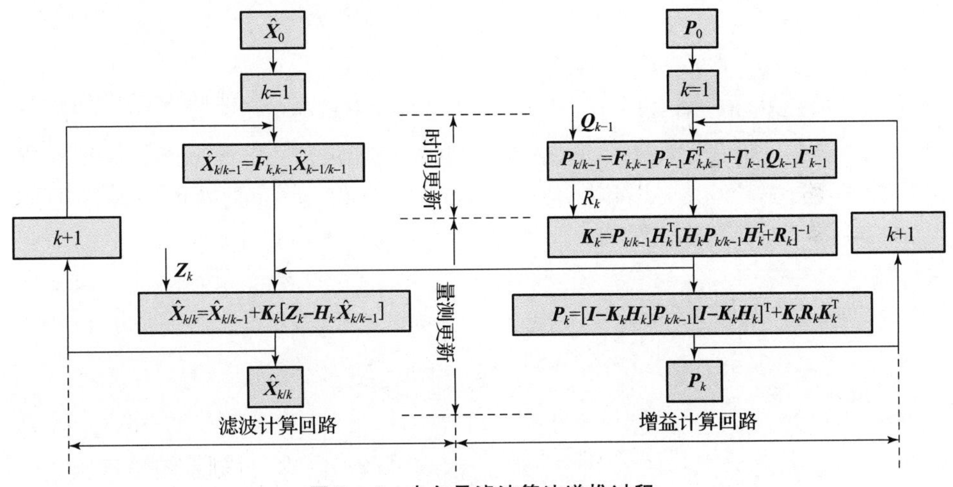

图3-1　卡尔曼滤波算法递推过程

卡尔曼滤波最大的优势就是当建立的模型符合卡尔曼滤波器的条件时，仅利用 $k-1$ 时刻的估计值和 k 时刻的观测值即可实时估计出系统状态。正是由于这一特点，卡尔曼滤波理论一经提出立即受到工程应用的重视，其作为一种重要的最优估计理论已经在多个研究领域被广泛应用。

3.2 可观测性分析方法

定义 3-1：如果系统对任意初始状态 $X(0)$，存在某个有限的时刻 $t_1>0$，根据时间区间 $[0, t_1]$ 内的已知输入信息 u 和输出信息 Y 可以唯一地确定初始状态 $X(0)$，则系统状态是完全可观测的。否则，系统状态不可观测。

对于定常系统而言，可观测性分析比较简单。考虑定常系统：

$$\begin{aligned}\dot{\boldsymbol{x}}(t)&=\boldsymbol{A}\boldsymbol{x}(t)+\boldsymbol{B}\boldsymbol{u}(t)\\ \boldsymbol{Z}(t)&=\boldsymbol{H}\boldsymbol{x}(t)\end{aligned} \tag{3-7}$$

式（3-7）中 $\boldsymbol{A}\in\mathbf{R}^{n\times n}$，$\boldsymbol{x}(t)\in\mathbf{R}^{n\times 1}$，$\boldsymbol{B}\in\mathbf{R}^{n\times q}$，$\boldsymbol{u}(t)\in\mathbf{R}^{q\times 1}$，$\boldsymbol{H}\in\mathbf{R}^{m\times n}$，且 $\boldsymbol{A}$、$\boldsymbol{B}$、$\boldsymbol{H}$ 都是常数矩阵。可观测性矩阵如下：

$$\boldsymbol{Q}=[\boldsymbol{H}^{\mathrm{T}}\quad(\boldsymbol{HA})^{\mathrm{T}}\quad(\boldsymbol{HA}^2)^{\mathrm{T}}\quad\cdots\quad(\boldsymbol{HA}^{n-1})^{\mathrm{T}}]^{\mathrm{T}} \tag{3-8}$$

若可观测性矩阵的秩 $\mathrm{rank}(\boldsymbol{Q})=n$，则系统完全可观测；若 $\mathrm{rank}(\boldsymbol{Q})<n$，则系统不完全可观测。

对于时变系统就不能简单利用式（3-8）分析系统可观测性了。1992 年，以色列学者 Goshen-Meskin 提出一种分段线性定常系统的 PWCS 理论，将时变系统分成很多段，在很短的时间内，每段可以看成定常系统来处理，利用提取的可观测性矩阵（stipped observability matrix，SOM）代替总的可观测性矩阵（total observability matrix，TOM）分析，在一定精度下能满足要求。

由于系统可观测性与激励无关，仅考虑齐次连续系统的可观测性。假定如下模型：

$$\begin{aligned}\dot{\boldsymbol{x}}(t)&=\boldsymbol{A}_i\boldsymbol{x}(t)\\ \boldsymbol{Z}(t)&=\boldsymbol{H}_i\boldsymbol{x}(t)\end{aligned}\quad i=1,2,\cdots,r \tag{3-9}$$

式中，i 为时间段；$\boldsymbol{A}_i$、$\boldsymbol{H}_i$ 为常数矩阵。可观测性矩阵为

$$\boldsymbol{Q}_i=[\boldsymbol{H}_i^{\mathrm{T}}\quad(\boldsymbol{H}_i\boldsymbol{A}_i)^{\mathrm{T}}\quad(\boldsymbol{H}_i\boldsymbol{A}_i^2)^{\mathrm{T}}\quad\cdots\quad(\boldsymbol{H}_i\boldsymbol{A}_i^{n-1})^{\mathrm{T}}]^{\mathrm{T}} \tag{3-10}$$

如果 $\mathrm{Null}(\boldsymbol{Q}_i)\subset\mathrm{Null}(\boldsymbol{A}_i)$，$1\leqslant i\leqslant r$，则 $\mathrm{rank}(\boldsymbol{Q}(r))=\mathrm{rank}(\boldsymbol{Q}_s(r))$。

其中 $\boldsymbol{Q}(r)=\begin{bmatrix}\boldsymbol{Q}_1\\ \boldsymbol{Q}_2e^{A_1\Delta_1}\\ \boldsymbol{Q}_3e^{A_2\Delta_2}e^{A_1\Delta_1}\\ \vdots\\ \boldsymbol{Q}_re^{A_{r-1}\Delta_{r-1}}\cdots e^{A_1\Delta_1}\end{bmatrix}$，$\boldsymbol{Q}_s(r)=\begin{bmatrix}\boldsymbol{Q}_1\\ \boldsymbol{Q}_2\\ \boldsymbol{Q}_3\\ \vdots\\ \boldsymbol{Q}_r\end{bmatrix}$

式中，$\boldsymbol{Q}(r)$为动态系统总的可观测矩阵；$\boldsymbol{Q}_s(r)$为系统提取的可观测矩阵；Δ_i为第i段的时间间隔。

如果$\operatorname{rank}(\boldsymbol{Q}_s(r))=n$，则系统完全可观测；如果$\operatorname{rank}(\boldsymbol{Q}_s(r))<n$，则系统不完全可观测。以上就是PWCS的核心思想。

对于离散系统：

$$\begin{aligned}\boldsymbol{x}(k)&=\boldsymbol{F}(k)\boldsymbol{x}(k-1)\\ \boldsymbol{Z}(k)&=\boldsymbol{H}(k)\boldsymbol{x}(k)\end{aligned} \tag{3-11}$$

$$\boldsymbol{Q}(r)=\begin{bmatrix}\boldsymbol{Q}_1\\ \boldsymbol{Q}_2\boldsymbol{F}^{n-1}(1)\\ \boldsymbol{Q}_3\boldsymbol{F}^{n-1}(2)\boldsymbol{F}^{n-1}(1)\\ \vdots\\ \boldsymbol{Q}_r\boldsymbol{F}^{n-1}(r-1)\cdots\boldsymbol{F}^{n-1}(1)\end{bmatrix},\quad \boldsymbol{Q}_s(r)=\begin{bmatrix}\boldsymbol{Q}_1\\ \boldsymbol{Q}_2\\ \boldsymbol{Q}_3\\ \vdots\\ \boldsymbol{Q}_r\end{bmatrix}$$

其中，$\boldsymbol{Q}_i=[\boldsymbol{H}(i)^{\mathrm{T}}\quad(\boldsymbol{H}(i)\boldsymbol{F}(i))^{\mathrm{T}}\quad\cdots\quad(\boldsymbol{H}(i)\boldsymbol{F}^{n-1}(i))^{\mathrm{T}}]^{\mathrm{T}}$为动态系统离散化后第$i$时间段的可观测性矩阵，$mn\times n$阶。

PWCS可观测性分析方法有如下性质。

（1）在某一时间段的可观测性取决于以前所有时间段及当前时间段的可观测性。

（2）时间段的排列次序并不影响系统最终的可观测性。

（3）重复前面某一时间段的系统观测，不影响系统的可观测性，不能提高系统的可观测性。

但是这种分段线性化的可观测性方法存在如下缺陷。

（1）可观测性分析涉及的符号矩阵求秩运算在高维情况下非常烦琐，要解析得到一般线性时变系统的可观测性条件通常比较困难，有时只能求助于数值仿真。

（2）线性化后的可观测性分析结果只刻画了非线性系统的局部特征，即可观测性结论是属于对应线性化系统的，而不是非线性系统的，因此可观测性结论一般不能准确刻画原来的非线性系统。

（3）PWCS可观测性分析要求状态转移矩阵和观测矩阵是已知的，但是它们往往是速度、姿态角、角速度的函数，需要进行卡尔曼滤波之后才能得到，从而导致计算量巨大。

（4）PWCS方法无法定量地给出某个状态在不同时段的可观测程度。

3.3 可观测度分析方法

对系统的可观测性矩阵的计算能够定性分析系统的可观测性，但系统的可观测性矩阵的秩相同时，要评定和分析系统的可观测性，就需要引入可观测度的概念。至今，对可观测度的概念还没有统一的定义，只能说在其他条件相同的情况下，如果系统的可观测度越高，为该系统所设计的卡尔曼滤波器的效果就越好。滤波的效果包括估计精度的高低和估计收敛速度的快慢两方面。

可观测性指数（observability index）被认为是常用的描述完全可观测系统可观测度的一个性能指标。但是系统可观测性矩阵秩的计算，只能回答系统是不是完全可观测，对系统状态估计的可观测程度不能做出判断。Ham 提出利用 Kalman 滤波器的估计误差协方差阵的特征值和特征向量来描述系统的可观测度，其对应结论是状态变量的估计误差协方差阵的特征值越小，对应系统状态变量的可观测度越高；相反，特征值越大，对应系统状态变量的可观测度越低，并在最小特征值时所计算的特征向量指示出高可观测度的方向。利用这种方法能够判断出完全可观测系统的可观测度，但必须在卡尔曼滤波运算之后进行（即计算了被估计状态误差协方差矩阵以后），因此计算量巨大。

下面介绍两种可实现状态量可观测度分析的方法。

3.3.1 SVD 可观测度分析方法

SVD 可观测度分析方法利用可观测性矩阵的 SVD 来分析系统及状态可观测度。这种方法既适用于完全可观测系统，又适用于不完全可观测系统，并且不需要事先做卡尔曼滤波运算，直接简单地实现系统可观测度分析。

定义 3-2：对于矩阵 $\boldsymbol{A}\in\mathbf{C}_r^{m\times n}$，非负定矩阵 $\boldsymbol{A}^{\mathrm{H}}\boldsymbol{A}$ 的 i 个特征值 $\lambda_i(\geqslant 0)$ 的算术根 $\sigma_i=\sqrt{\lambda_i}$，叫作 $\boldsymbol{A}$ 的奇异值。

对任何的 $\boldsymbol{A}\in\mathbf{C}_r^{m\times n}$，都有：

（1）$\boldsymbol{A}^{\mathrm{H}}\boldsymbol{A}$ 与 $\boldsymbol{A}\boldsymbol{A}^{\mathrm{H}}$ 都是半正定的。

（2）$r=\mathrm{rank}(\boldsymbol{A})=\mathrm{rank}(\boldsymbol{A}^{\mathrm{H}}\boldsymbol{A})=\mathrm{rank}(\boldsymbol{A}\boldsymbol{A}^{\mathrm{H}})$。

定理 3-1：设 $\boldsymbol{A}\in\mathbf{C}_r^{m\times n}$，则存在酉矩阵 $\boldsymbol{U}\in\mathbf{R}^{m\times m}$ 和 $\boldsymbol{V}\in\mathbf{C}^{n\times n}$ 使得

$$\boldsymbol{A}=\boldsymbol{U}\boldsymbol{\Sigma}\boldsymbol{V}^{\mathrm{T}} \tag{3-12}$$

式中，$\boldsymbol{\Sigma}=\begin{bmatrix}\boldsymbol{S} & \boldsymbol{O}\\ \boldsymbol{O} & \boldsymbol{O}\end{bmatrix}$。

$\boldsymbol{S}=\mathrm{diag}(\sigma_1, \sigma_2, \cdots\sigma_r)$，其对角元素按照 $\sigma_1 \geqslant \sigma_2 \geqslant \cdots \geqslant \sigma_r \geqslant 0$ 顺序排列，其中 $r=\mathrm{rank}(\boldsymbol{A})$。

将提取可观测矩阵 $\boldsymbol{Q}_s(r)$ 进行奇异值分解得到

$$\boldsymbol{Q}_s(r)=\boldsymbol{U}\begin{bmatrix}\boldsymbol{S}\\ \boldsymbol{O}_{(m-r)\times r}\end{bmatrix}\boldsymbol{V}^{\mathrm{T}} \tag{3-13}$$

其中 $\boldsymbol{U}=[\boldsymbol{u}_1 \quad \boldsymbol{u}_2 \quad \cdots \quad \boldsymbol{u}_{nmr}]$，$\boldsymbol{V}=[\boldsymbol{v}_1 \quad \boldsymbol{v}_2 \quad \cdots \quad \boldsymbol{v}_r]$，$\boldsymbol{S}=\mathrm{diag}(\sigma_1,\cdots\sigma_r)$。

根据 $\boldsymbol{z}=\boldsymbol{Q}_s(r)\boldsymbol{x}_0$ 得到

$$\boldsymbol{z}=\sum_{i=1}^{r}\sigma_i(\boldsymbol{v}_i^{\mathrm{T}}\boldsymbol{x}_0)\boldsymbol{u}_i \tag{3-14}$$

当观测量具有常值范数时，初始状态值形成一个椭球，该椭球方程为

$$|\boldsymbol{z}|^2=\sum_{i=1}^{r}(\sigma_i(\boldsymbol{v}_i^{\mathrm{T}}\boldsymbol{x}_0)\boldsymbol{u}_i)^2 \tag{3-15}$$

令

$$a_i=\frac{1}{\sigma_i} \tag{3-16}$$

式中，a_i 为椭球主轴长度。该椭球的体积由奇异值确定，奇异值大时，椭球的体积小，$\boldsymbol{x}_0$ 小；当 σ_i 为零时，估计问题就变成一个奇异问题，估计无界，初始状态不能由观测量确定。

由式（3－14）知初始状态 $\boldsymbol{x}_0$ 在 $[\sigma_1\boldsymbol{v}_1, \sigma_2\boldsymbol{v}_2, \cdots, \sigma_r\boldsymbol{v}_r]$ 张成的子空间上的投影变换为观测量 $\boldsymbol{z}$，因此唯一确定状态 $\boldsymbol{x}_0$ 至少需要 r 个观测值。

如果 $\sigma_r>0$，则利用 m 个观测值 $\boldsymbol{z}$ 就能估计和确定初始状态 $\boldsymbol{x}_0$。

$$\boldsymbol{x}_0=(\boldsymbol{U\Sigma V}^{\mathrm{T}})^{-1}\boldsymbol{z}=\sum_{i=1}^{r}\left(\frac{\boldsymbol{u}_i^{\mathrm{T}}\boldsymbol{z}}{\sigma_i}\right)\boldsymbol{v}_i=\begin{bmatrix}\frac{\boldsymbol{u}_1^{\mathrm{T}}\boldsymbol{z}}{\sigma_1}v_{1,1}+\frac{\boldsymbol{u}_2^{\mathrm{T}}\boldsymbol{z}}{\sigma_2}v_{1,2}+\cdots+\frac{\boldsymbol{u}_r^{\mathrm{T}}\boldsymbol{z}}{\sigma_r}v_{1,r}\\ \frac{\boldsymbol{u}_1^{\mathrm{T}}\boldsymbol{z}}{\sigma_1}v_{2,1}+\frac{\boldsymbol{u}_2^{\mathrm{T}}\boldsymbol{z}}{\sigma_2}v_{2,2}+\cdots+\frac{\boldsymbol{u}_r^{\mathrm{T}}\boldsymbol{z}}{\sigma_r}v_{2,r}\\ \vdots\\ \frac{\boldsymbol{u}_1^{\mathrm{T}}\boldsymbol{z}}{\sigma_1}v_{r,1}+\frac{\boldsymbol{u}_2^{\mathrm{T}}\boldsymbol{z}}{\sigma_2}v_{r,2}+\cdots+\frac{\boldsymbol{u}_r^{\mathrm{T}}\boldsymbol{z}}{\sigma_r}v_{r,r}\end{bmatrix} \tag{3-17}$$

如果 $\sigma_{l+1}=\sigma_{l+2}=\cdots=\sigma_r=0$（或者根据工程具体情况，在奇异值很小但不为零时可以将奇异值近似为零），则可将 $\boldsymbol{V}$ 分成两个子空间，即

$$\boldsymbol{V}=[\boldsymbol{V}_1 \quad \boldsymbol{V}_2] \tag{3-18}$$

其中，$\boldsymbol{V}_1=[\boldsymbol{v}_1, \boldsymbol{v}_2, \cdots\boldsymbol{v}_l]$，$\boldsymbol{V}_2=[\boldsymbol{v}_{l+1}, \boldsymbol{v}_{l+2}, \cdots, \boldsymbol{v}_r]$，$\boldsymbol{V}_2$ 为矩阵 $\boldsymbol{Q}_s(r)$ 的零空间，在此情况下初始状态 $\boldsymbol{x}_0$ 可表示为

$$x_0 = \sum_{i=1}^{l}\left(\frac{u_i^{\mathrm{T}} z}{\sigma_i}\right)v_i + \sum_{i=l+1}^{r} a_i v_i \tag{3-19}$$

其中，$a_i(i=l+1, \cdots, r)$ 为零空间 V_2 的任意系数，则该系数可有许多种解，这种情况下初始状态 x_0 的某些状态不能利用 m 个观测量 z 估计出来。

用奇异值分解分析方法分析时变系统可观测性和可观测度的具体步骤如下。

（1）选取时变系统的第一时间段，令 $j=1$。

（2）定义 A_j 和 H_j，计算对应这一时间段的可观测性矩阵 Q_j。

（3）确定当前的 SOM，即 $Q_s(j)$。

（4）根据时变系统所用的外观测量的精度和大小，计算出这一时间段的外观测量 z_j。

（5）求出当前时间段可观测性矩阵 $Q_s(j)$ 的奇异值 σ_j。

（6）根据式（3-17），求出每一个奇异值所对应的状态变量 x_0 的大小，根据 x_0 的大小即可判断出哪些变量可观测、哪些变量不可观测、哪些变量的可观测度高、哪些变量的可观测度低。

（7）如果当前时间段不是最后的时间段，继续进行下一时间段的分析，即令 $j=2$，返回第（2）步，继续进行直至完成分析的全部时间段。

基于 SVD 的可观测度分析方法能够提供系统的可观测度，且长期应用于工程实际中。但是该方法也存在以下不足。

（1）采用基于 SVD 的可观测度分析方法时，通过系统奇异值矩阵无法反映出各状态之间的耦合特征，每个状态量得到的可观测度实际为几个相互耦合参数的可观测度。

（2）基于 SVD 的可观测度分析结果会随着状态量单位的不同发生变化，该方法存在一定的理论缺陷[20]。

3.3.2 基于最小二乘估计理论的可观测度分析方法

系统在一定的时间内通过观测量确定状态量的能力称为系统的可观测性，误差参数的估计精度与系统的可观测性密切相关[66]。考虑到当前常用的可观测性分析方法都存在一定不足，本小节从初始状态的最小二乘估计角度，对各状态量进行可观测度分析，考虑如下离散线性系统：

$$\begin{cases} x_i = F_{i,i-1} x_{i-1} \\ z_i = H_i x_i + v_i \end{cases} \tag{3-20}$$

其中，$x_i \in \mathbf{R}^n$ 为 t_i 时刻系统的状态量；$F_{i,i-1} \in \mathbf{R}^{n\times n}$ 为 t_{i-1} 至 t_i 时刻系统的状态转移矩阵；$z_i \in \mathbf{R}^m$ 为系统的观测值；H_i 为系统的观测矩阵；v_i 为系统的观测

噪声，且满足 $E[\boldsymbol{v}_i]=0$，$E[\boldsymbol{v}_i\boldsymbol{v}_i^{\mathrm{T}}]=\boldsymbol{R}_i$；定义 $\bar{\boldsymbol{x}}_0$、$\boldsymbol{P}_0$ 分别为初始状态 $\boldsymbol{x}_0$ 的均值和方差。

设系统在 t_k 时刻得到的观测值为 $\{\boldsymbol{z}_1, \boldsymbol{z}_2, \cdots, \boldsymbol{z}_k\}$，定义 $\hat{\boldsymbol{x}}_0$ 为式（3-20）中初始状态 $\boldsymbol{x}_0$ 的最小二乘估计，由最小二乘估计的定义可得

$$\boldsymbol{J}=(\bar{\boldsymbol{x}}_0-\boldsymbol{x}_0)^{\mathrm{T}}\boldsymbol{P}_0^{-1}(\bar{\boldsymbol{x}}_0-\boldsymbol{x}_0)+\sum_{i=1}^{k}\tilde{\boldsymbol{z}}_i^{\mathrm{T}}\boldsymbol{R}_i^{-1}\tilde{\boldsymbol{z}}_i \tag{3-21}$$

式中，$\tilde{\boldsymbol{z}}_i=\boldsymbol{z}_i-\boldsymbol{H}_i\boldsymbol{x}_i=\boldsymbol{z}_i-\boldsymbol{H}_i\boldsymbol{F}_{i,0}\boldsymbol{x}_0$。

将式（3-21）两端对 $\boldsymbol{x}_0$ 求偏导可得

$$\frac{\partial \boldsymbol{J}}{\partial \boldsymbol{x}_0}=\boldsymbol{P}_0^{-1}(\boldsymbol{x}_0-\bar{\boldsymbol{x}}_0)-\sum_{i=1}^{k}\boldsymbol{F}_{i,0}^{\mathrm{T}}\boldsymbol{H}_i^{\mathrm{T}}\boldsymbol{R}_i^{-1}(\boldsymbol{z}_i-\boldsymbol{H}_i\boldsymbol{F}_{i,0}\boldsymbol{x}_0) \tag{3-22}$$

令式（3-22）等号左端为零，则能够计算得出 $\boldsymbol{x}_0$ 的最小二乘估计为

$$\hat{\boldsymbol{x}}_{0,k}=(\boldsymbol{P}_0^{-1}+\boldsymbol{L}_{0,k})^{-1}(\boldsymbol{K}_{0,k}+\boldsymbol{P}_0^{-1}\bar{\boldsymbol{x}}_0) \tag{3-23}$$

式中，$\boldsymbol{L}_{0,k}=\sum_{i=1}^{k}\boldsymbol{F}_{i,0}^{\mathrm{T}}\boldsymbol{H}_i^{\mathrm{T}}\boldsymbol{R}_i^{-1}\boldsymbol{H}_i\boldsymbol{F}_{i,0}$，$\boldsymbol{K}_{0,k}=\sum_{i=1}^{k}\boldsymbol{F}_{i,0}^{\mathrm{T}}\boldsymbol{H}_i^{\mathrm{T}}\boldsymbol{R}_i^{-1}\boldsymbol{z}_i$。其中 $\boldsymbol{L}_{0,k}$ 称为系统的信息矩阵[8]。

设估计误差为

$$\tilde{\boldsymbol{x}}_{0,k}=\boldsymbol{x}_0-\hat{\boldsymbol{x}}_{0,k} \tag{3-24}$$

将式（3-23）代入式（3-24）可得

$$\tilde{\boldsymbol{x}}_{0,k}=\boldsymbol{x}_0-(\boldsymbol{P}_0^{-1}+\boldsymbol{L}_{0,k})^{-1}(\boldsymbol{P}_0^{-1}\bar{\boldsymbol{x}}_0+\sum_{i=1}^{k}\boldsymbol{F}_{i,0}^{\mathrm{T}}\boldsymbol{H}_i^{\mathrm{T}}\boldsymbol{R}_i^{-1}\boldsymbol{z}_i) \tag{3-25}$$

将 $\boldsymbol{z}_i=\boldsymbol{H}_i\boldsymbol{F}_{i,0}\boldsymbol{x}_0+\boldsymbol{v}_i$ 代入式（3-25）得

$$\tilde{\boldsymbol{x}}_{0,k}=[\boldsymbol{I}-(\boldsymbol{P}_0^{-1}+\boldsymbol{L}_{0,k})^{-1}\boldsymbol{L}_{0,k}]\boldsymbol{x}_0-(\boldsymbol{I}+\boldsymbol{P}_0\boldsymbol{L}_{0,k})^{-1}\bar{\boldsymbol{x}}_0-(\boldsymbol{P}_0^{-1}+\boldsymbol{L}_{0,k})^{-1}\sum_{i=1}^{k}\boldsymbol{F}_{i,0}^{\mathrm{T}}\boldsymbol{H}_i^{\mathrm{T}}\boldsymbol{R}_i^{-1}\boldsymbol{v}_i \tag{3-26}$$

可以证明 $\boldsymbol{I}-(\boldsymbol{P}_0^{-1}+\boldsymbol{L}_{0,k})^{-1}\boldsymbol{L}_{0,k}$ 与 $(\boldsymbol{I}+\boldsymbol{P}_0\boldsymbol{L}_{0,k})^{-1}$ 是相等的。具体证明如下：

设 $\boldsymbol{D}$、$\boldsymbol{E}$ 为两个可逆方阵，$\boldsymbol{B}$、$\boldsymbol{C}$ 为两个维数适当的矩阵，由矩阵求逆定理可得

$$(\boldsymbol{D}+\boldsymbol{B}\boldsymbol{E}^{-1}\boldsymbol{C})^{-1}=\boldsymbol{D}^{-1}-\boldsymbol{D}^{-1}\boldsymbol{B}(\boldsymbol{E}+\boldsymbol{C}\boldsymbol{D}^{-1}\boldsymbol{B})^{-1}\boldsymbol{C}\boldsymbol{D}^{-1} \tag{3-27}$$

所以

$$\boldsymbol{I}-(\boldsymbol{P}_0^{-1}+\boldsymbol{L}_{0,k})^{-1}\boldsymbol{L}_{0,k}=\boldsymbol{I}-(\boldsymbol{L}_{0,k}^{-1}-\boldsymbol{L}_{0,k}^{-1}(\boldsymbol{P}_0+\boldsymbol{L}_{0,k}^{-1})^{-1}\boldsymbol{L}_{0,k}^{-1})\boldsymbol{L}_{0,k}=(\boldsymbol{I}+\boldsymbol{P}_0\boldsymbol{L}_{0,k})^{-1} \tag{3-28}$$

则式（3-26）可以写成

$$\tilde{\boldsymbol{x}}_{0,k}=(\boldsymbol{I}+\boldsymbol{P}_0\boldsymbol{L}_{0,k})^{-1}\tilde{\boldsymbol{x}}_{0,0}-(\boldsymbol{P}_0^{-1}+\boldsymbol{L}_{0,k})^{-1}\sum_{i=1}^{k}\boldsymbol{F}_{i,0}^{\mathrm{T}}\boldsymbol{H}_i^{\mathrm{T}}\boldsymbol{R}_i^{-1}\boldsymbol{v}_i \tag{3-29}$$

式（3－29）等号右侧第一项表示估计误差的衰减程度，第二项表示观测噪声对估计误差的影响，在此忽略观测噪声的影响，则式（3－29）可简化为

$$\tilde{\boldsymbol{x}}_{0,k}=(\boldsymbol{I}+\boldsymbol{P}_0\boldsymbol{L}_{0,k})^{-1}\tilde{\boldsymbol{x}}_{0,0} \tag{3-30}$$

由式（3－30）可得，矩阵 $(\boldsymbol{I}+\boldsymbol{P}_0\boldsymbol{L}_{0,k})^{-1}$ 的对角线元素表示各误差参数相对于其初始估计误差的变化量。变化量越大，说明该误差参数越容易被观测，因此定义 $(\boldsymbol{I}+\boldsymbol{P}_0\boldsymbol{L}_{0,k})^{-1}$ 中的对角线元素为对应的系统各状态量的可观测度指标，即

$$\boldsymbol{\eta}_i=\{\mathrm{diag}[(\boldsymbol{I}+\boldsymbol{P}_0\boldsymbol{L}_{0,k})^{-1}]\}_i \tag{3-31}$$

由上述可观测度定义可知：$|\boldsymbol{\eta}_i|$ 越靠近 0，说明估计误差的衰减越明显，则对应状态量的可观测度越大；$|\boldsymbol{\eta}_i|$ 越靠近 1，说明估计误差的衰减越小，对应状态量的可观测度就越小。

根据以上可观测度算法可以看出，$\boldsymbol{I}$、$\boldsymbol{P}_0$ 都是已知的，要求可观测度指标 $|\boldsymbol{\eta}_i|$，关键是要求出 $\boldsymbol{L}_{0,k}$，而 $\boldsymbol{L}_{0,k}=\sum_{i=1}^{k}\boldsymbol{F}_{i,0}^{\mathrm{T}}\boldsymbol{H}_i^{\mathrm{T}}\boldsymbol{R}_i^{-1}\boldsymbol{H}_i\boldsymbol{F}_{i,0}$，其迭代流程如图 3－2 所示，其中设 $\boldsymbol{M}_k=\boldsymbol{F}_{k,0}^{\mathrm{T}}\boldsymbol{H}_k^{\mathrm{T}}\boldsymbol{R}_k^{-1}\boldsymbol{H}_k\boldsymbol{F}_{k,0}$。

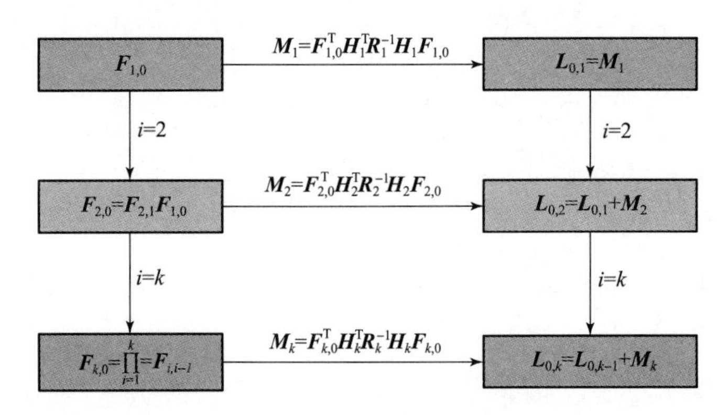

图 3－2　可观测度算法流程

通过图 3－2 所示的算法迭代流程可以看出，相对于常用可观测度分析方法，此方法有以下优点。

（1）计算量小，效率高。采用该算法每一时刻只需要计算出 $\boldsymbol{M}_k$ 就能求得相应时刻的可观测度指标，且 $\boldsymbol{M}_k$ 中的 $\boldsymbol{H}_k$、$\boldsymbol{R}_k$ 都是已知的，只需求出 $\boldsymbol{F}_{k,0}$ 即可。

（2）计算结果含义明确。矩阵 $(\boldsymbol{I}+\boldsymbol{P}_0\boldsymbol{L}_{0,k})^{-1}$ 的对角线元素中每一个数值代表着对应状态量的可观测度，不存在互相之间的耦合。

3.3.3　仿真试验

为了验证3.3.2小节给出的可观测度计算方法的特点及准确性，分别采用所提出的可观测度分析方法和基于SVD的方法对系统进行可观测度分析。

1. 滤波模型

依据弹载捷联惯导系统误差方程，构建滤波模型如下：

$$\begin{aligned}\dot{\boldsymbol{X}} &= \boldsymbol{F}\boldsymbol{X} + \boldsymbol{W} \\ \boldsymbol{Z} &= \boldsymbol{H}\boldsymbol{X} + \boldsymbol{V}\end{aligned} \tag{3-32}$$

其中，$\boldsymbol{W}$、$\boldsymbol{V}$为不相关的高斯白噪声，$\boldsymbol{X} = [\delta\boldsymbol{V}^n \quad \boldsymbol{\Phi}^n \quad \boldsymbol{\mu}^b \quad \delta\boldsymbol{k}_a \quad \boldsymbol{\nabla}^b \quad \delta\boldsymbol{k}_g \quad \boldsymbol{\varepsilon}^b]^{\mathrm{T}}$，$\boldsymbol{Z} = [\delta\boldsymbol{V}^n \quad \boldsymbol{\Phi}^n]^{\mathrm{T}}$；$\delta\boldsymbol{V}^n$为系统三轴向速度误差；$\boldsymbol{\Phi}^n$为系统三轴向姿态误差；$\boldsymbol{\mu}^b$为子惯导相对主惯导的安装误差角；$\delta\boldsymbol{k}_a$、$\delta\boldsymbol{k}_g$分别为加速度计和陀螺三轴向刻度系数误差；$\boldsymbol{\nabla}^b$、$\boldsymbol{\varepsilon}^b$分别为加速度计和陀螺三轴向零偏。

由系统的速度、位置、姿态误差方程可得系统状态矩阵：

$$\boldsymbol{F} = \begin{bmatrix} \boldsymbol{F}_1 & \boldsymbol{F}_2 & \boldsymbol{O}_{3\times 3} & \boldsymbol{F}_3 & \boldsymbol{O}_{3\times 6} \\ \boldsymbol{F}_4 & \boldsymbol{F}_5 & \boldsymbol{O}_{3\times 3} & \boldsymbol{O}_{3\times 6} & \boldsymbol{F}_6 \\ & & \boldsymbol{O}_{15\times 21} & & \end{bmatrix} \tag{3-33}$$

其中

$$\boldsymbol{F}_1 = \begin{bmatrix} \dfrac{V_n \tan L - V_u}{R_n} & 2\omega_{ie}\sin L + \dfrac{V_e \tan L}{R_n} & -\left(2\omega_{ie}\cos L + \dfrac{V_e}{R_n}\right) \\ -2\left(\omega_{ie}\sin L + \dfrac{V_e \tan L}{R_n}\right) & \dfrac{-V_u}{R_m} & \dfrac{-V_n}{R_m} \\ -2\left(\omega_{ie}\cos L + \dfrac{V_e}{R_n}\right) & \dfrac{2V_n}{R_m} & 0 \end{bmatrix} \tag{3-34}$$

$$\boldsymbol{F}_2 = \begin{bmatrix} 0 & -f_u & f_n \\ f_u & 0 & -f_e \\ -f_n & f_e & 0 \end{bmatrix} \tag{3-35}$$

$$\boldsymbol{F}_3 = \begin{bmatrix} T_{11}f_x & T_{12}f_y & T_{13}f_z & T_{11} & T_{12} & T_{13} \\ T_{21}f_x & T_{22}f_y & T_{23}f_z & T_{21} & T_{22} & T_{23} \\ T_{31}f_x & T_{32}f_y & T_{33}f_z & T_{31} & T_{32} & T_{33} \end{bmatrix} \tag{3-36}$$

$$F_4=\begin{bmatrix}0 & \dfrac{-1}{R_m} & 0\\ \dfrac{1}{R_n} & 0 & 0\\ \dfrac{1}{R_n} & 0 & 0\end{bmatrix} \tag{3-37}$$

$$F_5=\begin{bmatrix}0 & \omega_{ie}\sin L+\dfrac{V_e\tan L}{R_n} & -\left(\omega_{ie}\cos L+\dfrac{V_e}{R_n}\right)\\ -\left(\omega_{ie}\sin L+\dfrac{V_e\tan L}{R_n}\right) & 0 & \dfrac{-V_n}{R_m}\\ \left(\omega_{ie}\cos L+\dfrac{V_e}{R_n}\right) & \dfrac{V_n}{R_m} & 0\end{bmatrix} \tag{3-38}$$

$$F_6=\begin{bmatrix}-T_{11}\omega_{ibx} & -T_{12}\omega_{iby} & -T_{13}\omega_{ibz} & -T_{11} & -T_{12} & -T_{13}\\ -T_{21}\omega_{ibx} & -T_{22}\omega_{iby} & -T_{23}\omega_{ibz} & -T_{21} & -T_{22} & -T_{23}\\ -T_{31}\omega_{ibx} & -T_{32}\omega_{iby} & -T_{33}\omega_{ibz} & -T_{31} & -T_{32} & -T_{33}\end{bmatrix} \tag{3-39}$$

观测矩阵为

$$H=\begin{bmatrix}I_3 & O_{3\times3} & O_{3\times3} & O_{3\times12}\\ O_{3\times3} & I_3 & -C_b^n & O_{3\times12}\end{bmatrix} \tag{3-40}$$

式（3-32）~式（3-40）中，$C_b^n=\begin{bmatrix}T_{11} & T_{12} & T_{13}\\ T_{21} & T_{22} & T_{23}\\ T_{31} & T_{32} & T_{33}\end{bmatrix}$为导航系到载体系的变换矩阵；$V_e$、$V_n$、$V_u$ 分别为载体三轴向速度；L 为运载体所处纬度；R_m、R_n 分别为地球子午圈和卯酉圈半径；ω_{ie}为地球自转角速度。

2. 仿真条件设置

参照文献［57］，在轨迹发生器中设定理想状态下炮车的机动路径如下。

（1）炮车由静止开始做变加速直线运动 10 s 后保持匀速直线行驶 5 s。

（2）炮车做匀速转弯机动 10 s 后保持匀速直线行驶 5 s。

（3）炮车通过一拱桥，10 s 后继续匀速直线行驶。

为了满足卡尔曼滤波要求，对式（3-32）进行离散化，且系统各初始参数设置如下。

设初始纬度为30°，经度为118°，状态量X初值为0，陀螺仪及加速度计初始误差参数设置如表3－1所示。

表3－1　陀螺仪及加速度计初始误差参数设置

误差参数	陀螺仪	加速度计
零偏误差	4×10^{-4}°/s	10^{-3} m·s^{-2}
刻度系数误差	1×10^{-3}	1×10^{-3}

初始方差阵为

$$\begin{aligned}\boldsymbol{P}_0 = 10\mathrm{diag}\{&(2\ \mathrm{m/s})^2,(2\ \mathrm{m/s})^2,(2\ \mathrm{m/s})^2,(1°)^2,(1°)^2,(1°)^2,\\&(1°)^2,(1°)^2,(1°)^2,(10^{-3})^2,(10^{-3})^2,(10^{-3})^2,\\&(5\times10^{-3}\,g)^2,(5\times10^{-3}\,g)^2,(5\times10^{-3}\,g)^2,(10^{-3})^2,\\&(10^{-3})^2,(10^{-3})^2,(1°/\mathrm{h})^2,(1°/\mathrm{h})^2,(1°/\mathrm{h})^2\}\end{aligned}$$

系统噪声协方差阵为

$$\begin{aligned}\boldsymbol{Q} = \mathrm{diag}\{&(5\times10^{-5}\,g)^2,(5\times10^{-5}\,g)^2,(5\times10^{-5}\,g)^2,(0.05\ °/\mathrm{h})^2,\\&(0.05°/\mathrm{h})^2,(0.05°/\mathrm{h})^2,0,0,0,0,0,0,0,0,0,0,0,0,0,0,0\}\end{aligned}$$

$$\boldsymbol{R} = \mathrm{diag}\{(0.01\ \mathrm{m/s})^2,(0.01\ \mathrm{m/s})^2,(0.01\ \mathrm{m/s})^2,(0.01°)^2,(0.01°)^2,(0.01°)^2\}$$

3. 可观测度分析结果

1）基于最小二乘估计的可观测度分析方法计算结果

采用3.3.2小节介绍的可观测度分析方法计算各误差参数的可观测度，结果如表3－2所示（为了简化表示方法，计算时用E表示以10为底数的幂，例如：2.0E－05表示2.0×10^{-5}）。

表3－2　新的可观测度分析方法计算结果

误差参数	可观测度指标	误差参数	可观测度指标
δk_{ax}	1.367 1E－06	δk_{gx}	1.900 4E－04
δk_{ay}	5.900 4E－06	δk_{gy}	0.027 68
δk_{az}	2.045 7E－05	δk_{gz}	1.722 7E－05
∇_x	7.157 2E－06	ε_x	2.593 9E－07
∇_y	4.777 4E－04	ε_y	2.104 7E－07
∇_z	1.886 7E－04	ε_z	2.951 6E－07

2）基于 SVD 的可观测度分析方法计算结果

为了证明表 3－2 中计算结果的正确性，本小节利用当前在工程实际中应用较为成熟的基于 SVD 分解的可观测度分析方法对系统各误差参数的可观测度进行计算，结果如图3－3、表3－3 所示。图3－3 中每幅小图表示一个状态变量对应的奇异值，图3－3（a）至图3－3（l）依次表示状态量 δk_{ax}、δk_{ay}、δk_{az}、∇_x、∇_y、∇_z、δk_{gx}、δk_{gy}、δk_{gz}、ε_x、ε_y、ε_z 的奇异值。

由表 3－2 中的计算结果可以看出，除 Y 轴陀螺刻度系数误差 δk_{gy}之外，其余 11 个误差参数的可观测度指标都比较小，根据 3. 3. 2 小节给出的可观测度定义可知，Y 轴陀螺刻度系数误差的可观测度较差，其余 11 个误差参数的可观测度比较强。由表 3－3 可以看出，除 Y 轴陀螺刻度系数误差的奇异值非常小之外，其余 11 个误差参数的奇异值都大于 0. 9，说明 Y 轴陀螺刻度系数误差的可观测性较差，其余 11 个误差参数的可观测性都很好。由图 3－3 可以

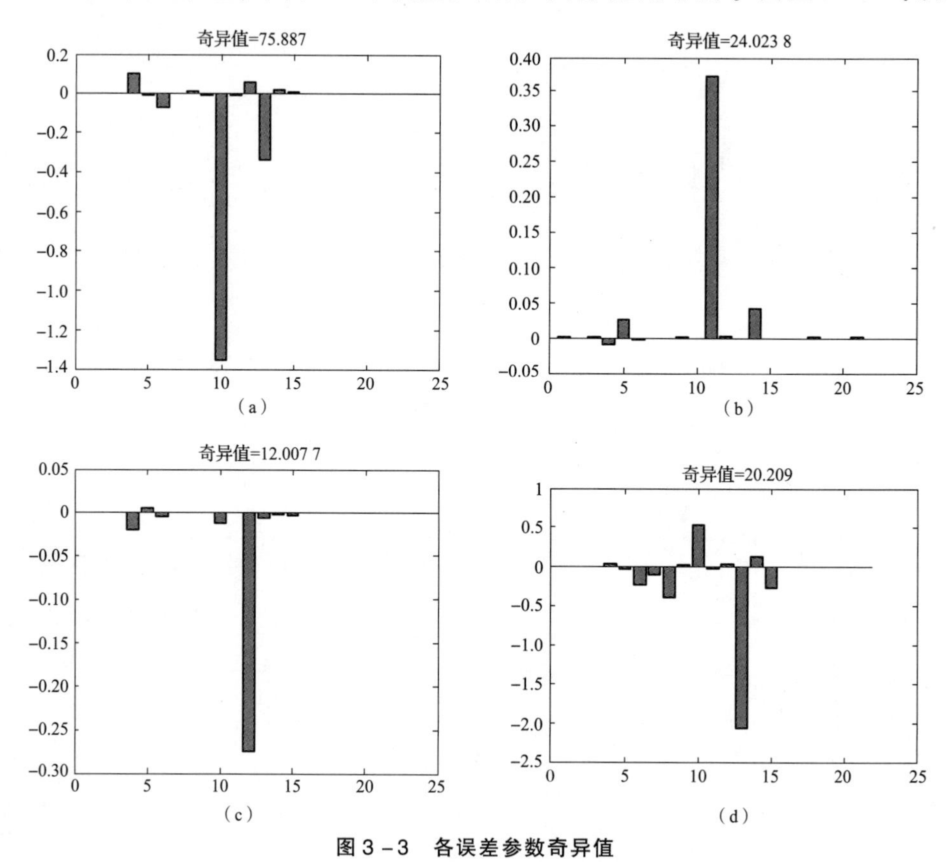

图 3－3　各误差参数奇异值

（a）状态量 δk_{ax}的奇异值；（b）状态量 δk_{ay}的奇异值；

（c）状态量 δk_{az}的奇异值；（d）状态量 ∇_x的奇异值

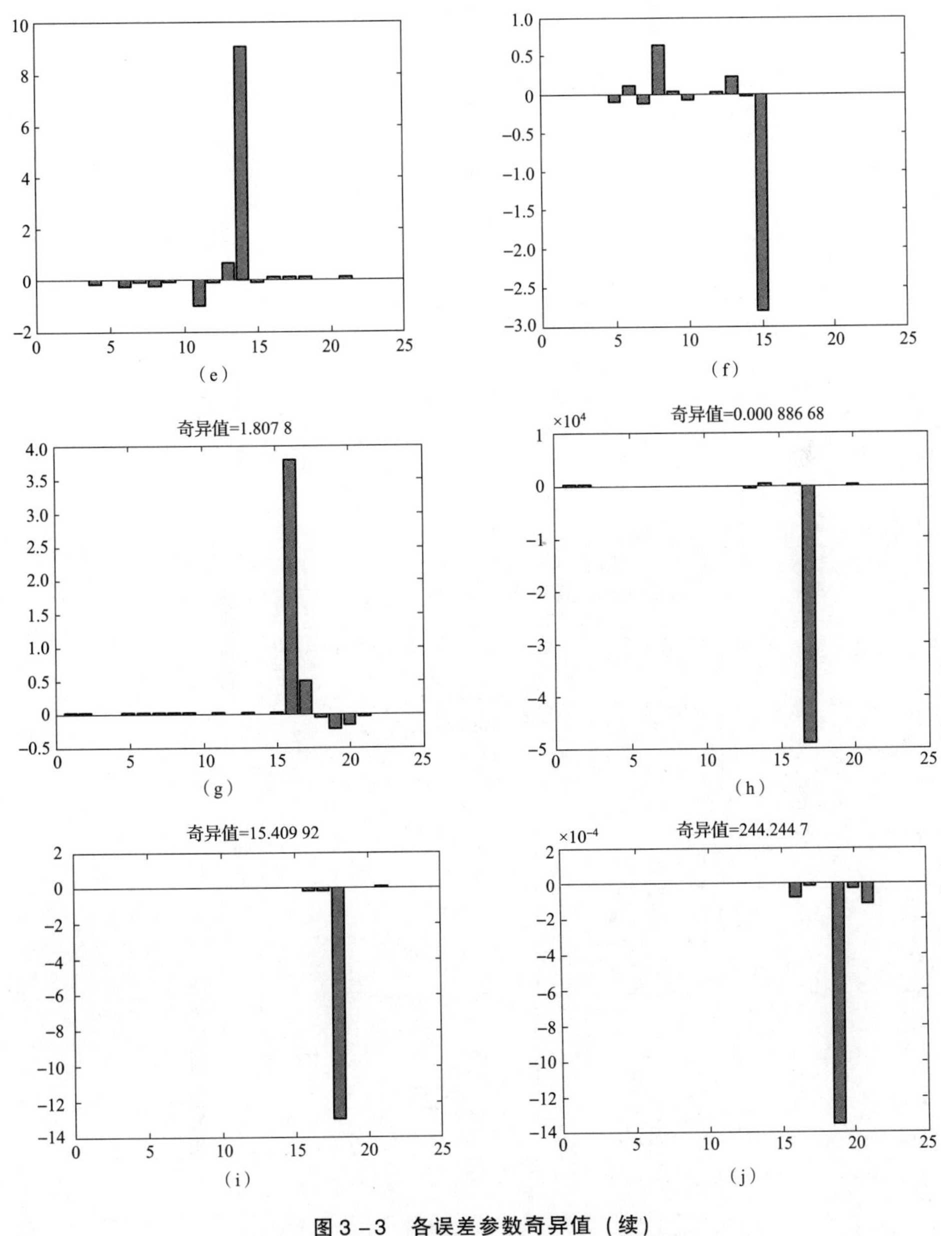

图 3-3　各误差参数奇异值（续）

（e）状态量 ∇_y 的奇异值；（f）状态量 ∇_z 的奇异值；

（g）状态量 δk_{gx} 的奇异值；（h）状态量 δk_{gy} 的奇异值；

（i）状态量 δk_{gz} 的奇异值；（j）状态量 ε_x 的奇异值

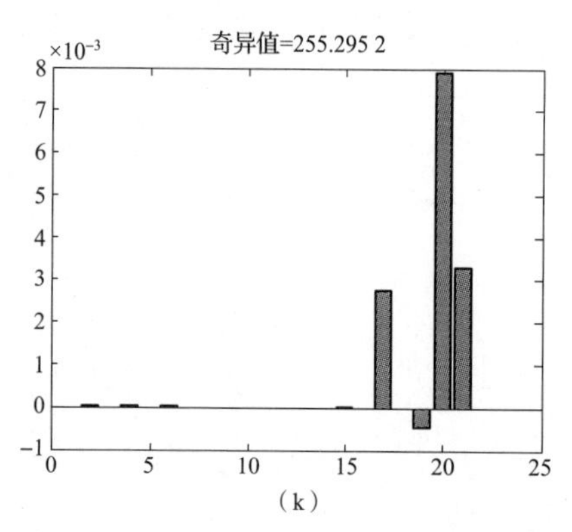

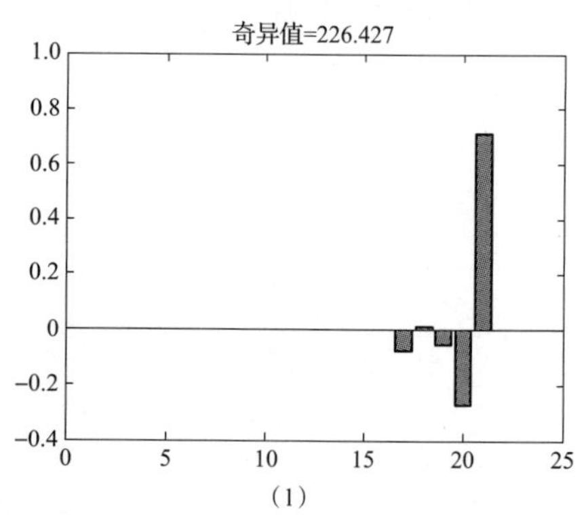

图 3-3 各误差参数奇异值（续）

(k) 状态量 ε_y 的奇异值；(l) 状态量 ε_z 的奇异值

看出，虽然基于 SVD 的方法定义每幅分图都代表一个误差参数的奇异值，且定义奇异值的大小即代表该误差参数的可观测度，但实际上每幅图中的奇异值是几个参数互相耦合的奇异值结果。

表 3-3 基于 SVD 的可观测度分析方法计算结果

误差参数	奇异值	误差参数	奇异值
δk_{ax}	75.887	δk_{gx}	1.807 8
δk_{ay}	24.023 8	δk_{gy}	8.867×10^{-4}
δk_{az}	12.007 7	δk_{gz}	15.409 92
∇_x	20.209	ε_x	244.224 7
∇_y	0.924 87	ε_y	255.295 2
∇_z	2.674 8	ε_z	226.427

采用基于 SVD 方法得出的结果与采用 3.3.2 小节提出的可观测度分析方法的计算结果是一致的。但是，由 SVD 方法的计算流程可知，采用 SVD 方法计算系统可观测度时，需要求出每一时刻的 $\boldsymbol{Q}$、$\boldsymbol{Q}_s$、$\boldsymbol{\sigma}$ 以及 $\boldsymbol{X}(0)$，而基于最小二乘估计的可观测度分析方法只需求出每一时刻的 $\boldsymbol{F}_{k,0}$ 即可，因此相对于新的可观测度分析方法而言，SVD 方法计算量大、效率低，且得到的可观测度是几个误差参数相互耦合的结果，并不是某个独立参数的可观测度。

3.3.4 在线标定仿真结果及分析

为了验证上述各误差参数的可观测度计算结果是否正确，利用 MATLAB 软件建立仿真试验平台，对弹载惯导系统在线标定结果进行分析，标定结果如图3-4、图3-5所示（其中直线为预先设定值，曲线为滤波估计值）。

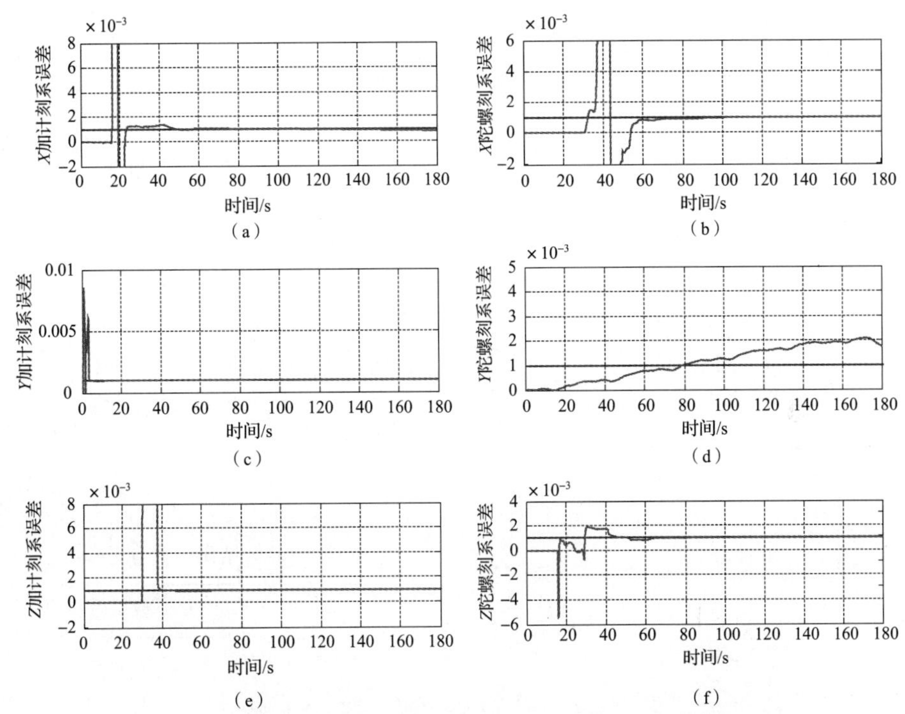

图3-4 加速度计和陀螺仪刻度系数误差估计曲线图（书后附彩插）

（a）*X*加计刻系误差；（b）*X*陀螺刻系误差；（c）*Y*加计刻系误差；（d）*Y*陀螺刻系误差；（e）*Z*加计刻系误差；（f）*Z*陀螺刻系误差

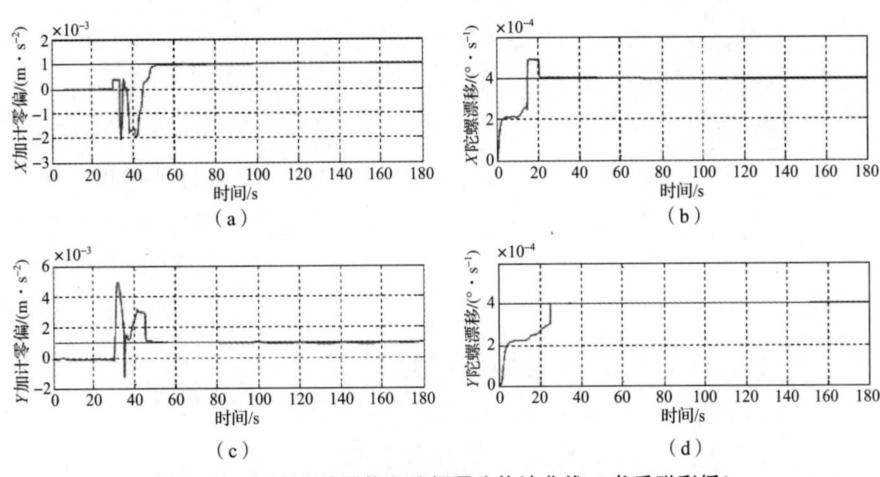

图3-5 加速度计零偏和陀螺漂移估计曲线（书后附彩插）

（a）*X*加计零偏；（b）*X*陀螺漂移；（c）*Y*加计零偏；（d）*Y*陀螺漂移

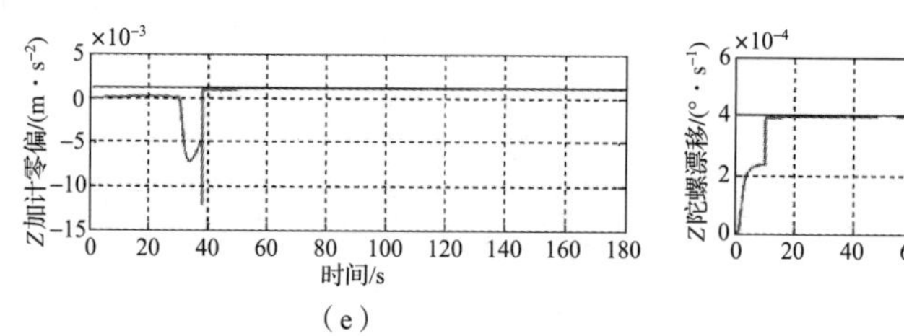

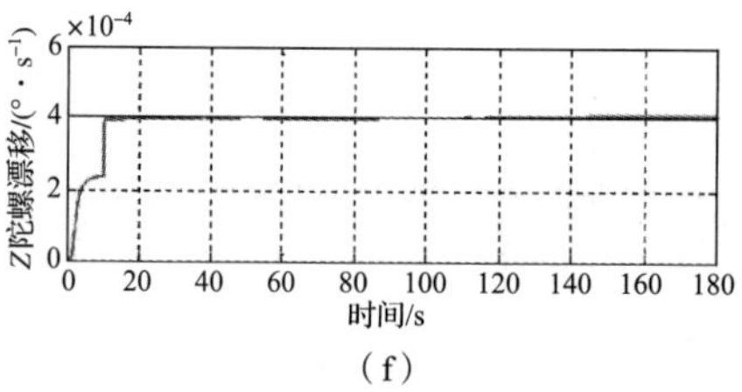

图 3－5　加速度计零偏和陀螺漂移估计曲线（续）（书后附彩插）

(e) Z 加计零偏；(f) Z 陀螺漂移

由图 3－4、图 3－5 可得，对加速度计来讲，6 个误差参数受到相应的机动方式激励后都能快速收敛，且收敛精度较高；对陀螺来讲，Y 轴陀螺刻度系数误差一直未收敛，其他 5 个误差参数受到相应的机动方式激励后都能快速收敛，且收敛精度较高。仿真结果与表 3－2、表 3－3 中的可观测度分析结果是一致的，证明了本章所提可观测度分析方法是正确有效的。

3.4　最优匹配模式选择

为了提高弹载惯性器件的标定精度，有必要研究不同匹配模式对惯性器件误差的估计效果以选择最优的匹配模式。主、子惯导在线标定中常见的观测量有“位置”“速度”“姿态”等。近年来，为了提高标定精度，很多专家学者开始研究几种观测量组合的匹配模式，其中，“速度＋姿态”匹配模式在工程中应用较为广泛。本节结合火箭炮工作实际，研究加入“位置”观测量后，对弹载惯导系统在线标定效果的影响。

3.3 节推导了“速度＋姿态”匹配模式下的滤波模型，在此基础上，本节又分别推导“速度＋姿态＋位置”匹配以及“速度＋位置”匹配模式下系统的滤波模型，而后利用基于最小二乘估计理论的可观测度分析方法分别计算三种不同匹配模式下各误差参数的可观测度，最后通过仿真分析不同匹配模式下系统各误差参数的标定效果。

3.4.1　不同匹配模式下的滤波模型

1. “速度＋姿态＋位置”匹配滤波模型

状态空间模型的建立同式（3－32），由于在“速度＋姿态”匹配的基础上增加了位置观测量，因此状态变量改为 $\boldsymbol{X} = [\delta\boldsymbol{V}^n \quad \boldsymbol{\Phi}^n \quad \delta\boldsymbol{p}^n \quad \boldsymbol{\mu}^b \quad \delta\boldsymbol{k}_a \quad \boldsymbol{\nabla}^b \quad \delta\boldsymbol{k}_g \quad \boldsymbol{\varepsilon}^b]^{\mathrm{T}}$，观测量改为 $\boldsymbol{Z} = [\delta\boldsymbol{V}^n \quad \boldsymbol{\Phi}^n \quad \delta\boldsymbol{p}^n]^{\mathrm{T}}$，其中 $\delta\boldsymbol{p}^n$ 即表示位置误差，其余各参数含义与3.3节相同。

状态矩阵改为

$$\boldsymbol{F} = \begin{bmatrix} \boldsymbol{F}_1 & \boldsymbol{F}_2 & \boldsymbol{F}_{vp} & \boldsymbol{O}_{3\times3} & \boldsymbol{F}_3 & \boldsymbol{O}_{3\times6} \\ \boldsymbol{F}_4 & \boldsymbol{F}_5 & \boldsymbol{F}_{jp} & \boldsymbol{O}_{3\times3} & \boldsymbol{O}_{3\times6} & \boldsymbol{F}_6 \\ \boldsymbol{F}_{pv} & \boldsymbol{O}_{3\times3} & \boldsymbol{F}_{pp} & \boldsymbol{O}_{3\times3} & \boldsymbol{O}_{3\times6} & \boldsymbol{O}_{3\times6} \end{bmatrix} \tag{3-41}$$

矩阵 $\boldsymbol{F}$ 中 $\boldsymbol{F}_1 \sim \boldsymbol{F}_6$ 的定义与3.3节相同，其余各子矩阵定义如下：

$$\boldsymbol{F}_{vp} = \begin{bmatrix} 2\omega_{ie}(V_U\sin L + V_N\cos L) + \dfrac{V_E V_N \sec^2 L}{R_N + h} & 0 & \dfrac{V_U V_E - V_N V_E \tan L}{(R_N + h)^2} \\ -2\omega_{ie}\cos L V_E - \dfrac{V_E^2\sec^2 L}{R_N + h} & 0 & \dfrac{V_U V_E}{(R_M + h)^2} + \dfrac{V_E^2 \tan L}{(R_N + h)^2} \\ -2V_E\omega_{ie}\sin L & 0 & \dfrac{-V_E^2}{(R_N + h)^2} + \dfrac{-V_N^2}{(R_M + h)^2} \end{bmatrix} \tag{3-42}$$

$$\boldsymbol{F}_{jp} = \begin{bmatrix} 0 & 0 & \dfrac{V_N}{(R_M + h)^2} \\ -2\omega_{ie}\sin L & 0 & \dfrac{-V_E}{(R_N + h)^2} \\ \omega_{ie}\cos L + \dfrac{V_E\sec^2 L}{R_N + h} & 0 & \dfrac{-V_E\tan L}{(R_N + h)^2} \end{bmatrix} \tag{3-43}$$

$$\boldsymbol{F}_{pv} = \begin{bmatrix} 0 & \dfrac{1}{R_M + h} & 0 \\ \dfrac{\sec L}{R_N + h} & 0 & 0 \\ 0 & 0 & 1 \end{bmatrix} \tag{3-44}$$

$$\boldsymbol{F}_{pp} = \begin{bmatrix} 0 & 0 & -\dfrac{V_N}{(R_M + h)^2} \\ \dfrac{V_E\sec L\tan L}{R_N + h} & 0 & -\dfrac{V_E\sec L}{(R_N + h)^2} \\ 0 & 0 & 0 \end{bmatrix} \tag{3-45}$$

观测矩阵为

$$H = \begin{bmatrix} I_{3\times3} & O_{3\times3} & O_{3\times3} & O_{3\times3} & O_{3\times12} \\ O_{3\times3} & I_{3\times3} & O_{3\times3} & -C_b^n & O_{3\times12} \\ O_{3\times3} & O_{3\times3} & I_{3\times3} & O_{3\times3} & O_{3\times12} \end{bmatrix} \tag{3-46}$$

2. “速度+位置”匹配滤波模型

状态空间模型的建立同样参照式（3-32），具体参数定义如下。

状态变量改为 $X=[\delta V^n \quad \delta p^n \quad \mu^b \quad \delta k_a \quad \nabla^b \quad \delta k_g \quad \varepsilon^b]^T$，观测量改为 $Z=[\delta V^n \quad \delta p^n]^T$，状态矩阵设置参照式（3-33），观测矩阵改为

$$H = \begin{bmatrix} I_{3\times3} & O_{3\times3} & O_{3\times3} & O_{3\times12} \\ O_{3\times3} & O_{3\times3} & I_{3\times3} & O_{3\times12} \end{bmatrix} \tag{3-47}$$

3.4.2 仿真条件设置

参照文献［59］，在轨迹发生器中设定理想状态下炮车的机动路径如下。

（1）炮车由静止开始做变加速直线运动 10 s 后保持匀速直线行驶 5 s。

（2）炮车做匀速转弯机动 10 s 后保持匀速直线行驶 5 s。

（3）炮车在具有单边坡度的路面上机动 10 s 后保持匀速直线行驶 5 s。

（4）炮车通过一拱桥，10 s 后继续匀速直线行驶。

各初始参数以及“速度+姿态”匹配模式下系统的初始方差阵和噪声协方差阵的设置同 3.3.3 小节。

“速度+姿态+位置”匹配初始方差阵为

$$\begin{aligned} P_0 = 10\text{diag}\{ & (2\ \text{m/s})^2,(2\ \text{m/s})^2,(2\ \text{m/s})^2,(1°)^2,(1°)^2,(1°)^2, \\ & (2\ \text{m})^2,(2\ \text{m})^2,(2\ \text{m})^2,(1°)^2,(1°)^2,(1°)^2,(10^{-3})^2, \\ & (10^{-3})^2,(10^{-3})^2,(5\times10^{-3}g)^2,(5\times10^{-3}g)^2,(5\times10^{-3}g)^2, \\ & (10^{-3})^2,(10^{-3})^2,(10^{-3})^2,(1°/\text{h})^2,(1°/\text{h})^2,(1°/\text{h})^2\} \end{aligned}$$

“速度+姿态+位置”匹配系统噪声协方差阵为

$$\begin{aligned} Q = \text{diag}\{ & (5\times10^{-5}g)^2,(5\times10^{-5}g)^2,(5\times10^{-5}g)^2,(0.05°/\text{h})^2, \\ & (0.05°/\text{h})^2,(0.05°/\text{h})^2,0,0,0,0,0,0,0,0,0,0,0,0,0,0,0,0,0,0\} \end{aligned}$$

$$\begin{aligned} R = \text{diag}\{ & (0.01\ \text{m/s})^2,(0.01\ \text{m/s})^2,(0.01\ \text{m/s})^2,(0.01°)^2, \\ & (0.01°)^2,(0.01°)^2,(1\ \text{m})^2,(1\ \text{m})^2,(1\ \text{m})^2\} \end{aligned}$$

“速度+位置”匹配初始方差阵为

$$\begin{aligned} P_0 = 10\text{diag}\{ & (2\ \text{m/s})^2,(2\ \text{m/s})^2,(2\ \text{m/s})^2,(2\ \text{m})^2,(2\ \text{m})^2, \\ & (2\ \text{m})^2,(1°)^2,(1°)^2,(1°)^2,(10^{-3})^2,(10^{-3})^2,(10^{-3})^2, \\ & (5\times10^{-3}g)^2,(5\times10^{-3}g)^2,(5\times10^{-3}g)^2,(10^{-3})^2, \end{aligned}$$

$$(10^{-3})^2,(10^{-3})^2,(1°/\text{h})^2,(1°/\text{h})^2,(1°/\text{h})^2\}$$

“速度+位置”匹配系统噪声协方差阵为

$$\boldsymbol{Q}=\text{diag}\{(5\times10^{-5}g)^2,(5\times10^{-5}g)^2,(5\times10^{-5}g)^2,$$
$$0,0,0,0,0,0,0,0,0,0,0,0,0,0,0,0,0,0\}$$

$$\boldsymbol{R}=\text{diag}\{(0.01\ \text{m/s})^2,(0.01\ \text{m/s})^2,(0.01\ \text{m/s})^2,(1\ \text{m})^2,(1\ \text{m})^2,(1\ \text{m})^2\}$$

3.4.3　三种匹配模式可观测度分析

采用3.3.2小节提出的可观测度分析方法对以上三种匹配模式下的在线标定模型进行可观测度分析，结果如表3－4所示。

表3－4　三种匹配模式下各状态量可观测指标

状态量	可观测指标		
	速度+姿态	速度+姿态+位置	速度+位置
δk_{ax}	1.415 2E－05	1.379 1E－05	1.924 7E－04
δk_{ay}	2.303 1E－05	4.329 2E－04	6.453 8E－04
δk_{az}	3.579 1E－05	1.809 2E－04	7.432 5E－04
∇_x	3.942 1E－05	2.209 8E－04	6.935 4E－03
∇_y	1.973 5E－06	1.465 1E－06	9.984 0E－02
∇_z	4.052 1E－05	1.672 9E－05	9.154 7E－03
δk_{gx}	1.439 1E－06	2.547 2E－04	5.249 1E－02
δk_{gy}	1.020 3E－06	1.643 9E－06	4.143 8E－03
δk_{gz}	1.321 7E－06	1.475 6E－04	2.576 1E－03
ε_x	1.592 7E－06	3.250 1E－05	2.540 9E－04
ε_y	1.382 6E－06	1.014 2E－06	1.004 3E－02
ε_z	1.976 5E－05	3.143 2E－05	1.372 0E－04

由表3－4可知：当载体机动方式相同的情况下，采用“速度+姿态”匹配模式时各误差参数的可观测度指标都小于10^{-4}，说明惯性器件12个误差参数的可观测度都比较高。采用“速度+姿态+位置”匹配模式相比于“速度+姿态”匹配模式，除Y轴加速度计刻度系数误差、Z轴加速度计刻

度系数误差、X 轴陀螺刻度系数误差、Z 轴陀螺刻度系数误差以及 X 轴陀螺漂移的可观测度指标略有增大以外，其余 7 个误差参数的可观测指标变化不大，说明上述 5 个误差参数的可观测度都所降低。当采用“速度 + 位置”匹配模式时，各误差参数可观测指标都明显增大，说明各误差参数可观测度普遍较低，尤其是 Y 轴加速度计零偏、X 轴陀螺刻度系数误差、Y 轴陀螺漂移的可观测度最差。

3.4.4 三种匹配模式误差参数标定结果分析

为了进一步验证三种匹配模式下弹载惯导在线标定的效果，利用 MATLAB 软件平台分别对三种匹配模式下在线标定过程进行仿真试验，采用标准卡尔曼滤波算法对各误差参数进行估计，惯性器件各误差参数的滤波估计结果如图 3－6、图 3－7 所示（其中直线表示预先设定值，曲线表示滤波估计值）。

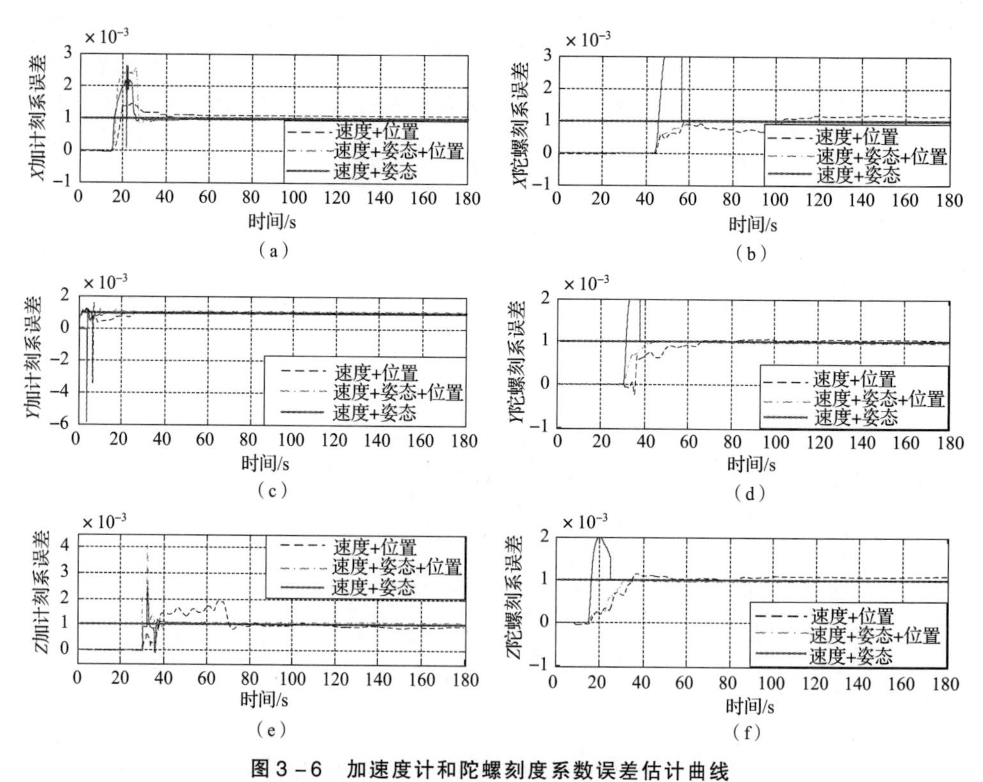

图 3－6 加速度计和陀螺刻度系数误差估计曲线

（a）X 加计刻系误差；（b）X 陀螺刻系误差；（c）Y 加计刻系误差；（d）Y 陀螺刻系误差；（e）Z 加计刻系误差；（f）Z 陀螺刻系误差

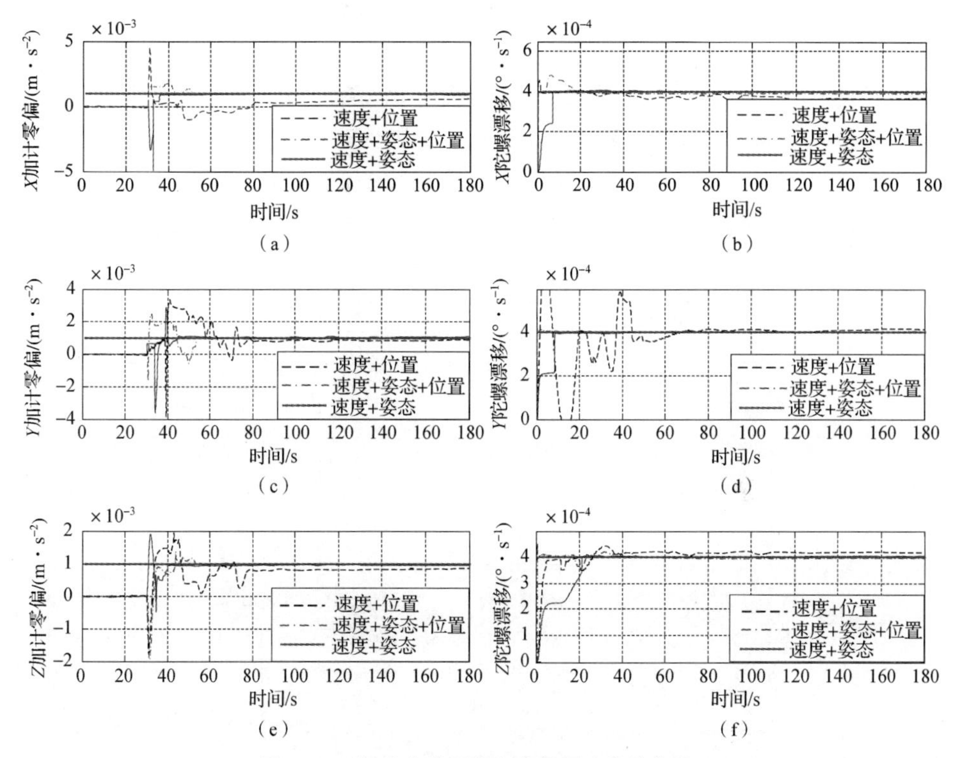

图 3－7　加速度计零偏和陀螺漂移估计曲线

(a) X 加计零偏；(b) X 陀螺漂移；(c) Y 加计零偏；

(d) Y 陀螺漂移；(e) Z 加计零偏；(f) Z 陀螺漂移

由图 3－6、图 3－7 可以看出，采用“速度＋姿态”匹配模式时，惯性器件 12 个误差参数的标定效果都比较好，且除 Z 轴加速度计零偏之外的 11 个误差参数的收敛速度都比较快；采用“速度＋姿态＋位置”匹配模式时，惯性器件 12 个误差参数的标定效果与采用“速度＋姿态”匹配时相当，但部分误差参数的收敛时间有所增长，尤其是 Z 轴加速度计零偏和 Z 轴陀螺漂移的收敛时间增长明显；当采用“速度＋位置”匹配时各误差参数的收敛效果一般，特别是 X 轴、Y 轴加速度计零偏以及 X 轴陀螺刻度系数误差 3 个参数收敛精度较差。

由图 3－6、图 3－7 得到的标定结果与表 3－4 所示三种匹配模式下 12 个误差参数的可观测指标是相符的，证明了新的可观测度分析方法是可靠的。

为进一步考察不同观测量对标定效果的影响，下面分别从标定精度和收敛时间两方面对标定结果进行量化分析。当滤波基本达到稳定后，对 140～180 s 时间段内的滤波估计值求平均值，用得到的结果代表单次仿真的滤波

估计值，且为了降低每次试验中随机噪声对滤波估计的影响，将仿真试验重复5次，对5次仿真估计值再求平均值作为最终的误差估计值并求出误差标定的相对精度（相对精度 = |估计值 - 预设值| ÷ 预设值），结果如表3-5所示。同时，将不同匹配模式下各误差参数的收敛时间（各误差参数受到相应机动方式激励后估计曲线从开始收敛到曲线达到稳态所用的时间）总结如表3-6所示。

表3-5　不同匹配模式下各误差参数标定相对精度　　单位：%

匹配模式	X加计刻度系数误差	Y加计刻度系数误差	Z加计刻度系数误差	X加计零偏	Y加计零偏	Z加计零偏
速度+姿态	4.96	14.28	8.05	12.56	8.73	10.56
速度+姿态+位置	3.81	30.19	26.70	9.72	3.86	4.41
速度+位置	16.68	11.67	3.71	22.69	38.25	15.74
匹配模式	X陀螺刻度系数误差	Y陀螺刻度系数误差	Z陀螺刻度系数误差	X陀螺漂移	Y陀螺漂移	Z陀螺漂移
速度+姿态	4.32	2.88	0.25	0.79	0.41	0.83
速度+姿态+位置	1.52	3.75	3.19	1.56	0.14	0.57
速度+位置	44.63	4.97	15.18	4.37	4.66	7.55

表3-6　不同匹配模式下各误差参数收敛时间　　单位：s

匹配模式	X加计刻度系数误差	Y加计刻度系数误差	Z加计刻度系数误差	X加计零偏	Y加计零偏	Z加计零偏
速度+姿态	10	10	7	5	15	10
速度+姿态+位置	20	18	10	20	25	25
速度+位置	15	30	40	50	50	50
匹配模式	X陀螺刻度系数误差	Y陀螺刻度系数误差	Z陀螺刻度系数误差	X陀螺漂移	Y陀螺漂移	Z陀螺漂移
速度+姿态	10	8	10	7	8	22
速度+姿态+位置	20	15	15	20	3	40
速度+位置	60	35	20	95	75	35

由表3－5可以看出，对比“速度＋姿态”匹配模式下各误差参数的标定精度，采用“速度＋姿态＋位置”匹配时，Y轴、Z轴加速度计刻度系数误差，Y轴、Z轴陀螺刻度系数误差和X轴陀螺漂移等5个误差参数的标定精度有一定下降，而X轴加速度计刻度系数误差、三轴加速度计零偏、X轴陀螺刻度系数误差及Y轴、Z轴陀螺漂移等7个误差参数的标定精度都有提高；采用“速度＋位置”匹配模式相对于“速度＋姿态”匹配模式，Y轴、Z轴加速度计刻度系数误差的标定精度有一定提高，其余10个误差参数的标定精度都明显降低，其中X轴、Y轴加速度计零偏及X轴陀螺刻度系数误差的标定精度下降较明显。

从表3－6可以看出，在“速度＋姿态”匹配模式基础上增加“位置”观测量后各误差参数的收敛时间普遍增长，尤其是X轴、Z轴加速度计零偏以及X轴陀螺漂移的收敛时间增长明显；而“速度＋位置”匹配相比于“速度＋姿态”匹配，除了X轴加速度计刻度系数误差和Z轴陀螺刻度系数误差之外，其余误差参数的标定时间都大幅增长。

综上所述，在“速度＋姿态”匹配模式基础上增加“位置”观测量后，7个误差参数的估计精度都有一定的提高，但有11个误差参数的收敛时间变长；采用“速度＋位置”匹配时，除Y轴、Z轴加速度计刻度系数误差之外，其余各误差参数的标定效果都比较差。因此，在选择匹配模式时要根据实际情况对标定效率及标定精度做合理取舍。本书研究的误差标定是以弹载捷联惯导系统为应用背景，结合火箭炮工作实际，综合考虑标定精度及标定效率，选取“速度＋姿态”匹配为最优匹配模式。

第4章

标定路径设计

在线标定中，惯导系统误差参数并不是都完全可估计的，有的参数只有在载体进行一定运动后才能估计。标定路径设计就是设计一种可以估计出预定误差参数的载体运动路径。本质上，路径设计是在线标定可观测性分析方法的逆向运用。本章在分析现有路径设计方法的基础上，逆向运用 PWCS 理论针对“速度 + 姿态”匹配模式提出标定路径设计的原则，并仿真验证了所提的设计原则的正确性。

4.1　基于线性时变系统可观测性判据的标定路径设计

考虑下面的时变系统模型：

$$\begin{aligned}\dot{\boldsymbol{x}}(t)&=\boldsymbol{A}(t)\boldsymbol{x}(t)+\boldsymbol{B}\boldsymbol{u}(t)\\ \boldsymbol{Z}(t)&=\boldsymbol{H}(t)\boldsymbol{x}(t)\end{aligned} \tag{4-1}$$

基于线性系统理论有如下可观测性定理。

定理 4-1[25]：（充分条件）设 n 维动态方程（4-1）的矩阵 $\boldsymbol{A}(t)$、$\boldsymbol{H}(t)$ 在 $[t_0, t_1]$ 上是 $n-1$ 阶连续可微的，若存在有限时刻 $t^* \in [t_0, t_1]$ 使得

$$\operatorname{rank}(\boldsymbol{F}(t^*))=n \tag{4-2}$$

式中，$\boldsymbol{F}(t)=[\boldsymbol{N}_0(t)\quad \boldsymbol{N}_1(t)\quad \cdots\quad \boldsymbol{N}_{n-1}(t)]^{\mathrm{T}}$，$\boldsymbol{N}_0(t)=\boldsymbol{H}(t)$，$\boldsymbol{N}_{k+1}(t)=\boldsymbol{N}_k(t)\boldsymbol{A}(t)+\dfrac{\mathrm{d}\boldsymbol{N}_k(t)}{\mathrm{d}t}$，$k=0, 1, \cdots, n-2$，则系统在 $[t_0, t_1]$ 上是可观测的。

定理 4-2[25]：（充要条件）设 n 维动态方程（4-1）的矩阵 $\boldsymbol{A}(t)$、$\boldsymbol{H}(t)$ 在 $[t_0, t_1]$ 上是解析的，则对 $[t_0, t_1]$ 中几乎所有的 t^*，条件（4-2）是系统（4-1）在 $[t_0, t_1]$ 上可观测的充要条件。

为简化标定模型、提高标定速度，本书主要选取惯导加速度计的刻度系数误差，零偏、陀螺仪的刻度系数误差和零偏为标定对象。下面推导速度加位置观测量条件下，基于线性时变系统可观测性判据的标定路径设计方法。

为便于分析，首先将状态变量分成两部分，运用设计降阶观测器的思想将

系统降维处理。

令
$$X_1=[\delta V^{\mathrm{T}}\quad \delta P^{\mathrm{T}}]^{\mathrm{T}}$$
$$X_2=[\boldsymbol{\phi}^{\mathrm{T}}\quad (\boldsymbol{\Delta}^b)^{\mathrm{T}}\quad (\delta K_a)^{\mathrm{T}}\quad (\boldsymbol{\varepsilon}^b)^{\mathrm{T}}\quad (\delta K_g)^{\mathrm{T}}]^{\mathrm{T}}$$

则系统（4－1）可写成

$$\begin{aligned}\dot{X}_1&=A_{11}(t)X_1+A_{12}(t)X_2\\ \dot{X}_2&=A_{21}(t)X_1+A_{22}(t)X_2\\ Z(t)&=X_1(t)\end{aligned}\tag{4-3}$$

式中，$A_{ij}(t)(i,j=1,2)$是分块矩阵$A(t)$ 中与状态X_1、X_2对应的分块矩阵，由于X_1是直接观测量，显然是可观测的，记

$$Y\triangleq A_{12}(t)X_2=\dot{X}_1-A_{11}(t)X_1=\dot{Z}(t)-A_{11}(t)Z(t)\tag{4-4}$$

则式（4－3）可写为

$$\begin{aligned}\dot{X}_2&=A_{22}(t)X_2+A_{21}(t)Z(t)\\ Y&=A_{12}(t)X_2\end{aligned}\tag{4-5}$$

其中，$A_{12}=\begin{bmatrix}A_{V\phi} & C_b^n & C_b^nDf^b & O & O\\ O & O & O & O & O\end{bmatrix}$，即$Y$的后三个分量恒为$O$。令 $\bar{Y}$ 表示Y的前三个分量，$\bar{A}_{12}$表示A_{12}的前三行，则系统（4－5）可等价写为

$$\begin{aligned}\dot{X}_2&=A_{22}(t)X_2+A_{21}(t)Z(t)\\ \bar{Y}&=\bar{A}_{12}(t)X_2\end{aligned}\tag{4-6}$$

于是讨论系统（4－3）的可观测性等价于讨论如下系统的可观测性问题：

$$\begin{bmatrix}\dot{\boldsymbol{\phi}}\\ \dot{\boldsymbol{\Delta}}^b\\ \delta\dot{K}_a\\ \dot{\boldsymbol{\varepsilon}}^b\\ \delta\dot{K}_g\end{bmatrix}=\begin{bmatrix}A_{\phi\phi} & O & O & -C_b^n & -C_b^nD\boldsymbol{\omega}_{ib}^b\\ O & O & O & O & O\\ O & O & O & O & O\\ O & O & O & O & O\\ O & O & O & O & O\end{bmatrix}\begin{bmatrix}\boldsymbol{\phi}\\ \nabla^b\\ \delta K_a\\ \boldsymbol{\varepsilon}^b\\ \delta K_g\end{bmatrix}$$
$$\bar{Y}=[A_{V\phi}\quad C_b^n\quad C_b^nDf^b\quad O\quad O]\begin{bmatrix}\boldsymbol{\phi}\\ \nabla^b\\ \delta K_a\\ \boldsymbol{\varepsilon}^b\\ \delta K_g\end{bmatrix}\tag{4-7}$$

根据系统（4-7）的特殊形式，设 $\boldsymbol{N}_i(t)=[\boldsymbol{N}_{i1}(t)\quad \boldsymbol{N}_{i2}(t)\quad \boldsymbol{N}_{i3}(t)]$，$i=0,1,\cdots,n-1$，其中 $\boldsymbol{N}_{i1}(t)$ 是 3×3 方阵，$\boldsymbol{N}_{i2}(t)$ 和 $\boldsymbol{N}_{i3}(t)$ 是 3×6 方阵，记$\boldsymbol{J}_{\omega}(t)=[\boldsymbol{C}_b^n\quad \boldsymbol{C}_b^n D\boldsymbol{\omega}_{ib}^b]$，$\boldsymbol{J}_a(t)=[\boldsymbol{C}_b^n\quad \boldsymbol{C}_b^n D\boldsymbol{f}^b]$，则

$$\begin{aligned}\boldsymbol{N}_{i+1}(t)&=\boldsymbol{N}_i(t)\begin{bmatrix}\boldsymbol{A}_{\phi\phi} & \boldsymbol{O} & -\boldsymbol{J}_{\omega}\\ \boldsymbol{O} & \boldsymbol{O} & \boldsymbol{O}\\ \boldsymbol{O} & \boldsymbol{O} & \boldsymbol{O}\end{bmatrix}+\frac{\mathrm{d}\boldsymbol{N}_i(t)}{\mathrm{d}t}\\ &=\begin{bmatrix}\boldsymbol{A}_{\phi\phi} & \boldsymbol{O} & -\boldsymbol{J}_{\omega}\\ \boldsymbol{O} & \boldsymbol{O} & \boldsymbol{O}\\ \boldsymbol{O} & \boldsymbol{O} & \boldsymbol{O}\end{bmatrix}+\begin{bmatrix}\boldsymbol{N}_{i1}(t)\\ \boldsymbol{N}_{i2}(t)\\ \boldsymbol{N}_{i3}(t)\end{bmatrix}^{\mathrm{T}}\\ &=[\dot{\boldsymbol{N}}_{i1}(t)+\boldsymbol{N}_{i1}(t)\boldsymbol{A}_{\phi\phi}\quad \dot{\boldsymbol{N}}_{i2}(t)\quad \dot{\boldsymbol{N}}_{i3}(t)-\boldsymbol{N}_{i1}(t)\boldsymbol{J}_{\omega}]\end{aligned}\tag{4-8}$$

所以矩阵 $\boldsymbol{F}(t)$ 可以写成如下分块矩阵：

$$\boldsymbol{F}(t)=[\boldsymbol{F}_1(t)\quad \boldsymbol{F}_2(t)\quad \boldsymbol{F}_3(t)]\tag{4-9}$$

其中

$$\boldsymbol{F}_1(t)=\begin{bmatrix}\boldsymbol{N}_{01}(t)\\ \vdots\\ \boldsymbol{N}_{(n-1)1}(t)\end{bmatrix}\tag{4-10}$$

$$\boldsymbol{F}_2(t)=\begin{bmatrix}\boldsymbol{N}_{02}(t)\\ \vdots\\ \boldsymbol{N}_{(n-1)2}(t)\end{bmatrix}\tag{4-11}$$

$$\boldsymbol{F}_3(t)=\begin{bmatrix}\boldsymbol{N}_{03}(t)\\ \vdots\\ \boldsymbol{N}_{(n-1)3}(t)\end{bmatrix}\tag{4-12}$$

矩阵 $\boldsymbol{F}(t)$ 列满秩的必要条件是 $\boldsymbol{F}_1(t)$、$\boldsymbol{F}_2(t)$ 和 $\boldsymbol{F}_3(t)$ 都列满秩。下面分别分析各子矩阵列满秩的条件。

首先讨论 $\boldsymbol{F}_1(t)$ 列满秩的条件：

根据式（4-8）有 $\boldsymbol{N}_{(i+1)1}(t)=\dot{\boldsymbol{N}}_{i1}(t)+\boldsymbol{N}_{i1}(t)\boldsymbol{A}_{\phi\phi}$，$\boldsymbol{N}_{01}(t)=\boldsymbol{A}_{V\phi}$。

$\boldsymbol{F}_1(t)$ 列满秩的充要条件是如下系统可观测：

$$\begin{aligned}\dot{\boldsymbol{\phi}}(t)&=\boldsymbol{A}_{\phi\phi}\boldsymbol{\phi}(t)\\ \bar{\boldsymbol{y}}(t)&=\boldsymbol{A}_{V\phi}(t)\boldsymbol{\phi}(t)\end{aligned}\tag{4-13}$$

根据 $\boldsymbol{A}_{\phi\phi}$ 和 $\boldsymbol{A}_{V\phi}$ 的具体形式可得

$$O(\boldsymbol{A}_{\phi\phi})\ll O(\boldsymbol{A}_{V\phi}),O(\boldsymbol{A}_{\phi\phi}^{(i)})\ll O(\boldsymbol{A}_{V\phi})$$
$$i=1,2,\cdots,n-1$$

因此可近似认为

$$\boldsymbol{F}_1(t) \approx \begin{bmatrix} \boldsymbol{A}_{V\phi}(t) \\ \dot{\boldsymbol{A}}_{V\phi}(t) \\ \vdots \\ \boldsymbol{A}_{V\phi}^{(n-1)}(t) \end{bmatrix} \tag{4-14}$$

关于矩阵 $\boldsymbol{F}_1(t)$ 列满秩有以下定理成立。

定理 4-3： 当 $f_U(t^*) \neq 0$ 并且下列条件之一成立时 $\boldsymbol{F}_1(t)$ 列满秩。

(1) $f_U(t^*)\dot{f}_W(t^*) \neq \dot{f}_U(t^*)f_W(t^*)$。

(2) $f_U(t^*)\dot{f}_N(t^*) \neq \dot{f}_U(t^*)f_N(t^*)$。

(3) $f_N(t^*)\dot{f}_W(t^*) \neq \dot{f}_N(t^*)f_W(t^*)$。

证明 当 $f_U(t^*) \neq 0$ 时 $\boldsymbol{A}_{V\phi}$ 行等价于矩阵

$$\begin{bmatrix} 0 & -f_U(t^*) & f_W(t^*) \\ \dot{f}_U(t^*) & 0 & -f_N(t^*) \\ 0 & 0 & 0 \end{bmatrix}$$

所以

$$\begin{bmatrix} \boldsymbol{A}_{V\phi}(t^*) \\ \dot{\boldsymbol{A}}_{V\phi}(t^*) \end{bmatrix} \cong \begin{bmatrix} 0 & -f_U(t^*) & f_W(t^*) \\ f_U(t^*) & 0 & -f_N(t^*) \\ 0 & -\dot{f}_U(t^*) & \dot{f}_W(t^*) \\ \dot{f}_U(t^*) & 0 & -\dot{f}_N(t^*) \\ -\dot{f}_W(t^*) & \dot{f}_N(t^*) & 0 \\ 0 & 0 & 0 \end{bmatrix} \tag{4-15}$$

其中“$\cong$”代表矩阵等价。如果条件（1）成立，则上面矩阵第 1、2、3 行组成的子矩阵列满秩，如果条件（2）成立，则上面矩阵第 1、2、4 行组成的子矩阵列满秩，如果条件（3）成立，则上面矩阵第 1、2、5 行组成的子矩阵列满秩，因此，只要条件（1）（2）（3）之一成立，则 $\boldsymbol{F}_1(t)$ 列满秩。

其次讨论 $\boldsymbol{F}_2(t)$ 列满秩的条件，有如下定理成立。

定理 4-4： 矩阵 $\boldsymbol{F}_2(t)$ 列满秩的充要条件是 $\dot{a}_i(t^*)$，$\ddot{a}_i(t^*)$，…，$a_i^{(n-1)}(t^*)$ 不同时为 0，其中 $a_i(t^*)$ 是 i 加速度计感受的加速度（$i=x, y, z$）。

证明 由式（4-8）可知 $\boldsymbol{N}_{i2}(t)=\boldsymbol{J}_a^{(i)}$，$i=0$，…，$n-1$，又由于 $\boldsymbol{J}_a(t)=[\boldsymbol{C}_b^n \quad \boldsymbol{C}_b^n D\boldsymbol{f}^b]$ 所以：

$$\boldsymbol{J}_a^{(i)} = \left[\boldsymbol{C}_b^{n(i)} \quad \sum_{j=0}^{i} \frac{i(i-1)\cdots(i-j+1)}{j!} \boldsymbol{C}_b^{n(j)} \boldsymbol{D}\boldsymbol{f}^{b(i-j)} \right] \tag{4-16}$$

则

$$\boldsymbol{F}_2(t) = \begin{bmatrix} \boldsymbol{C}_b^n & \boldsymbol{C}_b^n \boldsymbol{D}\boldsymbol{f}^b \\ \dot{\boldsymbol{C}}_b^n & \dot{\boldsymbol{C}}_b^n \boldsymbol{D}\boldsymbol{f}^b + \boldsymbol{C}_b^n \boldsymbol{D}\dot{\boldsymbol{f}}^b \\ \vdots & \vdots \\ \boldsymbol{C}_b^{n(n-1)} & \sum_{j=0}^{n-1} \frac{(n-1)\cdots(n-j)}{j!} \boldsymbol{C}_b^{n(j)} \boldsymbol{D}\boldsymbol{f}^{b(n-1-j)} \end{bmatrix} \tag{4-17}$$

对式（4－17）进行初等行变换得

$$\boldsymbol{F}_2(t) \cong \begin{bmatrix} \boldsymbol{I} & \boldsymbol{D}\boldsymbol{f}^b \\ \boldsymbol{O} & \boldsymbol{D}\dot{\boldsymbol{f}}^b \\ \vdots & \vdots \\ \boldsymbol{O} & \boldsymbol{D}\boldsymbol{f}^{b(n-1)} \end{bmatrix} \tag{4-18}$$

记 $\tilde{\boldsymbol{F}}_2(t) = [\boldsymbol{D}\dot{\boldsymbol{f}}^b \quad \cdots \quad \boldsymbol{D}\boldsymbol{f}^{b(n-1)}]^{\mathrm{T}}$，所以 $\boldsymbol{F}_2(t)$ 列满秩等价于 $\tilde{\boldsymbol{F}}_2(t)$ 列满秩，又由于 $\boldsymbol{D}\boldsymbol{f}^b = \mathrm{diag}(a_x, a_y, a_z)$，所以 $\tilde{\boldsymbol{F}}_2(t)$ 列满秩等价于 $\dot{a}_i(t^*)$，$\ddot{a}_i(t^*)$，…，$a_i^{(n-1)}(t^*)$不同时为零（$i=x$，y，z）。

最后讨论 $\boldsymbol{F}_3(t)$ 列满秩的条件，矩阵 $\boldsymbol{F}_3(t)$ 是待估参数$[(\boldsymbol{\varepsilon}^b)^{\mathrm{T}} \quad (\delta\boldsymbol{K}_g)^{\mathrm{T}}]$与系统观测量 $\bar{\boldsymbol{y}}(t)$ 之间的转换系数。因此 $\boldsymbol{F}_3(t)$ 的列满秩性反映了参数$[(\boldsymbol{\varepsilon}^b)^{\mathrm{T}} \quad (\delta\boldsymbol{K}_g)^{\mathrm{T}}]$的可估计性，对于参数$[(\boldsymbol{\varepsilon}^b)^{\mathrm{T}} \quad (\delta\boldsymbol{K}_g)^{\mathrm{T}}]$的可估计性有如下定理成立。

定理 4－5：与陀螺相关的参数$[(\boldsymbol{\varepsilon}^b)^{\mathrm{T}} \quad (\delta\boldsymbol{K}_g)^{\mathrm{T}}]$可估计的必要条件是

$$\exists t^*, \mathrm{s.t} \quad \dot{\omega}_i(t^*) \neq 0, i = x, y, z$$

综上所述，要使在速度加位置匹配条件下，惯导 12 个误差参数完全可观测，标定路径设计原则如下[20]。

（1）存在时间 t^* 使下列条件之一成立。

①$f_U(t^*)\dot{f}_W(t^*) \neq \dot{f}_U(t^*)f_W(t^*)$。

②$f_U(t^*)\dot{f}_N(t^*) \neq \dot{f}_U(t^*)f_N(t^*)$。

③$f_N(t^*)\dot{f}_W(t^*) \neq \dot{f}_N(t^*)f_W(t^*)$。

（2）存在时间 t^* 使 $\dot{a}_i(t^*)$，$\ddot{a}_i(t^*)$，…，$a_i^{(n-1)}(t^*)$不同时为零（$i=x$，y，z）。

（3）存在时间 t^* 使 $\dot{\omega}_i(t^*) \neq 0$，$i=x$，$y$，$z$。

以上设计原则只是系统完全可观测的必要条件，在设计好标定路径后，还得验证其可观测性矩阵是否满秩，若不满秩，还得进行调整，直到可观测性矩阵满秩为止。

4.2 基于全局可观测性方法的标定路径设计

基于线性时变系统可观测性判据的标定路径设计方法需要进行大量微分运算，随着标定参数的增加将更加困难。全局可观测性[67]分析方法直接以惯导系统的非线性模型为研究对象，可以避免线性化带来的误差。捷联惯导系统的速度和姿态变化方程分别为

$$\begin{aligned} \dot{\boldsymbol{C}}_b^n &= \boldsymbol{C}_b^n[\boldsymbol{\omega}_{ib}^b \times] - [(\boldsymbol{\omega}_{ie}^n + \boldsymbol{\omega}_{en}^n) \times]\boldsymbol{C}_b^n \\ \dot{\boldsymbol{v}}_e^n &= \boldsymbol{C}_b^n \boldsymbol{f}^b - (2\boldsymbol{\omega}_{ie}^n + \boldsymbol{\omega}_{en}^n) \times \boldsymbol{v}_e^n + \boldsymbol{g}_l^n \end{aligned} \tag{4-19}$$

式中，[* ×]为 * 的反对称矩阵；$\boldsymbol{g}_l^n$ 为当地重力加速度，其余参数的含义参见第 2 章定义。

角速度 $\boldsymbol{\omega}_{ib}^b$和比力 $\boldsymbol{f}^b$ 与惯导待标定参数之间的关系为

$$\begin{aligned} \boldsymbol{\omega}_{ib}^b &= \boldsymbol{K}^g \boldsymbol{N}^g - \boldsymbol{\varepsilon}^b \\ \boldsymbol{f}^b &= \boldsymbol{K}^a \boldsymbol{N}^a - \boldsymbol{\nabla}^b \end{aligned} \tag{4-20}$$

式中，$\boldsymbol{N}^a$ 为加速度计单位时间脉冲输出；$\boldsymbol{N}^g$ 为陀螺仪单位时间脉冲输出；$\boldsymbol{K}^g$ 为陀螺仪刻度系数矩阵；$\boldsymbol{K}^a$ 为加速度计刻度系数矩阵。待标定参数为常数，则

$$\begin{aligned} \dot{\boldsymbol{K}}^g &= \boldsymbol{O}_{3\times 3} \\ \dot{\boldsymbol{K}}^a &= \boldsymbol{O}_{3\times 3} \\ \dot{\boldsymbol{\varepsilon}}^b &= \boldsymbol{O}_{3\times 1} \\ \dot{\boldsymbol{\nabla}}^b &= \boldsymbol{O}_{3\times 1} \end{aligned} \tag{4-21}$$

在姿态和速度均可观测时，由于位置是速度的积分，所以位置也可观测，则式（4-19）可以写为

$$\begin{aligned} [\boldsymbol{\omega}_{ib}^b \times] &= \boldsymbol{C}_n^b(\dot{\boldsymbol{C}}_b^n + [(\boldsymbol{\omega}_{ie}^n + \boldsymbol{\omega}_{en}^n) \times]\boldsymbol{C}_b^n) \\ \boldsymbol{f}^b &= \boldsymbol{C}_n^b(\dot{\boldsymbol{v}}_e^n + (2\omega_{ie}^n + \boldsymbol{\omega}_{en}^n) \times \boldsymbol{v}_e^n - \boldsymbol{g}^n) \end{aligned} \tag{4-22}$$

引理 4-1[67]：若存在 4 个时刻 t_1、t_2、t_3、t_4 满足

$$\operatorname{rank}[\boldsymbol{\omega}_{ib}^b(t_2)-\boldsymbol{\omega}_{ib}^b(t_1)\quad \boldsymbol{\omega}_{ib}^b(t_3)-\boldsymbol{\omega}_{ib}^b(t_1)\quad \boldsymbol{\omega}_{ib}^b(t_4)-\boldsymbol{\omega}_{ib}^b(t_1)]=3 \tag{4-23}$$

则陀螺参数 $\boldsymbol{K}^g$ 和 $\boldsymbol{\varepsilon}^b$ 可观测。

证明：根据式（4－23）有

$$\begin{aligned}&\operatorname{rank}\begin{bmatrix}\boldsymbol{\omega}_{ib}^b(t_1) & \boldsymbol{\omega}_{ib}^b(t_2) & \boldsymbol{\omega}_{ib}^b(t_3) & \boldsymbol{\omega}_{ib}^b(t_4)\\ 1 & 1 & 1 & 1\end{bmatrix}\\ &=\operatorname{rank}\begin{bmatrix}\boldsymbol{\omega}_{ib}^b(t_1) & \boldsymbol{\omega}_{ib}^b(t_2)-\boldsymbol{\omega}_{ib}^b(t_1) & \boldsymbol{\omega}_{ib}^b(t_3)-\boldsymbol{\omega}_{ib}^b(t_1) & \boldsymbol{\omega}_{ib}^b(t_4)-\boldsymbol{\omega}_{ib}^b(t_1)\\ 1 & 0 & 0 & 0\end{bmatrix}\\ &=4\end{aligned} \tag{4-24}$$

任意时刻的陀螺输出脉冲满足

$$\boldsymbol{N}^g=(\boldsymbol{K}^g)^{-1}(\boldsymbol{\omega}_{ib}^b+\boldsymbol{\varepsilon}^b)=[(\boldsymbol{K}^g)^{-1}\quad (\boldsymbol{K}^g)^{-1}\boldsymbol{\varepsilon}^b]\begin{bmatrix}\boldsymbol{\omega}_{ib}^b\\ 1\end{bmatrix} \tag{4-25}$$

因此

$$\begin{aligned}&[(\boldsymbol{K}^g)^{-1}\quad (\boldsymbol{K}^g)^{-1}\boldsymbol{\varepsilon}^b]=\\ &[\boldsymbol{N}^g(t_1)\quad \boldsymbol{N}^g(t_2)\quad \boldsymbol{N}^g(t_3)\quad \boldsymbol{N}^g(t_4)]\begin{bmatrix}\boldsymbol{\omega}_{ib}^b(t_1) & \boldsymbol{\omega}_{ib}^b(t_2) & \boldsymbol{\omega}_{ib}^b(t_3) & \boldsymbol{\omega}_{ib}^b(t_4)\\ 1 & 1 & 1 & 1\end{bmatrix}^{-1}\end{aligned} \tag{4-26}$$

根据式（4－26）可以唯一确定出陀螺参数，即可观测。

同理有如下引理。

引理 4－2[67]：若存在 4 个时刻 t_1、t_2、t_3、t_4 满足

$$\operatorname{rank}[f^b(t_2)-f^b(t_1)\quad f^b(t_3)-f^b(t_1)\quad f^b(t_4)-f^b(t_1)]=3 \tag{4-27}$$

则加速度计参数可观测。

其证明过程与引理 4－1 类似，加速度计参数可由式（4－28）确定：

$$\begin{aligned}&[(\boldsymbol{K}^a)^{-1}\quad (\boldsymbol{K}^a)^{-1}f_0]=\\ &[N^a(t_1)\quad N^a(t_2)\quad N^a(t_3)\quad N^a(t_4)]\begin{bmatrix}f^b(t_1) & f^b(t_2) & f^b(t_3) & f^b(t_4)\\ 1 & 1 & 1 & 1\end{bmatrix}^{-1}\end{aligned} \tag{4-28}$$

结合以上两个引理可得如下定理。

定理 4－6[67]　在速度和姿态都可观测的条件下，惯导待标定参数可观测的条件是：存在 4 个时刻，使得角速度 $\boldsymbol{\omega}_{ib}^b$ 和比力 $\boldsymbol{f}^b$ 同时满足式（4－23）和式（4－27）。

4.3 逆向运用 PWCS 理论的标定路径设计

全局可观测性方法需要很强的数学推导技巧，随着运动轨迹的复杂，推导将更加困难，目前只能推导简单条件下的可观测性问题，全局可观测性分析方法很难应用到在线标定。

第 3 章已经证明“速度 + 姿态”匹配模式是实现弹载惯导误差在线标定的最佳模式，综合考虑主惯导能够提供的信息，下面逆向运用 PWCS 可观测性分析方法推导基于“速度 + 姿态”匹配的捷联惯导 12 个误差参数（陀螺和加速度计的零偏及刻度系数误差）完全可观测的标定路径设计原则。

4.3.1 在线标定误差模型

为简化标定模型，不考虑惯性器件安装误差，则不考虑安装误差的陀螺仪误差模型为

$$\bar{\boldsymbol{\varepsilon}} = \boldsymbol{C}_b^n(\mathrm{diag}[\delta k_{gx}, \delta k_{gy}, \delta k_{gz}]\boldsymbol{\omega}_{ib}^b + \boldsymbol{\varepsilon}^b) \tag{4-29}$$

式中，δk_{gx}、δk_{gy}、δk_{gz}分别为陀螺 x、y、z 轴刻度系数误差；$\boldsymbol{\omega}_{ib}^b$为陀螺输出的角速度；$\boldsymbol{\varepsilon}^b$ 为陀螺随机常值漂移。

不考虑安装误差的加速度计误差模型为

$$\bar{\boldsymbol{\nabla}} = \boldsymbol{C}_b^n(\mathrm{diag}[\delta k_{ax}, \delta k_{ay}, \delta k_{az}]\boldsymbol{f}^b + \boldsymbol{\nabla}^b) \tag{4-30}$$

式中，$\boldsymbol{f}^b$为加速度计输出的比力；δk_{ax}、δk_{ay}、δk_{az}分别为加速度计 x、y、z 轴的刻度系数误差；$\boldsymbol{\nabla}^b$ 为加速度计随机常值零偏。

将式（4-29）、式（4-30）代入惯导速度误差方程和姿态误差方程，组成在线标定的基本方程。为便于进行可观测性分析，考虑到地球自转角速度 $\boldsymbol{\omega}_{ie}^n$和导航坐标系相对于地球坐标系的角速度 $\boldsymbol{\omega}_{en}^n$的量级相对加计零偏和陀螺漂移及姿态误差的量级要小很多，加上标定的时间很短，在误差模型中略去与 $\boldsymbol{\omega}_{ie}^n$和 $\boldsymbol{\omega}_{en}^n$相关的项，于是采用类似传递对准的思想，借助主惯导的速度和姿态信息作为匹配量，构建如下的状态空间模型：

$$\begin{aligned} \dot{\boldsymbol{X}} &= \boldsymbol{A}\boldsymbol{X} + \boldsymbol{W} \\ \boldsymbol{Z} &= \boldsymbol{H}\boldsymbol{X} + \boldsymbol{V} \end{aligned} \tag{4-31}$$

其中，$\boldsymbol{X} = [\delta \boldsymbol{V}^n \quad \boldsymbol{\phi}^n \quad \boldsymbol{\mu}^b \quad \delta \boldsymbol{k}_a \quad \boldsymbol{\nabla}^b \quad \delta \boldsymbol{k}_g \quad \boldsymbol{\varepsilon}^b]^{\mathrm{T}}$，$\boldsymbol{W}$、$\boldsymbol{V}$ 为互不相关的高斯白噪声。

$$A=\begin{bmatrix} O_{3\times3} & [f^n] & O_{3\times3} & C_b^n Df^b & C_b^n & O_{3\times3} & O_{3\times3} \\ O_{3\times3} & O_{3\times3} & O_{3\times3} & O_{3\times3} & O_{3\times3} & -C_b^n D\omega_{ib}^b & -C_b^n \\ O_{15\times3} & O_{15\times3} & O_{15\times3} & O_{15\times3} & O_{15\times3} & O_{15\times3} & O_{15\times3} \end{bmatrix} \tag{4-32}$$

$$Df^b=\begin{bmatrix} f_x^b & O & O \\ O & f_y^b & O \\ O & O & f_z^b \end{bmatrix} \tag{4-33}$$

$$D\omega_{ib}^b=\begin{bmatrix} \omega_{ibx}^b & O & O \\ O & \omega_{iby}^b & O \\ O & O & \omega_{ibz}^b \end{bmatrix} \tag{4-34}$$

式中，$[f^n]$ 为 f^n 的反对称矩阵；μ^b 为子惯导相对主惯导的安装误差角。

量测矩阵：

$$H=\begin{bmatrix} I_{3\times3} & O_{3\times3} & O_{3\times3} & O_{3\times3} & O_{3\times3} & O_{3\times3} & O_{3\times3} \\ O_{3\times3} & I_{3\times3} & -C_b^n & 0_{3\times3} & O_{3\times3} & O_{3\times3} & O_{3\times3} \end{bmatrix} \tag{4-35}$$

4.3.2　标定路径设计

根据 PWCS 可观测性分析方法，将线性时变系统划分成多个时间段，在每个时间段将系统近似为线性定常系统，系统是否可观测主要看可观测矩阵是否列满秩。第 $j(j=1,\ \cdots,\ n)$ 个时间段的可观测性矩阵为

$$Q_j=\begin{bmatrix} H_j \\ H_j A_j \\ H_j A_j^2 \\ \vdots \\ H_j A_j^{20} \end{bmatrix}$$

$$=\begin{bmatrix} I_{3\times3} & O_{3\times3} & O_{3\times3} & O_{3\times3} & O_{3\times3} & O_{3\times3} & O_{3\times3} \\ O_{3\times3} & I_{3\times3} & -C_b^n & O_{3\times3} & O_{3\times3} & O_{3\times3} & O_{3\times3} \\ O_{3\times3} & [f^n] & O_{3\times3} & C_b^n Df^b & C_b^n & O_{3\times3} & O_{3\times3} \\ O_{3\times3} & O_{3\times3} & O_{3\times3} & O_{3\times3} & O_{3\times3} & -C_b^n D\omega_{ib}^b & -C_b^n \\ O_{3\times3} & O_{3\times3} & O_{3\times3} & O_{3\times3} & O_{3\times3} & [f^n](-C_b^n D\omega_{ib}^b) & [f^n](-C_b^n) \\ O_{114\times3} & O_{114\times3} & O_{114\times3} & O_{114\times3} & O_{114\times3} & O_{114\times3} & O_{114\times3} \end{bmatrix} \tag{4-36}$$

由式（4-36）知系统完全可观测取决于子矩阵（4-37）：

$$Q_{j,\mathrm{sub}}=\begin{bmatrix} I_{3\times3} & -C_b^n & O_{3\times3} & O_{3\times3} & O_{3\times3} & O_{3\times3} \\ [f^n] & O_{3\times3} & C_b^n D f^b & C_b^n & O_{3\times3} & O_{3\times3} \\ O_{3\times3} & O_{3\times3} & O_{3\times3} & O_{3\times3} & -C_b^n D\omega_{ib}^b & -C_b^n \end{bmatrix} \tag{4-37}$$

为了探求使矩阵（4-37）列满秩的条件，将其进行分块，每两列分成一块即 $Q_{j,\mathrm{sub}}=[Q1_{j,\mathrm{sub}}\quad Q2_{j,\mathrm{sub}}\quad Q3_{j,\mathrm{sub}}]$，只要每块都列满秩，系统就完全可观测。

对于第一块矩阵：

$$Q1_{j,\mathrm{sub}}=\begin{bmatrix} I_{3\times3} & -C_b^n \\ [f^n] & O_{3\times3} \\ O_{3\times3} & O_{3\times3} \end{bmatrix} \tag{4-38}$$

若载体姿态不发生变化，再经过一个时间段后：

$$Q1_{j,\mathrm{sub}(2)}=\begin{bmatrix} I_{3\times3} & -C_b^n \\ [f^n] & O_{3\times3} \\ [f^n-f_2^n] & O_{3\times3} \end{bmatrix} \tag{4-39}$$

因为 $\mathrm{rank}([f^n])=2$，$\mathrm{rank}([f^n-f_2^n])=2$，只要 f^n 与 $f^n-f_2^n$ 的矢量方向不相同 $Q1_{j,\mathrm{sub}}$ 就能列满秩。即只要载体至少在两个方向上做变加速运动，$Q1_{j,\mathrm{sub}}$ 就列满秩。

若只存在姿态变化，再经过一个时间段后：

$$Q1_{j,\mathrm{sub}(2)}=\begin{bmatrix} I_{3\times3} & -C_b^n \\ [f^n] & O_{3\times3} \\ O_{3\times3} & C_b^n-C_{b2}^n \end{bmatrix} \tag{4-40}$$

要想 $Q1_{j,\mathrm{sub}(2)}$ 列满秩，相当于 $Q1_{j,\mathrm{sub}(2)}x=O$ 只存在零解。

设 $X=[x1\quad x2]^{\mathrm{T}}$，即

$$\begin{cases} x1-C_b^n x2=O_{3\times3} \\ [f^n]x1=O_{3\times3} \\ (C_b^n-C_{b2}^n)x2=O_{3\times3} \end{cases} \tag{4-41}$$

由方程（4-41）可知以下结论。

（1）若 $x2=O$，$x1$ 必然为 O。

（2）若 $x2$ 不为 O，则由 $(C_b^n-C_{b2}^n)x2=O_{3\times3}$ 知 $x2$ 的矢量方向必然与载体转动轴的方向相同，由于 $[f^n]x1=O_{3\times3}$，将式（4-41）第一个方程代入得：$[f^n]C_b^n x2=O_{3\times3}$，当且仅当 f^n 的矢量方向和 $x2$ 的矢量方向在 n 系的投影相同

时，此解假设成立。在这种条件下，第一块矩阵不满秩。根据逆否命题假设，只要载体转动轴方向与比力方向不同，此矩阵就列满秩。

对于第二块矩阵：

$$\boldsymbol{Q}2_{j,\mathrm{sub}} = \begin{bmatrix} \boldsymbol{O}_{3\times3} & \boldsymbol{O}_{3\times3} \\ \boldsymbol{C}_b^n D\boldsymbol{f}^b & \boldsymbol{C}_b^n \\ \boldsymbol{O}_{3\times3} & \boldsymbol{O}_{3\times3} \end{bmatrix} \tag{4-42}$$

经过一个时间段后，$\boldsymbol{Q}2_{j,\mathrm{sub}(2)}$ 行等价为

$$\begin{bmatrix} D\boldsymbol{f}^b & \boldsymbol{I}_{3\times3} \\ D\boldsymbol{f}_1^b - D\boldsymbol{f}^b & \boldsymbol{O}_{3\times3} \end{bmatrix} \tag{4-43}$$

因为 $D\boldsymbol{f}_1^b - D\boldsymbol{f}^b$ 是对角阵，要使这个可观测性子矩阵列满秩，只要 $D\boldsymbol{f}_1^b - D\boldsymbol{f}^b$ 满秩，即只要经过若干个时间段载体 3 个轴的加速度计能分别感测到不同的输入，该矩阵即满秩。

对于第三块矩阵：

$$\boldsymbol{Q}3_{j,\mathrm{sub}} = \begin{bmatrix} \boldsymbol{O}_{3\times3} & \boldsymbol{O}_{3\times3} \\ \boldsymbol{O}_{3\times3} & \boldsymbol{O}_{3\times3} \\ -\boldsymbol{C}_b^n D\boldsymbol{\omega}_{ib}^b & -\boldsymbol{C}_b^n \end{bmatrix} \tag{4-44}$$

其形式与第二块矩阵相似，采用相同的分析方法可知，只要经过若干个时间段载体 3 个轴的陀螺仪能分别感测到不同的输入，该矩阵即满秩。

综上所述，在“速度 + 姿态”匹配条件下，所设计的路径只要满足以下原则，惯导 12 个误差参数就完全可观测。

（1）载体在机动过程中既有角运动又有线运动且 3 个轴都有加速度和角速度的变化。

（2）存在某段时间载体转动轴方向与比力方向不同或载体至少在两个方向上做变加速运动。

4.4　仿真验证

4.4.1　在线标定仿真思路

为验证上述提出的轨迹设计原则的正确性，设计了基于 MATLAB 环境的在线标定仿真系统。仿真的思路如下。

（1）根据轨迹设计原则设计合适的载体机动动作，通过编写轨迹发生器，模拟产生主惯导数据。

（2）将主惯导数据经过杆臂效应补偿传递给子惯导，然后添加设定的子惯导惯性器件误差，得到子惯导的比力和角速度。

（3）将主、子惯导数据分别进行导航解算，得到主惯导速度和姿态数据以及子惯导的速度和姿态数据。

（4）结合主、子惯导的速度和姿态数据，产生卡尔曼滤波的观测量，通过滤波得到惯性器件误差的标定值。

在线标定仿真框图如图 4－1。

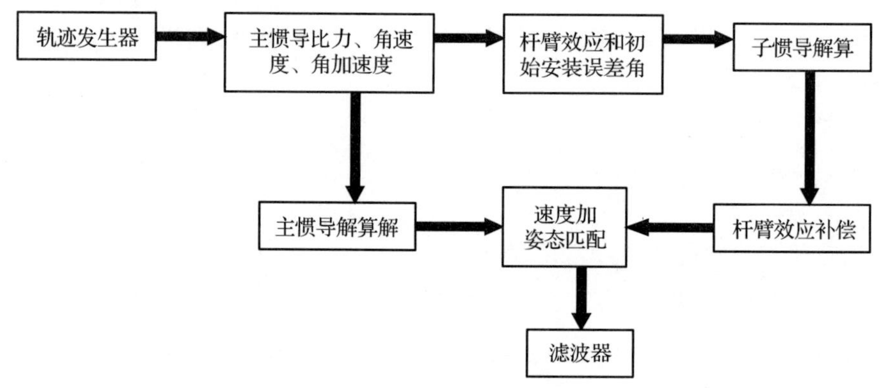

图 4－1　在线标定仿真框图

图 4－1 中轨迹发生器是为了模拟产生理想的惯导陀螺仪和加速度计数据，其编写的理论依据如下。

1. 陀螺理想数据计算

陀螺仪的理想输出可用如下公式表示：

$$\boldsymbol{\omega}_{ib}^{b} = (\boldsymbol{\omega}_{ie}^{b} + \boldsymbol{\omega}_{en}^{b}) + \boldsymbol{\omega}_{nb}^{b} \tag{4-45}$$

式中，$\boldsymbol{\omega}_{ib}^{b}$为陀螺仪输出的数据；$\boldsymbol{\omega}_{nb}^{b}$为机体系相对于导航系的角速度在载体系上的投影；$(\boldsymbol{\omega}_{ie}^{b} + \boldsymbol{\omega}_{en}^{b})$ 为导航系相对于惯性系的角速度在机体系的投影。

由欧拉角方程可得

$$\begin{aligned}\boldsymbol{\omega}_{nb}^{b} = [\omega_{nbx}^{b} \quad \omega_{nby}^{b} \quad \omega_{nbz}^{b}]^{\mathrm{T}} &= \boldsymbol{C}_{\gamma}\boldsymbol{C}_{\theta}\begin{bmatrix}0\\0\\-\dot{\varphi}\end{bmatrix} + \boldsymbol{C}_{r}\begin{bmatrix}\dot{\theta}\\0\\0\end{bmatrix} + \begin{bmatrix}0\\\dot{\gamma}\\0\end{bmatrix}\\ &= \begin{bmatrix}\cos\gamma & 0 & \sin\gamma\cos\theta\\ 0 & 1 & -\sin\theta\\ \sin\gamma & 0 & -\cos\gamma\cos\theta\end{bmatrix}\begin{bmatrix}\dot{\theta}\\\dot{\gamma}\\\dot{\varphi}\end{bmatrix}\end{aligned} \tag{4-46}$$

姿态角速率可由姿态角差分得到：

$$\begin{bmatrix} \dot{\theta} \\ \dot{\gamma} \\ \dot{\varphi} \end{bmatrix} = \begin{bmatrix} (\theta_{i+1} - \theta_i)/\Delta t \\ (\gamma_{i+1} - \gamma_i)/\Delta t \\ (\varphi_{i+1} - \varphi_i)/\Delta t \end{bmatrix} \tag{4-47}$$

$\boldsymbol{\omega}_{ie}^b + \boldsymbol{\omega}_{en}^b$ 可以表示为

$$\boldsymbol{\omega}_{ie}^b + \boldsymbol{\omega}_{en}^b = \boldsymbol{C}_n^b(\boldsymbol{\omega}_{ie}^n + \boldsymbol{\omega}_{en}^n) = \boldsymbol{C}_n^b \left\{ \begin{bmatrix} 0 \\ \omega_{ie}\cos L \\ \omega_{ie}\sin L \end{bmatrix} + \begin{bmatrix} \dfrac{-V_{eny}^n}{(R_e+h)} \\ \dfrac{V_{enx}^n}{(R_e+h)} \\ \dfrac{V_{enx}^n \tan L}{(R_e+h)} \end{bmatrix} \right\} \tag{4-48}$$

式中，$\boldsymbol{\omega}_{ie}$ 为地球自转角速度；L、h 分别为运动载体的纬度和高度；R_e 为地球半径；V_{eny}^n、V_{enx}^n 分别为运动载体速度在地理系中的分量；$\boldsymbol{C}_n^b$ 为导航系到载体系的变换矩阵。

根据姿态角的定义，变换矩阵 $\boldsymbol{C}_n^b$ 可表示为

$$\boldsymbol{C}_n^b = \begin{bmatrix} \cos\gamma\cos\varphi + \sin\gamma\sin\theta\sin\varphi & \sin\gamma\sin\theta\cos\varphi - \cos\gamma\sin\varphi & -\sin\gamma\cos\theta \\ \sin\varphi\cos\theta & \cos\theta\cos\varphi & \sin\theta \\ \sin\gamma\cos\varphi - \cos\gamma\sin\theta\sin\varphi & -\sin\gamma\sin\varphi - \cos\gamma\sin\theta\cos\varphi & \cos\gamma\cos\theta \end{bmatrix} \tag{4-49}$$

综合式（4－45）到式（4－47），就可以得到陀螺仪的理想输出。

2. 加速度计理想数据计算

根据惯导系统基本方程，加速度计的输出可由式（4－50）表示：

$$\begin{cases} \boldsymbol{f}_n = \dot{\boldsymbol{V}} + (2\boldsymbol{\omega}_{ie}^n + \boldsymbol{\omega}_{en}^n) \times \boldsymbol{V} - \boldsymbol{g} \\ \boldsymbol{f}_b = \boldsymbol{C}_n^b \boldsymbol{f}_n \end{cases} \tag{4-50}$$

式中，$\boldsymbol{f}_n$ 为地理坐标系下的比力；$\boldsymbol{f}_b$ 为机体坐标系下的比力，即加速度计输出；$\boldsymbol{V}$ 为运动载体速度在导航系 3 个坐标轴上的投影组成的向量；$\dot{\boldsymbol{V}}$ 为运动载体的速度变化率；$\boldsymbol{g}$ 为重力加速度在导航系下的投影。

速度变化率可由速度差分得到：

$$\dot{\boldsymbol{V}} = \begin{bmatrix} \dot{V}_x \\ \dot{V}_y \\ \dot{V}_z \end{bmatrix} = \begin{bmatrix} (V_{x_{i+1}} - V_{x_i})/\Delta t \\ (V_{y_{i+1}} - V_{y_i})/\Delta t \\ (V_{z_{i+1}} - V_{z_i})/\Delta t \end{bmatrix} \tag{4-51}$$

综合式（4－48）到式（4－51），就可以得到加速度计的理想输出。通过设定载体的运动轨迹，根据上述理论编写轨迹发生器，就可以得到陀螺仪和加速度计的理想输出，为进行在线标定仿真打下良好基础。

4.4.2 仿真分析

假设炮车做如下运动。

静止一段时间，然后加速运动，给予炮车一定的速度，接着以变角速度通过一座拱桥，待姿态调平后，摇架在水平方向转动360°，然后炮车做变加速运动的同时摇架按正弦规律做俯仰和偏航角运动，一段时间后，炮车以变加速度做圆周运动的同时摇架按正弦规律做俯仰和偏航角运动。

通过拱桥可以使天向加速度计有比力变化，水平变加速及摇架摇摆运动可以满足可观测性原则（1），变加速圆周运动可以使载体在水平两方向有加速度变化，满足可观测性原则（2），所以设计的轨迹满足标定路径设计原则。

设定标定路径的运动参数如下。

静止时间10 s，拱桥半径为70 m，对应圆心角为60°，俯仰角频率为π/25，幅度为π/18，偏航角频率为π/25，幅度为π/2，加速度为2 m/s^2，变加速运动时间为40 s，圆周运动的角加速度为0.1°/s^2，圆周运动时间为80 s。

按式（4－31）建立状态空间模型，其中参数设置如下：

$$\boldsymbol{A}=\begin{bmatrix}\boldsymbol{A1} & \boldsymbol{A2} & \boldsymbol{O}_{3\times3} & \boldsymbol{A3} & \boldsymbol{O}_{3\times6}\\ \boldsymbol{A4} & \boldsymbol{A5} & \boldsymbol{O}_{3\times3} & \boldsymbol{O}_{3\times6} & \boldsymbol{A6}\end{bmatrix} \tag{4-52}$$

$$\boldsymbol{A1}=\begin{bmatrix}\dfrac{V_n\tan L-V_u}{R_n} & 2wie\sin L+\dfrac{V_e\tan L}{R_n} & -\left(2wie\cos L+\dfrac{V_e}{R_n}\right)\\ -2\left(wie\sin L+\dfrac{V_e\tan L}{R_n}\right) & \dfrac{-V_u}{R_m} & \dfrac{-V_n}{R_m}\\ -2\left(wie\cos L+\dfrac{V_e}{R_n}\right) & \dfrac{2V_n}{R_m} & 0\end{bmatrix} \tag{4-53}$$

$$\boldsymbol{A2}=\begin{bmatrix}0 & -f_u & f_n\\ f_u & 0 & -f_e\\ -f_n & f_e & 0\end{bmatrix} \tag{4-54}$$

$$\boldsymbol{A3}=\begin{bmatrix}T_{11}f_x & T_{12}f_y & T_{13}f_z & T_{11} & T_{12} & T_{13}\\ T_{21}f_x & T_{22}f_y & T_{23}f_z & T_{21} & T_{22} & T_{23}\\ T_{31}f_x & T_{32}f_y & T_{33}f_z & T_{31} & T_{32} & T_{33}\end{bmatrix} \tag{4-55}$$

$$\boldsymbol{A}4=\begin{bmatrix}0 & \dfrac{-1}{R_m} & 0\\ \dfrac{1}{R_n} & 0 & 0\\ \dfrac{1}{R_n} & 0 & 0\end{bmatrix} \tag{4-56}$$

$$\boldsymbol{A}5=\begin{bmatrix}0 & wie\sin L+\dfrac{V_e\tan L}{R_n} & -\left(wie\cos L+\dfrac{V_e}{R_n}\right)\\ -\left(wie\sin L+\dfrac{V_e\tan L}{R_n}\right) & 0 & \dfrac{-V_n}{R_m}\\ wie\cos L+\dfrac{V_e}{R_n} & \dfrac{V_n}{R_m} & 0\end{bmatrix} \tag{4-57}$$

$$\boldsymbol{A}6=\begin{bmatrix}-T_{11}w_{ibx} & -T_{12}w_{iby} & -T_{13}w_{ibz} & -T_{11} & -T_{12} & -T_{13}\\ -T_{21}w_{ibx} & -T_{22}w_{iby} & -T_{23}w_{ibz} & -T_{21} & -T_{22} & -T_{23}\\ -T_{31}w_{ibx} & -T_{32}w_{iby} & -T_{33}w_{ibz} & -T_{31} & -T_{32} & -T_{33}\end{bmatrix} \tag{4-58}$$

$$\boldsymbol{H}=\begin{bmatrix}1 & 0 & 0 & 0 & 0 & 0 & 0 & 0 & 0 & \\ 0 & 1 & 0 & 0 & 0 & 0 & 0 & 0 & 0 & \\ 0 & 0 & 1 & 0 & 0 & 0 & 0 & 0 & 0 & \\ 0 & 0 & 0 & 1 & 0 & 0 & -C_{11} & -C_{12} & -C_{13} & \boldsymbol{O}_{6\times 15}\\ 0 & 0 & 0 & 0 & 1 & 0 & -C_{21} & -C_{22} & -C_{23} & \\ 0 & 0 & 0 & 0 & 0 & 1 & -C_{31} & -C_{32} & -C_{33} & \end{bmatrix} \tag{4-59}$$

参照文献［68］将式（4－31）离散化以满足卡尔曼滤波要求，并设置滤波参数如下。

初始纬度为30°，经度为118°，加速度计刻度系数误差为10^{-3}，常值偏置为$10^{-3}g$，陀螺刻度系数误差为10^{-3}，零偏为4×10^{-4} rad/s，杆臂r取［2 3 2］m，子惯导安装误差角三轴向均设置为10′，状态变量X的初值都为$\mathbf{0}$。

初始方差阵为

$$\begin{aligned}\boldsymbol{P}0=\mathrm{diag}\{&(2\ \mathrm{m/s})^2,(2\ \mathrm{m/s})^2,(2\ \mathrm{m/s})^2,(1°)^2,(1°)^2,(1°)^2,\\ &(1°)^2,(1°)^2,(1°)^2,(10^{-3}g)^2,(10^{-3}g)^2,(10^{-3}g)^2,\\ &(5\times10^{-3}g)^2,(5\times10^{-3}g)^2,(5\times10^{-3}g)^2\\ &(10^{-3}g)^2,(10^{-3}g)^2,(10^{-3}g)^2,(1°)^2,(1°)^2,(1°)^2\}\end{aligned}$$

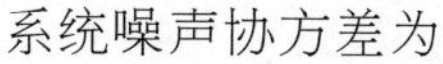

系统噪声协方差为

$$Q=\mathrm{diag}\{(5\times10^{-5}g)^2,(5\times10^{-5}g)^2,(5\times10^{-5}g)^2,(0.05°)^2,(0.05°)^2,(0.05°)^2,0,0,0,0,0,0,0,0,0,0,0,0,0,0,0\}$$

$$R=\mathrm{diag}\{(0.01\ \mathrm{m/s})^2,(0.01\ \mathrm{m/s})^2,(0.01\ \mathrm{m/s})^2,(0.01°)^2,(0.01°)^2,(0.01°)^2\}$$

各误差估计结果如图 4－2、图 4－3 所示。其中直线为设定值，曲线为估计结果。

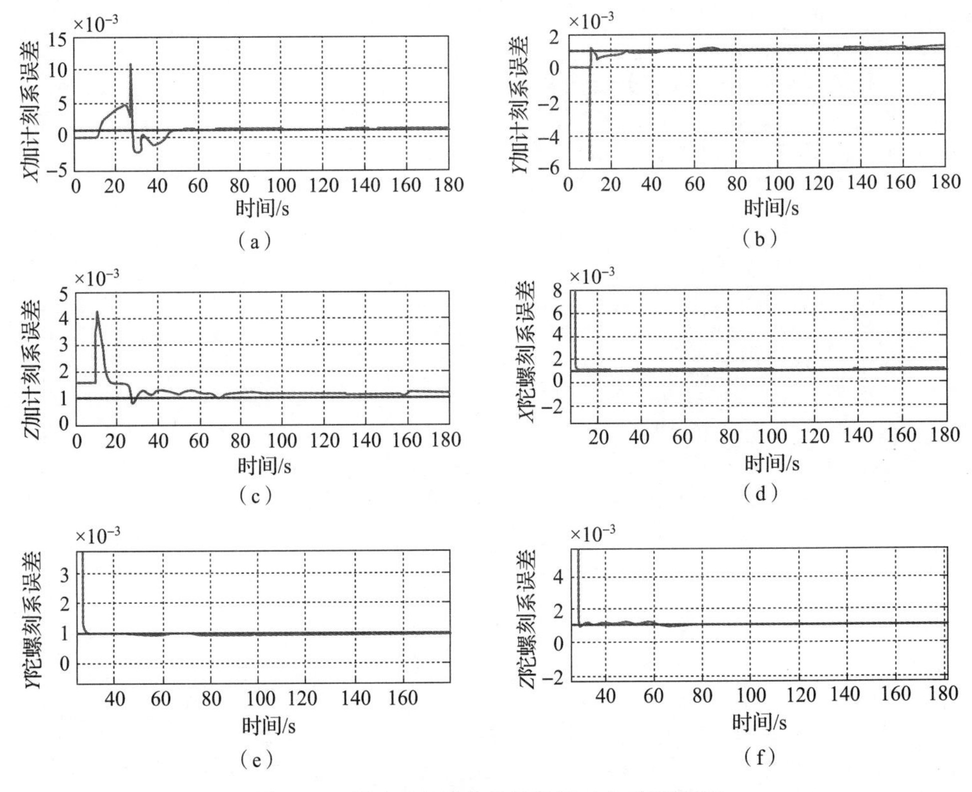

图 4－2　刻度系数误差估计结果（书后附彩插）

（a）X 加计刻系误差；（b）Y 加计刻系误差；（c）Z 加计刻系误差；
（d）X 陀螺刻系误差；（e）Y 陀螺刻系误差；（f）Z 陀螺刻系误差

从图 4－2 和图 4－3 可以看出，经过一段时间的滤波，惯导 12 个误差参数都收敛到稳态值，但各个参数的收敛时间差别很大。这说明在所设定路径下，各参数的可观测度不同。下面就从可观测度的角度出发分析仿真结果，运用基于奇异值分解的 PWCS 可观测性分析方法进行分析，计算出每个奇异值所对应的状态变量，并画出各个状态量的直方图，如图 4－4 所示。

图 4－4 的横坐标表示各个状态变量，每个数字对应着一个状态变量，状

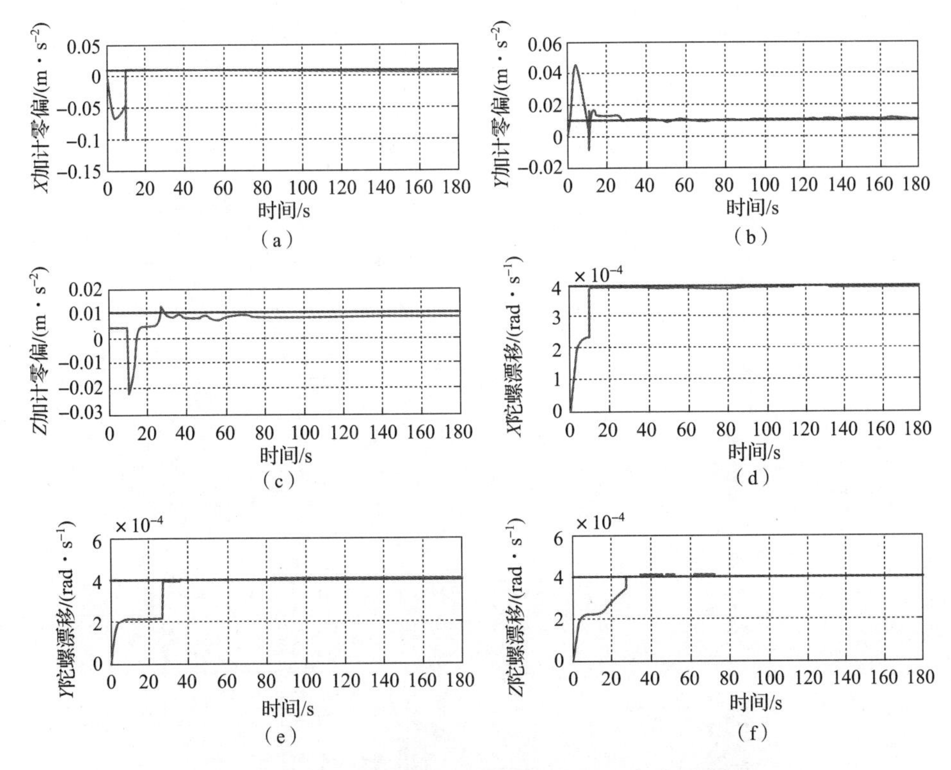

图4-3 加计零偏和陀螺漂移估计结果（书后附彩插）

（a）X加计零偏；（b）Y加计零偏；（c）Z加计零偏；

（d）X陀螺漂移；（e）Y陀螺漂移；（f）Z陀螺漂移

态变量的排列顺序按照滤波器设计时的顺序排列，纵坐标表示幅值。从可观测度结果来看，各参数都可观测，状态变量对应的可观测度都大于0.9。从而说明了所设计路径的合理性。

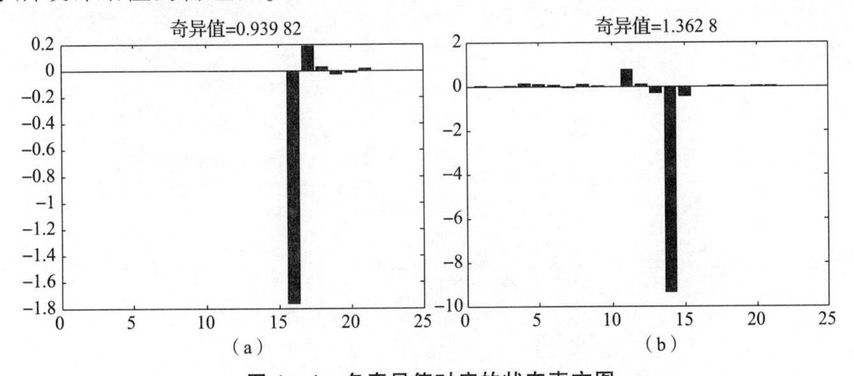

图4-4 各奇异值对应的状态直方图

（a）状态变量 δV_x 的奇异值；（b）状态变量 δV_y 的奇异值

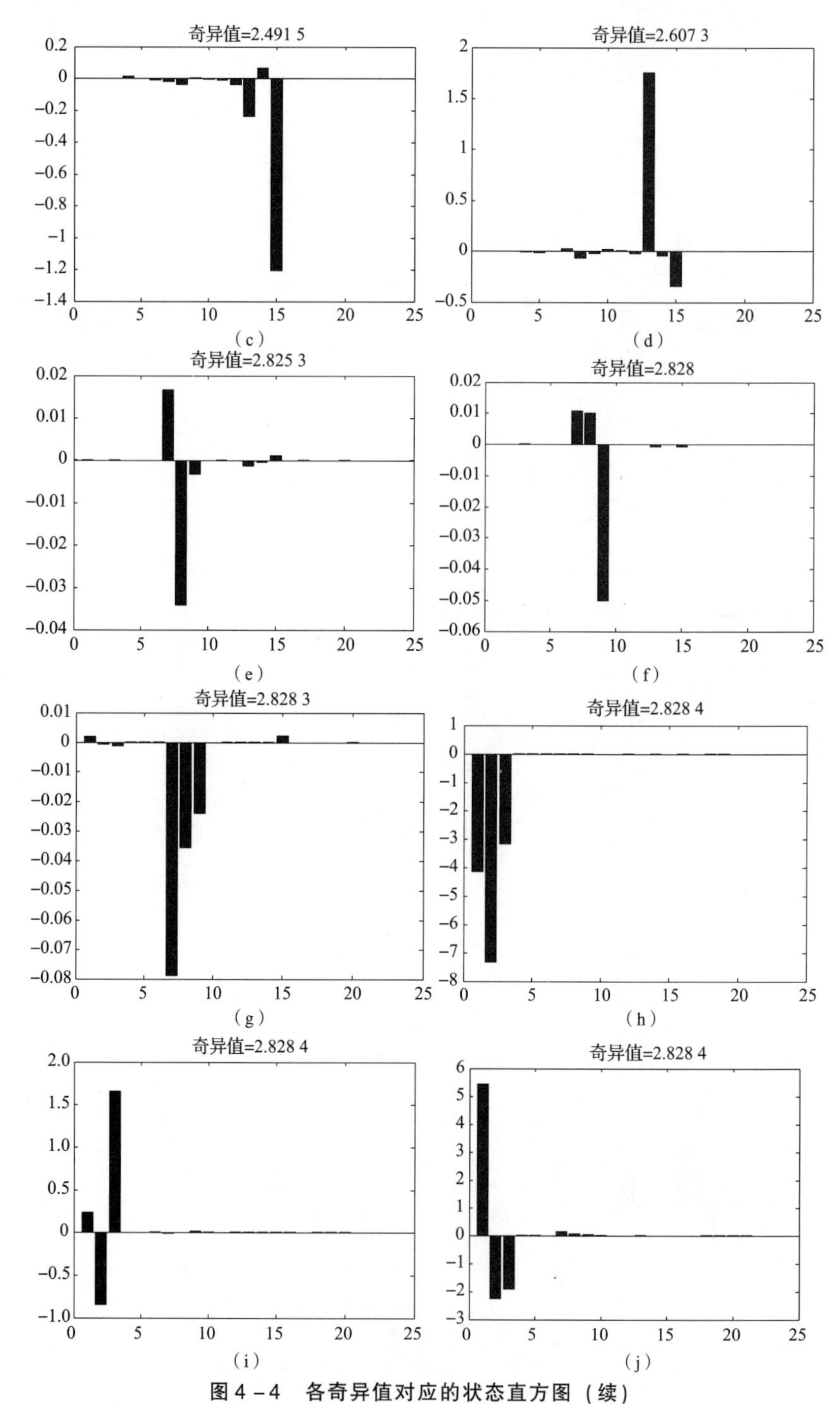

图 4－4　各奇异值对应的状态直方图（续）

（c）状态变量 δV_z 的奇异值；（d）状态变量 ϕ_x 的奇异值；（e）状态变量 ϕ_y 的奇异值；（f）状态变量 ϕ_z 的奇异值；（g）状态变量 μ_x 的奇异值；（h）状态变量 μ_y 的奇异值；（i）状态变量 μ_z 的奇异值；（j）状态变量 δK_{ax} 的奇异值

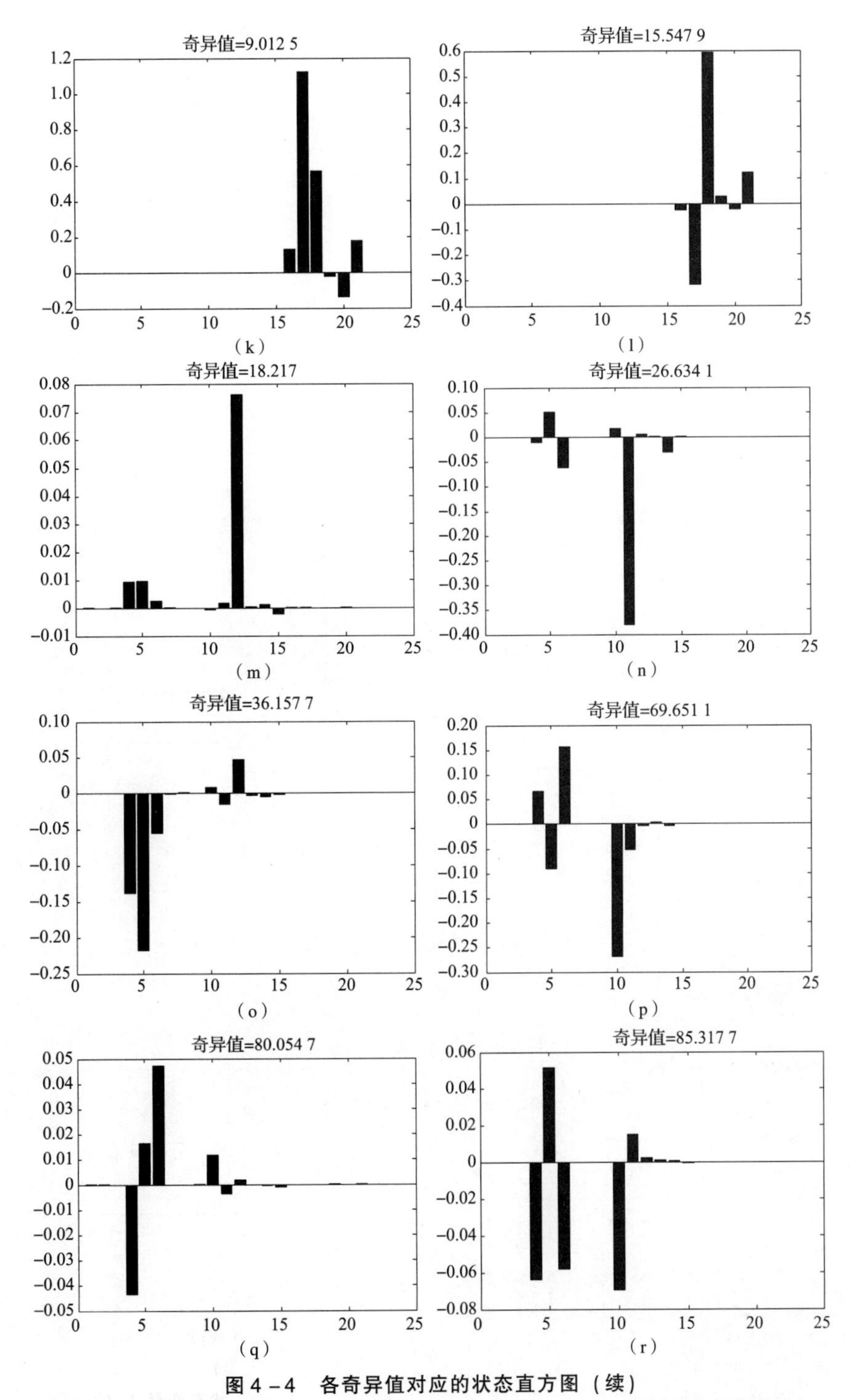

图 4-4　各奇异值对应的状态直方图（续）

(k) 状态变量 δK_{ay} 的奇异值；(l) 状态变量 δK_{az} 的奇异值；(m) 状态变量 ∇_x 的奇异值；(n) 状态变量 ∇_y 的奇异值；(o) 状态变量 ∇_z 的奇异值；(p) 状态变量 δK_{gx} 的奇异值；(q) 状态变量 δK_{gy} 的奇异值；(r) 状态变量 δK_{gz} 的奇异值

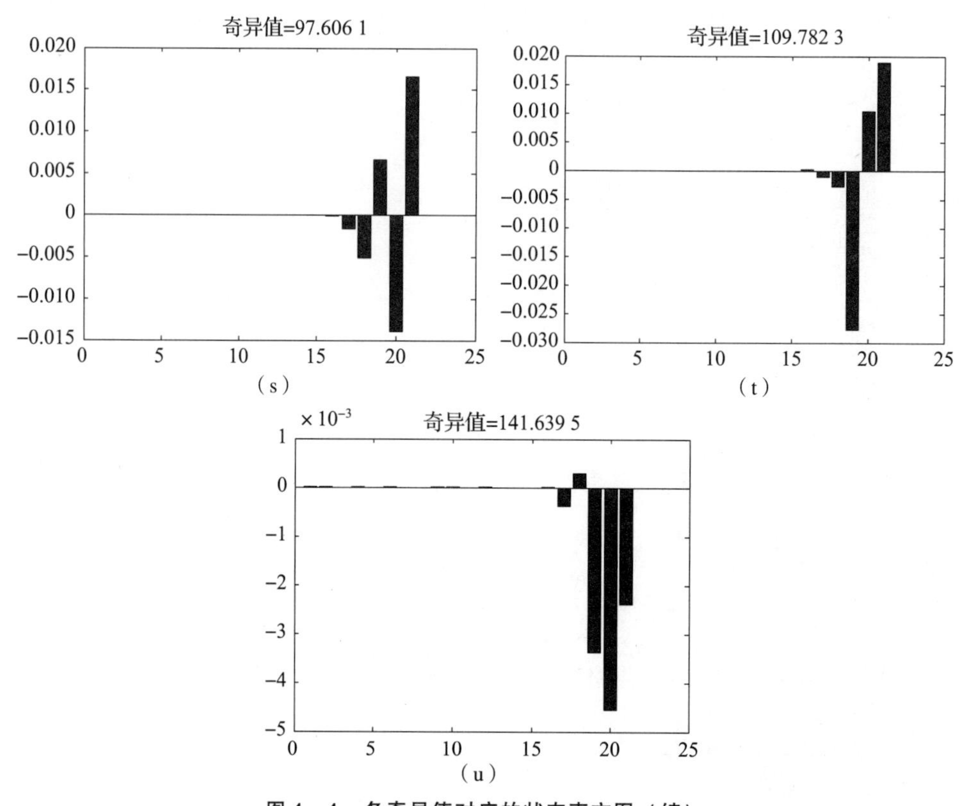

图 4－4　各奇异值对应的状态直方图（续）

（s）状态变量 ε_x 的奇异值；（t）状态变量 ε_y 的奇异值；（u）状态变量 ε_z 的奇异值

收敛时间也是标定结果好坏的重要标志，各参数收敛时间统计结果如表 4－1 所示。

表 4－1　各参数收敛时间统计结果

参数	*X* 加计刻度系数误差	*Y* 加计刻度系数误差	*Z* 加计刻度系数误差	*X* 加计零偏	*Y* 加计零偏	*Z* 加计零偏
收敛时间/s	50	20	40	10	25	30
参数	*X* 陀螺刻度系数误差	*Y* 陀螺刻度系数误差	*Z* 陀螺刻度系数误差	*X* 陀螺零偏	*Y* 陀螺零偏	*Z* 陀螺零偏
收敛时间/s	10	26	25	10	26	25

从表4－1可以看出各参数的收敛时间都较短，都能在50 s内达到稳态值。其中X加计刻度系数误差和Z加计刻度系数误差的收敛速度较慢。这也说明该路径适合在线标定的进行。

除了可观测度和收敛时间外，我们最关心的是标定的精度。对惯组各误差参数，取参数收敛后一段时间140～180 s的估计值的平均值来作为该次实验误差参数的估计值，考虑到惯性仪表随机噪声的影响，重复做上面仿真实验5次，取5次实验计算结果的平均值作为误差参数的估计值，并将估计值减去设定值，得到的结果除以设定值得到相对精度。其具体结果如表4－2所示。

表4－2　参数估计精度

参数	X加计刻度系数误差	Y加计刻度系数误差	Z加计刻度系数误差	X加计零偏	Y加计零偏	Z加计零偏
设定值	0.001	0.001	0.001	g*e－3	g*e－3	g*e－3
估计值	0.001 1	0.001 1	0.001 2	0.006 6	0.010 7	0.008 4
相对精度/%	13.96	14.28	18.05	32.56	8.73	14.56
参数	X陀螺刻度系数误差	Y陀螺刻度系数误差	Z陀螺刻度系数误差	X陀螺零偏	Y陀螺零偏	Z陀螺零偏
设定值	0.001	0.001	0.001	4*e－4	4*e－4	4*e－4
估计值	0.001 0	9.691 5e－4	9.986 2e－4	3.961 5e－4	4.013 1e－4	3.969 9e－4
相对精度/%	3.12	3.08	0.14	0.96	0.33	0.75

从估计精度来看，陀螺参数的估计精度较高，都能达到3.2%以内。而加速度计参数的估计精度相对较低，除X加计零偏的估计精度稍低外，其余参数都能达到19%以内。需要进一步研究内在机理以达到在最短的时间内获得最高的标定精度。

从可观测度、收敛时间和标定精度三方面的分析都说明本小节所设计路径的合理性。但具体参数的选择需要进一步优化以提高可观测度，缩短收敛时间和提高标定精度。

实际的炮车运动过程难以按规定的轨迹进行，为了进一步验证标定路径设计原则的正确性，改变运动轨迹的顺序后进行仿真。运动顺序改变为：炮车静止一段时间后，摇架在水平方向转动360°，然后加速运动，给予炮车一定的速度，炮车做变加速运动的同时摇架按正弦规律做俯仰和偏航角运动，一段时间后，以变角速度通过一座拱桥，接着炮车以变角加速度做圆周运动的同时摇架按正弦规律做俯仰和偏航角运动。仿真参数设置与本小节相同。在该路径下进行仿真，得到结果如图 4－5 和图 4－6 所示。

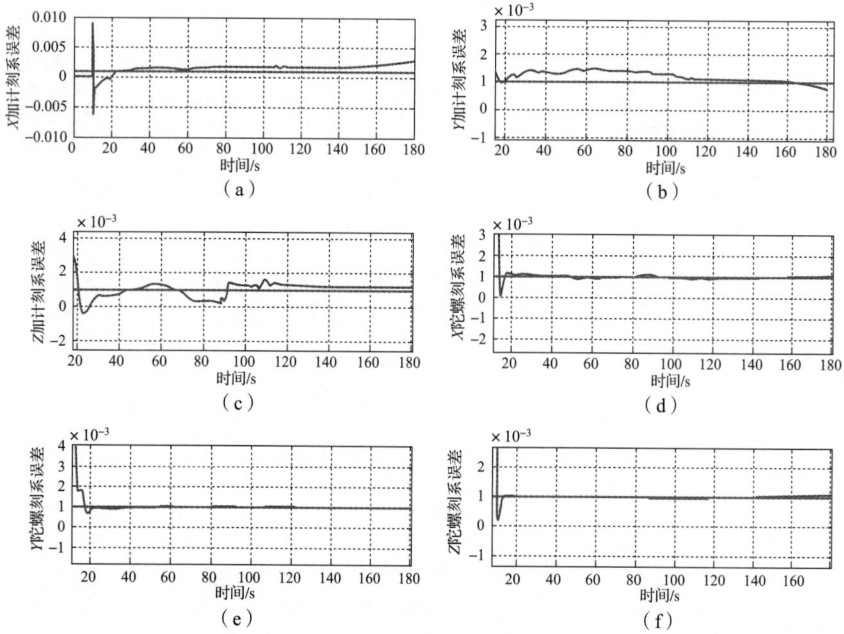

图 4－5　改变机动顺序条件下刻度系数误差的估计结果（书后附彩插）

（a）*X* 加计刻系误差；（b）*Y* 加计刻系误差；（c）*Z* 加计刻系误差；（d）*X* 陀螺刻系误差；（e）*Y* 陀螺刻系误差；（f）*Z* 陀螺刻系误差

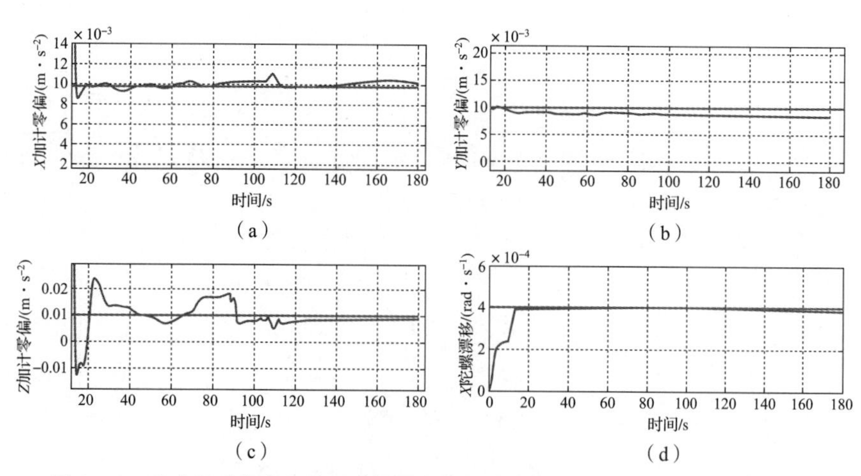

图 4－6　改变机动顺序条件下陀螺漂移和加计零偏的估计结果（书后附彩插）

（a）*X* 加计零偏；（b）*Y* 加计零偏；（c）*Z* 加计零偏；（d）*X* 陀螺漂移

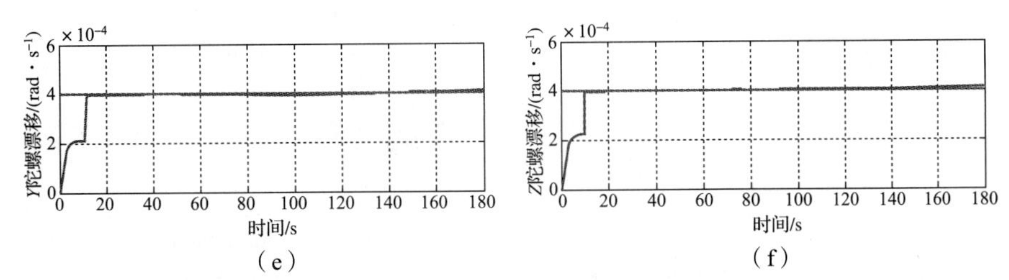

图 4-6　改变机动顺序条件下陀螺漂移和加计零偏的估计结果（续）（书后附彩插）

（e）Y 陀螺漂移；（f）Z 陀螺漂移

从图 4-5 可以看出，改变机动顺序后，参数同样能得到估计。Z 加计刻度系数和 Z 加计零偏的收敛速度变慢是因为所设计的路径中只有通过拱桥才能激励 Z 加计刻度系数和 Z 加计零偏。这说明误差激励与运动的先后顺序没有关系，从而验证了所提路径设计原则的合理性。

第5章
在线标定可行性研究

当前对弹载惯导在线标定的研究，都是通过设计炮车进行复杂的机动方式以激励系统误差参数，但所设计的机动方式都过于理想化，在战时实际应用中很难实现。针对这一问题，本章对实际野战条件下炮车通过自身常规机动方式完成对弹载惯导系统在线标定的可行性进行了研究，主要考虑两个方面：一是野战路面对火箭炮机动方式的影响，二是炮车可完成的常规机动方式能否有效激励弹载惯导系统所有误差参数。为此，首先分析野战路面特性，并结合火箭炮安全技术性能对其在野战条件下可完成的机动方式进行了总结；而后利用第3章提出的可观测度定义分析炮车在不同机动方式下，弹载惯导系统各误差参数的可观测度，依据可观测度分析结果得出野战条件下弹载惯导系统在线标定机动方案设计时需满足的条件并进行仿真验证；最后又分别仿真研究不同惯性器件精度、不同机动幅度、不同机动顺序下弹载惯导系统在线标定的效果。

5.1 野战路面特性及火箭炮机动能力分析

火箭炮作为陆军部队战时主要武器装备之一，一般都在野战条件下工作。火箭炮在行驶过程中的机动方式直接受野战路面特性的影响，因此要研究火箭炮的机动方式对火箭弹弹载惯导误差参数的激励作用，首先需要对野战路面特性进行分析，为后面研究弹载惯导系统的在线标定打下基础。

5.1.1 野战路面特性

路面通常分为铺面路和非铺面路两大类。如图 5－1 所示，野战条件下的机动路面一般都是非铺面路，主要包括破损路面、起伏地、卵石路等路面，路面常夹杂凸起的石头、土坎、雨裂、深坑等障碍物[69－70]。

图 5－1 实际野战路况图

野战路面凹凸不平对行驶中的车体产生两种激励作用，第一种为离散事件激励，如车体经过拱桥路面、梯形路面、单边桥路等一些特定的地形时，可以完成一些幅度较大的俯仰、侧倾等机动，能够对弹载惯导误差参数产生明显的激励；第二种为路面随机激励，如石块路面、不规则的搓板路面、凹坑路面等，通过这些随机路面时能否完成对弹载惯导的在线标定是当前研究的重点。

美国陆军坦克－机动车研究中心建有各种试验场，用以研究模拟作战中的路面地形，其中一段常用的越野路面为位于阿伯丁靶场的佩里曼3#（Perryman3）[71]越野路面，经过测量分析，该路面不平度均方根值达到88.5 mm，高程差达到0.62 m。图5－2为研究中心实测的一段长152 m的高程曲线，绘制高程差时的采样间隔为150 mm。

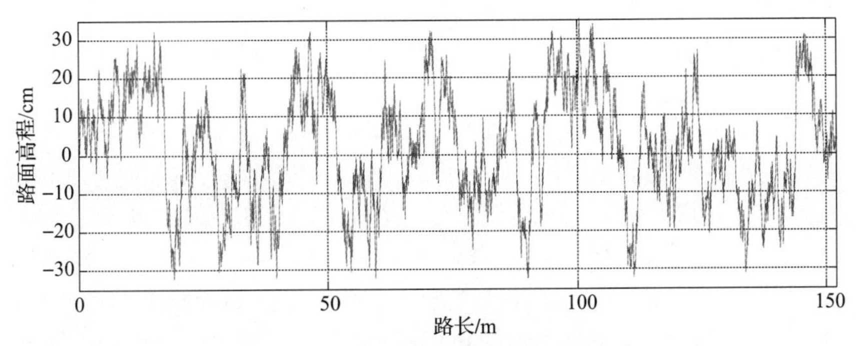

图5－2　佩里曼3#越野路面高程曲线

由实验中心实地测量的路面随机高程曲线可得，战时如果无法通过一些特定的标定理想路面（如弓形路面、梯形路面、拱桥、单边桥等），仅依靠野战路面的随机不平整度也能够给予火箭炮车体一定的激励作用，但这些激励作用能否完成对弹载惯导系统的在线标定是接下来要研究的问题。

5.1.2　野战条件下弹载惯导机动能力分析

由5.1.1小节分析的野战路面特性可知，野战路面大都是非铺面路，路面的随机起伏能够达到0.62 m，当火箭炮在随机野战路面行驶时，根据其自身尺寸计算得到车体侧倾角最大能够达到12°，具体计算过程如下。

如图5－3所示，设车体宽为3 m，路面高程差为0.62 m，当炮车通过该路面时，可以得到车体侧倾角：

$$\theta = \arcsin\frac{0.62}{3} \approx 12° \tag{5-1}$$

主、子惯导能否完成在线标定的关键因素就是主惯导和子惯导能否同时完成某些机动，且这些机动方式必须能够充分激励惯导系统的各项误差参数。

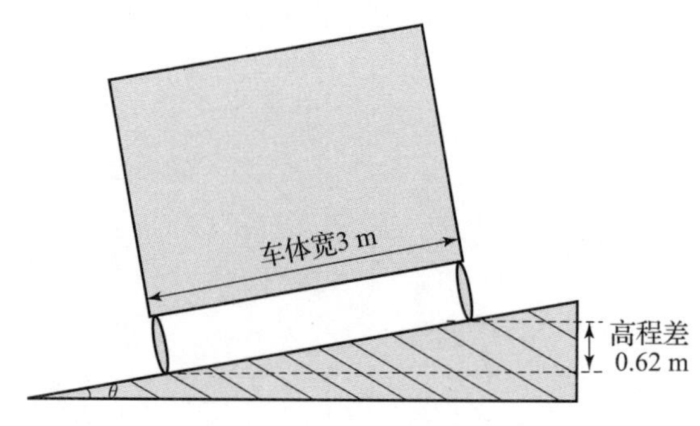

图 5-3　车体侧倾示意图

火箭炮一般都是在技术阵地完成火箭弹的装填后，载弹行驶至发射阵地完成发射任务。由火箭炮安全操作规程可知，火箭炮在行驶过程中摇架处于闭锁状态，只有在炮车处于静止状态下，摇架才能够做俯仰和偏航机动以进行射击瞄准。而且在火箭炮载弹行驶过程中，弹体发射器件是不允许接通电源的，但是类比于飞机载弹飞行时机载导弹的工作原理，弹载惯性器件在标定阶段能够依靠自身独立电源模块工作。因此，可以明确火箭炮在射前由技术阵地转移至发射阵地过程中，车载主惯导和弹载子惯导可以同时工作，且子惯导的机动方式和主惯导是完全同步的。当炮车行驶时，车体能够完成加速、减速、转弯、侧倾等机动；当炮车静止后，摇架可以带动主、子惯导同步完成俯仰和偏航机动。

综上所述，在炮车转移阵地时主、子惯导能够随车体完成直线机动、转弯机动（偏航机动）、侧倾机动，在炮车静止时主、子惯导还能够跟随摇架完成俯仰机动和偏航机动。表 5-1 对野战条件下火箭弹载惯导系统可完成的常规机动方式及机动幅度进行了总结。其中，转弯机动改变系统的航向角，俯仰机动改变系统的俯仰角，侧倾机动改变系统的横滚角。

表 5-1　火箭弹载惯导机动方式及幅度

弹载惯导机动方式	机动参数范围
直线机动	0~80 km/h
转弯机动	0°~360°
俯仰机动	0°~60°
侧倾机动	0°~12°

5.2　不同机动条件可观测度分析

由第3章的分析可知，“速度＋姿态”匹配模式最适合弹载捷联惯导的在线标定。当火箭炮只进行一种机动时，不可能激励加速度计和陀螺所有误差参数，必然会造成部分参数在滤波时无法收敛。因此，要对惯性器件全部误差参数进行标定，必须使火箭炮进行多种机动方式相结合的组合机动。

为了确定出火箭炮激励全部误差参数的机动方式，有必要分析每种单一的机动方式对惯性器件误差参数的激励效果，采用第3章介绍的可观测度分析方法，对火箭炮按照不同机动方式行进时各误差参数的可观测度进行计算分析。

在分析不同机动方式时，均采用“速度＋姿态”匹配模式，且各初始参数均设置如下。

设载体初始纬度为30°，经度为118°，状态量X初值为0，陀螺和加速度计的刻系误差都设置为1×10^{-3}，陀螺漂移设置为$(4\times10^{-4})°/s$，加速度计零偏为$10^{-3}\ m/s^2$。

初始方差阵为

$$
\begin{aligned}
\boldsymbol{P}_0 = 10\mathrm{diag}\{&(2\ \mathrm{m/s})^2,(2\ \mathrm{m/s})^2,(2\ \mathrm{m/s})^2,(1°)^2,(1°)^2,(1°)^2,(1°)^2,\\
&(1°)^2,(1°)^2,(10^{-3})^2,(10^{-3})^2,(10^{-3})^2,(5\times10^{-3}g)^2,\\
&(5\times10^{-3}g)^2,(5\times10^{-3}g)^2,(10^{-3})^2,(10^{-3})^2,(10^{-3})^2,(1°/\mathrm{h})^2,\\
&(1°/\mathrm{h})^2,(1°/\mathrm{h})^2\}
\end{aligned}
$$

系统噪声协方差阵为

$$
\begin{aligned}
\boldsymbol{Q} = \mathrm{diag}\{&(5\times10^{-5}g)^2,(5\times10^{-5}g)^2,(5\times10^{-5}g)^2,(0.05°/\mathrm{h})^2,\\
&(0.05°/\mathrm{h})^2,(0.05°/\mathrm{h})^2,0,0,0,0,0,0,0,0,0,0,0,0,0,0,0\}
\end{aligned}
$$

$$
\begin{aligned}
\boldsymbol{R} = \mathrm{diag}\{&(0.01\ \mathrm{m/s})^2,(0.01\ \mathrm{m/s})^2,(0.01\ \mathrm{m/s})^2,(0.01°)^2,\\
&(0.01°)^2,(0.01°)^2\}
\end{aligned}
$$

5.2.1　直线机动可观测度分析

1. 匀速直线机动可观测度分析

设炮车以10 m/s的速度北向匀速直线行驶180 s，行驶过程中忽略其他因素的影响，则按照3.3.2小节定义的可观测度指标计算得出惯性器件各误差参数的可观测度指标，如表5－2所示。

表 5-2　匀速直线机动时各误差参数可观测度指标

加速度计		陀螺	
误差参数	可观测度指标	误差参数	可观测度指标
k_{ax}	3.942E-02	k_{gx}	3.579E-02
k_{ay}	1.415E-02	k_{gy}	1.924E-03
k_{az}	8.138E-02	k_{gz}	1.372E-02
∇_x	1.975E-03	ε_x	8.147E-10
∇_y	1.321E-03	ε_y	8.117E-10
∇_z	1.592E-03	ε_z	6.254E-06

由表 5-2 可以看出，当载体做匀速直线机动时，陀螺三轴向常值漂移的可观测度指标较小，其余 9 个误差参数的观测度指标都比较大，说明当炮车做匀速直线机动时，只有陀螺三轴常值漂移可观测，其余 9 个误差参数均不可观测或者可观测度很差。

2. 变速直线机动可观测度分析

设炮车由静止开始以 $0.025t\ \mathrm{m/s^2}$ 的变加速度北向机动 20 s，然后匀速直线行驶 160 s，行驶过程中忽略其他因素的影响，则按照 3.3.2 小节定义的可观测度指标计算得出惯性器件各误差参数的可观测度指标，如表 5-3 所示。

表 5-3　变速直线机动时各误差参数可观测度指标

加速度计		陀螺	
误差参数	可观测度指标	误差参数	可观测度指标
k_{ax}	3.452E-02	k_{gx}	2.972E-02
k_{ay}	1.258E-07	k_{gy}	1.414E-03
k_{az}	7.164E-02	k_{gz}	2.428E-02
∇_x	3.973E-03	ε_x	7.038E-10
∇_y	2.518E-03	ε_y	8.655E-10
∇_z	1.903E-03	ε_z	7.226E-06

由表5－3可以看出，当载体做变速直线机动时，除陀螺三轴向常值漂移之外，Y轴加速度计刻度系数误差的可观测度指标也变得很小，说明当炮车做变速直线机动时，Y轴加速度计刻度系数误差的可观测度得到明显提高。

5.2.2　转弯机动可观测度分析

设炮车以10 m/s的速度匀速直线行驶10 s后以9°/s的角速度顺时针转弯90°，而后继续以10 m/s的速度匀速直线行驶160 s。忽略其他因素影响，按照3.3.2小节定义的可观测度指标计算得出惯性器件各误差参数的可观测度指标，如表5－4所示。

表5－4　转弯机动时各误差参数可观测度指标

加速度计		陀螺	
误差参数	可观测度指标	误差参数	可观测度指标
k_{ax}	7.667E－06	k_{gx}	3.439E－03
k_{ay}	3.268E－05	k_{gy}	3.864E－03
k_{az}	8.428E－03	k_{gz}	7.294E－07
∇_x	3.196E－03	ε_x	8.125E－10
∇_y	3.569E－02	ε_y	8.744E－10
∇_z	3.157E－02	ε_z	6.059E－06

如表5－4所示，当载体做转弯机动时，除陀螺常值漂移外，Z轴陀螺刻系误差的可观测度指标大幅减小，X轴、Y轴加速度计刻度系数误差的可观测度指标也不同程度减小，说明炮车做转弯机动时，Z轴陀螺刻系误差的可观测度大幅提高，X轴、Y轴加速度计刻度系数误差的可观测度也有一定提高。

5.2.3　侧倾机动可观测度分析

设炮车以10 m/s的速度匀速直线行驶10 s后通过随机起伏路面，车身由水平位置以2.4°/s的角速度开始侧倾，当达到最大侧倾角度12°时，保持静止10 s，再以2.4°/s的角速度恢复至水平状态后继续匀速直线行驶150 s。忽略其他因素的影响，按照3.3.2小节定义的可观测度指标计算得出惯性器件各误差参数的可观测度指标，如表5－5所示。

表 5-5　侧倾机动时各误差参数可观测度指标

加速度计		陀螺	
误差参数	可观测度指标	误差参数	可观测度指标
k_{ax}	8.661E-09	k_{gx}	7.661E-03
k_{ay}	2.147E-02	k_{gy}	7.661E-07
k_{az}	7.665E-06	k_{gz}	7.661E-03
∇_x	7.581E-06	ε_x	8.157E-10
∇_y	7.394E-06	ε_y	8.219E-10
∇_z	7.792E-06	ε_z	3.729E-06

由表 5-5 可以看出，当载体做侧倾机动时，Y 轴加速度计刻度系数误差以及 X 轴、Z 轴陀螺刻度系数误差的可观测度指标较大，其余 9 个误差参数的可观测度指标都比较小，说明当炮车做侧倾机动时，除 Y 轴加速度计刻度系数误差和 X 轴、Z 轴陀螺刻度系数误差的可观测性较差之外，其余各误差参数都可观测。

5.2.4　俯仰机动可观测度分析

设炮车首先保持水平静止 10 s，而后摇架以 5°/s 的角速度由水平状态起竖至 50°并保持 10 s，接着再以 5°/s 的角速度恢复至水平位置并保持静止。忽略其他因素的影响，按照 3.3.2 小节定义的可观测度指标计算得出惯性器件各误差参数的可观测度指标，如表 5-6 所示。

表 5-6　俯仰机动时各误差参数可观测度指标

加速度计		陀螺	
误差参数	可观测度指标	误差参数	可观测度指标
k_{ax}	3.749E-02	k_{gx}	2.937E-07
k_{ay}	1.058E-07	k_{gy}	3.612E-02
k_{az}	8.591E-09	k_{gz}	3.196E-03
∇_x	8.961E-06	ε_x	8.546E-10
∇_y	8.734E-06	ε_y	8.237E-10
∇_z	8.477E-06	ε_z	8.026E-09

由表5-6可以看出，当炮车摇架做俯仰机动时，X轴加速度计刻度系数误差以及Y轴、Z轴陀螺刻度系数误差可观测度指标较大，其余9个误差参数的可观测度指标都比较小。说明当惯导做俯仰机动时，Y轴、Z轴加速度计刻度系数误差，X轴陀螺刻度系数误差，加速度计零偏及陀螺常值漂移等9个误差参数的可观测度都比较好。

5.2.5　在线标定机动条件分析

1. 可观测度结果分析

5.2.1小节至5.2.4小节采用第3章定义的可观测度指标分别计算了惯导系统做直线机动、转弯机动、侧倾机动、俯仰机动四种情形下，加速度计和陀螺各误差参数的可观测度指标，将计算结果整理如表5-7、表5-8所示，表中“—”表示对应的误差参数基本不可观测。

表5-7　不同机动条件下加速度计各误差参数的可观测度指标

误差项	匀速直线运动	变速直线运动	转弯机动	侧倾机动	俯仰机动
k_{ax}	—	—	7.667E-06	8.661E-09	—
k_{ay}	—	1.258E-07	3.268E-05	—	1.058E-07
k_{az}	—	—	—	7.665E-06	8.591E-09
∇_x	—	—	—	7.581E-06	8.961E-06
∇_y	—	—	—	7.394E-06	8.734E-06
∇_z	—	—	—	7.792E-06	8.477E-06

表5-8　不同机动条件下陀螺各误差参数的可观测度指标

误差项	匀速直线运动	变速直线运动	转弯机动	侧倾机动	俯仰机动
k_{gx}	—	—	—	—	2.937E-07
k_{gy}	—	—	—	7.661E-07	—
k_{gz}	—	—	7.294E-07	—	—
ε_x	8.147E-10	7.038E-10	8.125E-10	8.157E-10	8.546E-10
ε_y	8.117E-10	8.655E-10	8.744E-10	8.219E-10	8.237E-10
ε_z	6.254E-06	7.226E-06	6.059E-06	3.729E-06	8.026E-09

表5－7和表5－8总结了采用“速度＋姿态”匹配模式时弹载惯导系统在几种不同机动方式下各误差参数对应的可观测度指标，对统计结果分析如下。

对加速度计来说，当炮车做匀速直线机动时，各误差参数基本不可观测；变速直线机动时，提高了行进方向的加速度计刻度系数误差 k_{ay} 的可观测度；转弯机动时，速度方向发生变化，改变了两个水平轴向加速度计的输出，因此转弯机动提高了加速度计两个水平方向的刻度系数误差 k_{ax}、k_{ay} 的可观测度；侧倾机动时，X 轴、Z 轴加速度计有明显的加速度变化，显著提高了刻度系数误差 k_{ax}、k_{az} 的可观测度，且三轴向加速度计零偏也变得可观测；俯仰机动时，Y 轴、Z 轴加速度计有明显的加速度变化，进一步提高了刻度系数误差 k_{ay}、k_{az} 的可观测度。

对陀螺来说，在不同的机动方式下，陀螺常值漂移的可观测性都比较好，陀螺的刻度系数误差受机动方式影响较大。当炮车做直线机动时，陀螺刻度系数误差基本不可观测；转弯机动时，惯导系统偏航角发生变化，对 Z 轴陀螺产生激励，提高了 k_{yz} 的可观测度；侧倾机动时，惯导系统横滚角发生变化，对 Y 轴陀螺产生激励，提高了 k_{gy} 的可观测度；俯仰机动时，惯导系统俯仰角发生变化，对 X 轴陀螺产生激励，提高了 k_{gx} 的可观测度，而且相较于其他机动方式，俯仰机动也能够进一步提高 Z 轴陀螺常值漂移 ε_z 的可观测性。

综上所述，当惯导系统分别进行转弯机动、侧倾机动、俯仰机动时能够激励的误差参数互为补充。因此，对在线标定机动路径进行设计时，只要包含以上三种机动方式，就能充分激励惯性器件全部12个误差参数。

2. 仿真试验

本节通过对不同机动方式下各误差参数可观测度进行分析，得出只要载体带动惯导系统做包括转弯机动、侧倾机动、俯仰机动在内的组合机动，就能够激励惯导系统全部12个误差参数。基于本节研究结果，结合5.1节总结的火箭炮技术特性及弹载惯导系统可完成的机动方式及幅度，设计一种机动方式如下。

（1）标定前首先使炮车静止10 s，使主惯导完成初始对准，并将初始姿态赋给弹载子惯导，而后开始在线标定。

（2）启动炮车，使炮车摇架以5°/s的角速度做起竖机动，起竖至50°后保持10 s，而后以5°/s的角速度恢复至水平位置。

（3）使炮车以 $0.025t$ m/s^2 的加速度做变速直线机动20 s后保持5 m/s的速度匀速直线行驶。

(4) 炮车行驶至转弯路口以9°/s的角速度顺时针转向90°，而后继续直线行驶。

(5) 炮车匀速直行经过不平整路面，车身以2.4°/s的角速度开始侧倾，当炮车车身横滚角达到12°后保持10 s，再以2.4°/s的角速度恢复水平状态并继续匀速直线行驶。

标定过程中惯导系统姿态角变化如图5-4所示。

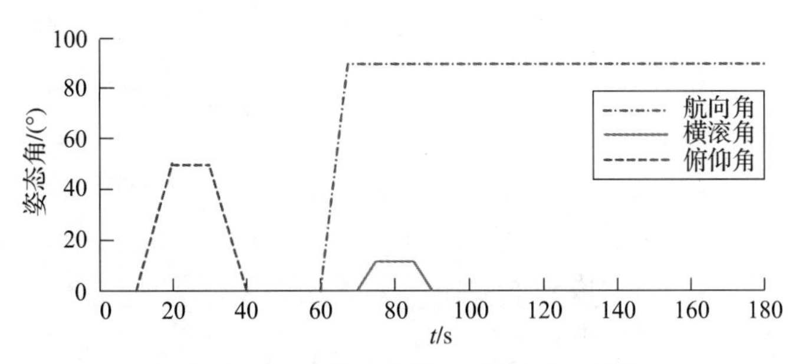

图5-4　标定过程中惯导系统姿态角变化

以上设计的机动路径包含了转弯机动、侧倾机动和俯仰机动，由5.2节可观测度分析结果可知，该机动方案满足激励惯性器件全部12个误差参数的机动条件。下面基于MATLAB数学仿真软件，对该机动方式下弹载惯导系统在线标定效果进行仿真试验。

设载体初始纬度为30°，经度为118°，仿真时间为180 s，且满足以下条件。

陀螺常值漂移：$\varepsilon_x=\varepsilon_y=\varepsilon_z=(4\times10^{-4})°/s=1.44°/h$。

陀螺刻度系数误差：$\delta K_{gx}=\delta K_{gy}=\delta K_{gz}=1\times10^{-3}=1\ 000\times10^{-6}$。

加速度计零偏：$\nabla_x=\nabla_y=\nabla_z=1\times10^{-3}\mathrm{m/s^2}=0.1\times10^{-3}g$。

加速度计刻度系数误差：$\delta K_{ax}=\delta K_{ay}=\delta K_{az}=1\times10^{-3}=1\ 000\times10^{-6}$。

滤波器初值：$\boldsymbol{X}_0=[\boldsymbol{0}]_{21\times1}$。

初始方差阵：

$$\begin{aligned}\boldsymbol{P}_0=10\mathrm{diag}\{&(2\ \mathrm{m/s})^2,(2\ \mathrm{m/s})^2,(2\ \mathrm{m/s})^2,(1°)^2,(1°)^2,(1°)^2,\\&(1°)^2,(1°)^2,(1°)^2,(10^{-3})^2,(10^{-3})^2,(10^{-3})^2,(5\times10^{-3}g)^2,\\&(5\times10^{-3}g)^2,(5\times10^{-3}g)^2,(10^{-3})^2,(10^{-3})^2,(10^{-3})^2,(1°/h)^2,\\&(1°/h)^2,(1°/h)^2\}\end{aligned}$$

系统噪声协方差阵为

$$\begin{aligned}\boldsymbol{Q}=\mathrm{diag}\{&(5\times10^{-5}g)^2,(5\times10^{-5}g)^2,(5\times10^{-5}g)^2,(0.05°/h)^2,\\&(0.05°/h)^2,(0.05°/h)^2,0,0,0,0,0,0,0,0,0,0,0,0,0,0,0\}\end{aligned}$$

$$\boldsymbol{R}=\mathrm{diag}\{(0.01\ \mathrm{m/s})^2,(0.01\ \mathrm{m/s})^2,(0.01\ \mathrm{m/s})^2,(0.01°)^2,(0.01°)^2,(0.01°)^2\}$$

采用“速度+姿态”匹配模式对器件误差进行估计，各误差参数的估计曲线如图5-5和图5-6所示。

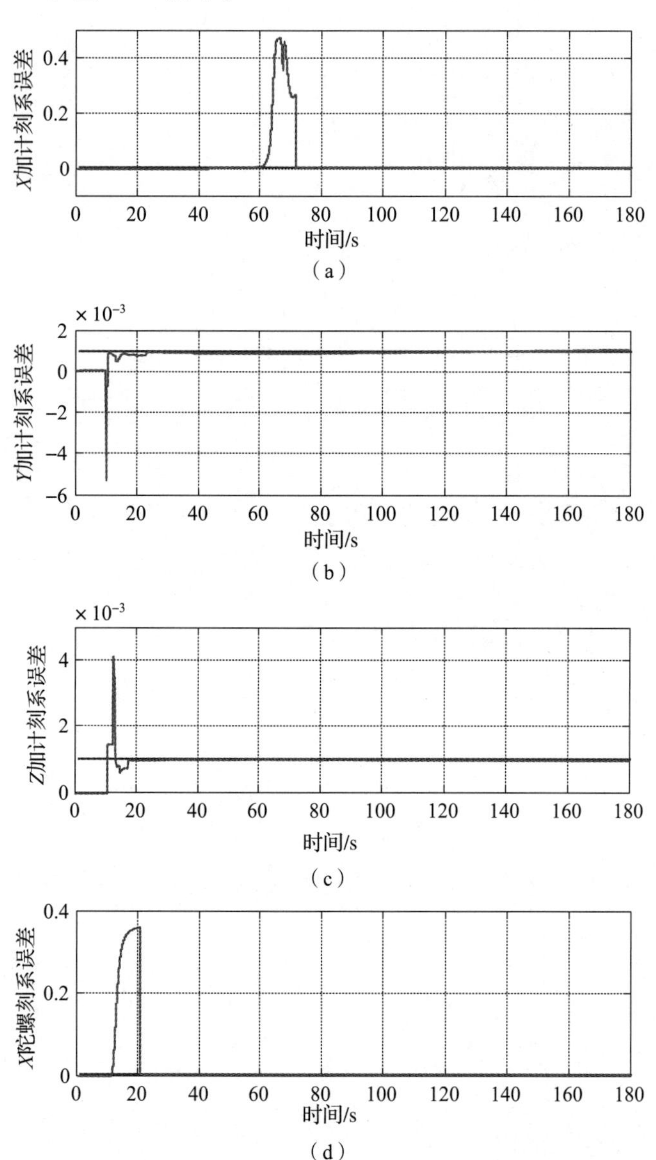

图5-5 加速度计和陀螺刻度系数误差估计曲线（书后附彩插）

（a）X加计刻系误差；（b）Y加计刻系误差；（c）Z加计刻系误差；（d）X陀螺刻系误差

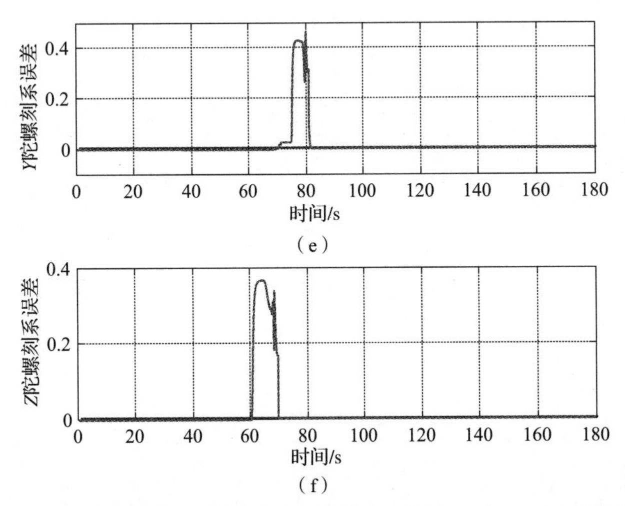

(e)

(f)

图 5-5　加速度计和陀螺刻度系数误差估计曲线（续）（书后附彩插）

（e）*Y* 陀螺刻系误差；（f）*Z* 陀螺刻系误差

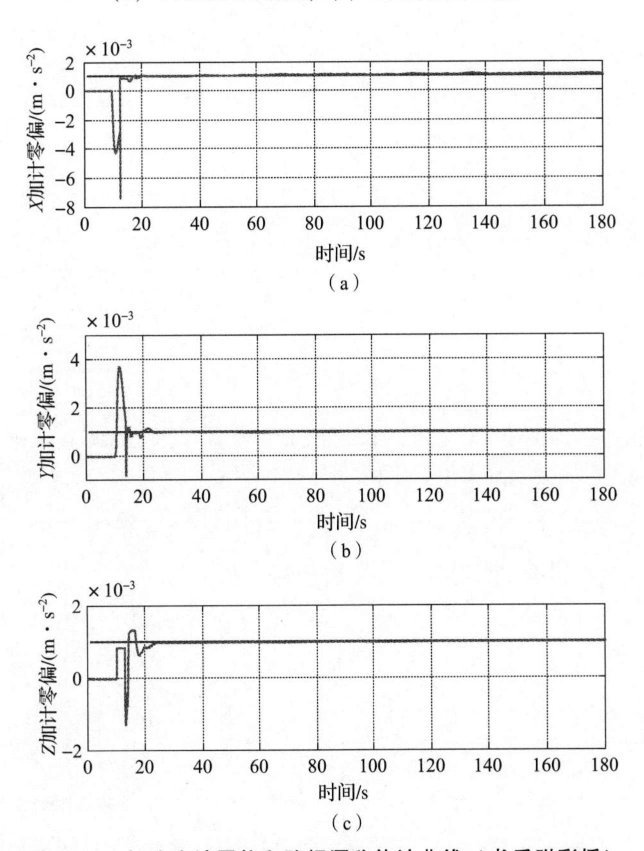

(a)

(b)

(c)

图 5-6　加速度计零偏和陀螺漂移估计曲线（书后附彩插）

（a）*X* 加计零偏；（b）*Y* 加计零偏；（c）*Z* 加计零偏

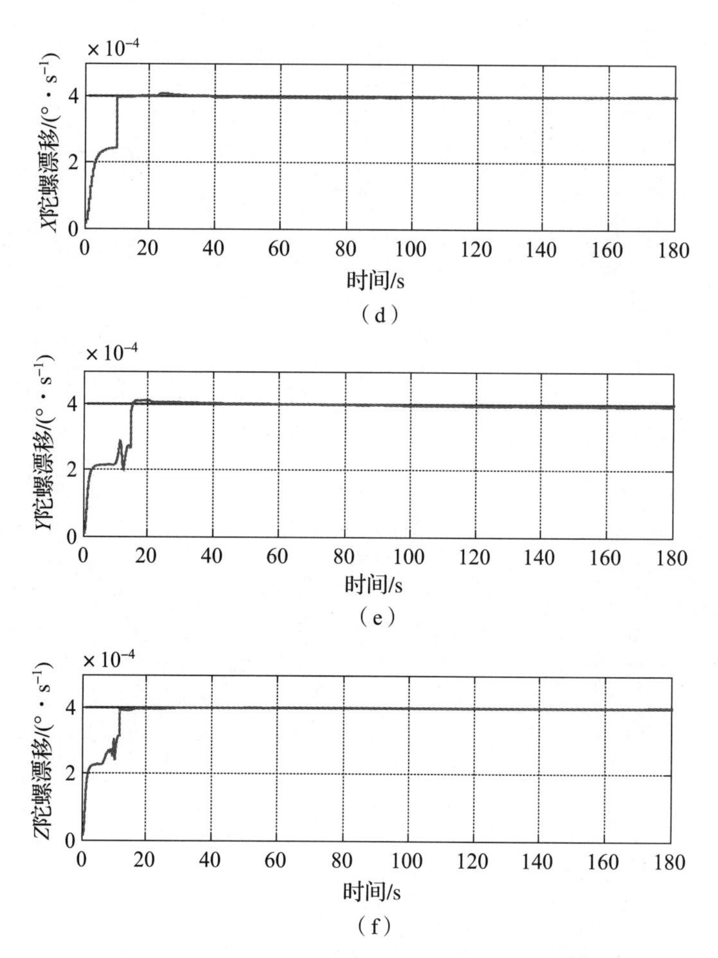

图5－6　加速度计零偏和陀螺漂移估计曲线（续）（书后附彩插）

（d）*X*陀螺漂移；（e）*Y*陀螺漂移；（f）*Z*陀螺漂移

由图5－5和图5－6可以看出，弹载惯导全部12个误差参数在相应的机动方式发生后都能够快速收敛，且收敛效果较好。

为进一步分析在线标定的效果，下面对各误差参数的收敛精度进行分析。当滤波基本达到稳定后，对140～180 s时间段内的滤波估计值求平均值作为该次仿真的估计值，且为了消除随机噪声的影响，重复仿真试验5次，将5次仿真估计值再求平均值作为最终的误差估计值并求出误差标定的相对精度（相对精度＝｜估计值－设定值｜÷设定值），结果如表5－9所示。

表5-9　各误差参数仿真结果

误差参数	X加计刻度系数误差/10^{-6}	Y加计刻度系数误差/10^{-6}	Z加计刻度系数误差/10^{-6}	X加计零偏/$10^{-3}g$	Y加计零偏/$10^{-3}g$	Z加计零偏/$10^{-3}g$
设定值	1 000	1 000	1 000	0.1	0.1	0.1
估计值	928	946	1 024	0.12	0.09	0.13
估计误差	-72	-54	24	0.02	-0.01	0.03
相对精度/%	7.2	5.4	2.4	20	10	15
误差参数	X陀螺刻度系数误差/10^{-6}	Y陀螺刻度系数误差/10^{-6}	Z陀螺刻度系数误差/10^{-6}	X陀螺漂移/(°·h^{-1})	Y陀螺漂移/(°·h^{-1})	Z陀螺漂移/(°·h^{-1})
设定值	1 000	1 000	1 000	1.44	1.44	1.44
估计值	932	921	1 074	1.42	1.37	1.49
估计误差	-68	-79	74	-0.02	-0.07	0.05
相对精度/%	6.8	7.9	7.4	1.39	4.86	3.47

由表5-9可以看出，加速度计刻度系数误差的估计误差在（-72~24）$\times10^{-6}$以内；加速度计零偏的估计误差在（-0.01~0.02）$\times10^{-3}g$以内；而陀螺刻度系数误差的估计误差范围为（-79~74）$\times10^{-6}$；陀螺常值漂移的估计误差范围为-0.07~0.05°/h。各误差参数的估计精度除加速度计零偏在20%以内，其余9个误差参数都达到了8%以内。

本节根据5.2.5小节得到的结论设计了一种包含转弯机动、俯仰机动、侧倾机动在内的机动路径，其机动幅度分别为90°、50°、12°。通过仿真试验得出，在该机动条件下弹载惯导全部12个误差参数都能够完成在线标定，且标定精度较高。但是该仿真试验结果只是针对本节设计的这一种情况，还不足以说明野战条件下弹载惯导系统完成在线标定是可行的。在实际工程应用中，还会存在以下几种情况。

（1）弹载惯导搭载的惯性器件精度一般都是战术级，但是不同的武器型号，其搭载的器件精度并不完全相同，有必要进一步分析不同惯性器件精度时弹载惯导在线标定效果。

（2）在野战条件下，火箭炮的机动方式由作战需求及机动路况决定，且在实际机动时炮车带动惯导做转弯机动、俯仰机动、侧倾机动三种机动的幅度并不一定，因此有必要进一步分析不同机动幅度下各误差参数的标定效果。

（3）火箭炮在机动过程中，其转弯、侧倾机动以及炮车摇架的俯仰机动三种机动的顺序并不是一定的，有必要分析改变三种机动顺序的情况下各误差参数的标定效果。

5.3 野战条件下弹载惯导在线标定可行性研究

5.3.1 仿真研究不同精度惯性器件对标定效果的影响

1. 仿真参数设置

载体机动路径设置及各参数仿真初值与5.2.5小节相同，但是将惯性器件初始误差参数改变如下。

陀螺常值漂移：$\varepsilon_x = \varepsilon_y = \varepsilon_z = (0.4 \times 10^{-4})\,°/\mathrm{s} = 0.144°/\mathrm{h}$

陀螺刻度系数误差：$\delta K_{gx} = \delta K_{gy} = \delta K_{gz} = 0.5 \times 10^{-3} = 500 \times 10^{-6}$

加速度计零偏：$\nabla_x = \nabla_y = \nabla_z = 0.5 \times 10^{-3}\mathrm{m/s^2} = 0.05 \times 10^{-3}g$

加速度计刻度系数误差：$\delta K_{ax} = \delta K_{ay} = \delta K_{az} = 0.5 \times 10^{-3} = 500 \times 10^{-6}$

2. 仿真结果

采用“速度＋姿态”匹配模式估计惯性器件各误差参数。按照5.2.5小节设计的机动路径，炮车航向角变化90°，俯仰角变化50°，横滚角变化12°，则惯性器件各误差参数的误差估计曲线如图5－7和图5－8所示。

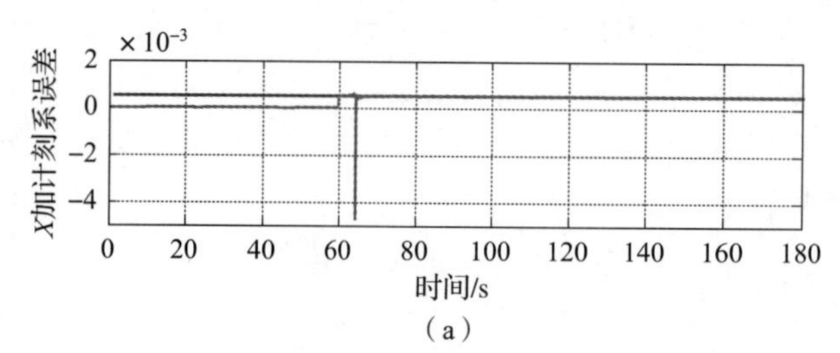

（a）

图5－7　加速度计和陀螺刻度系数误差估计曲线（书后附彩插）

（a）X 加计刻系误差

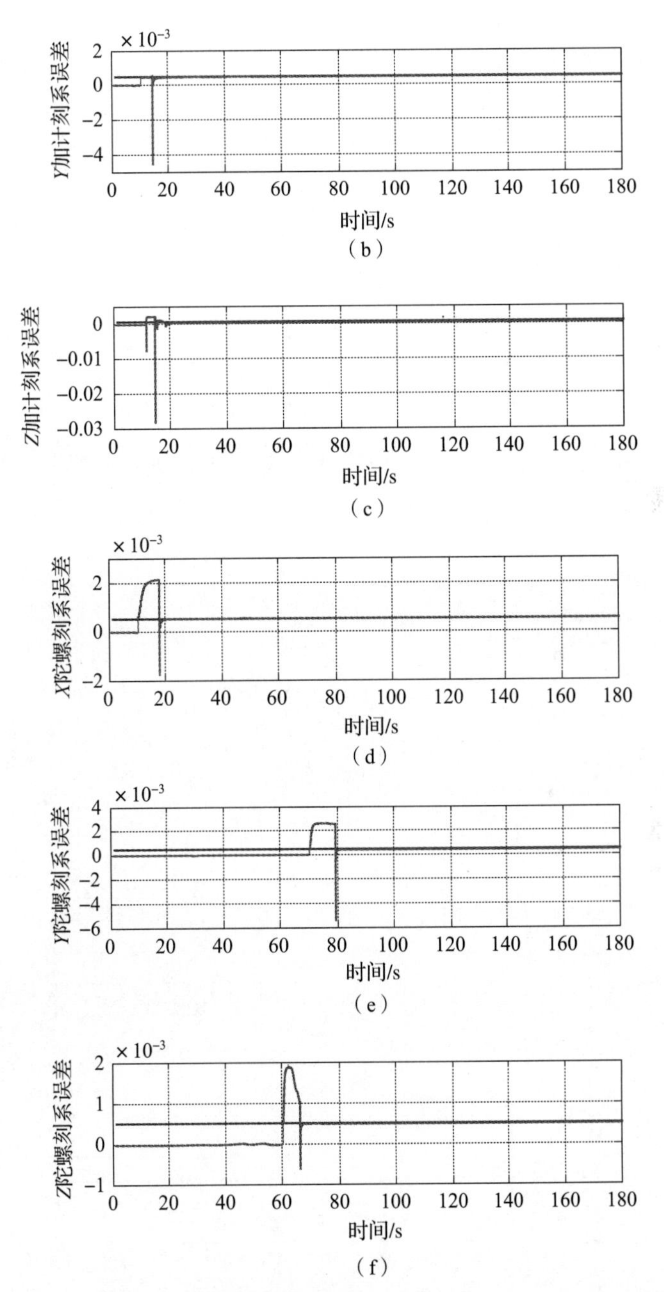

图 5－7　加速度计和陀螺刻度系数误差估计曲线（续）（书后附彩插）

(b) Y 加计刻系误差；(c) Z 加计刻系误差；

(d) X 陀螺刻系误差；(e) Y 陀螺刻系误差；(f) Z 陀螺刻系误差

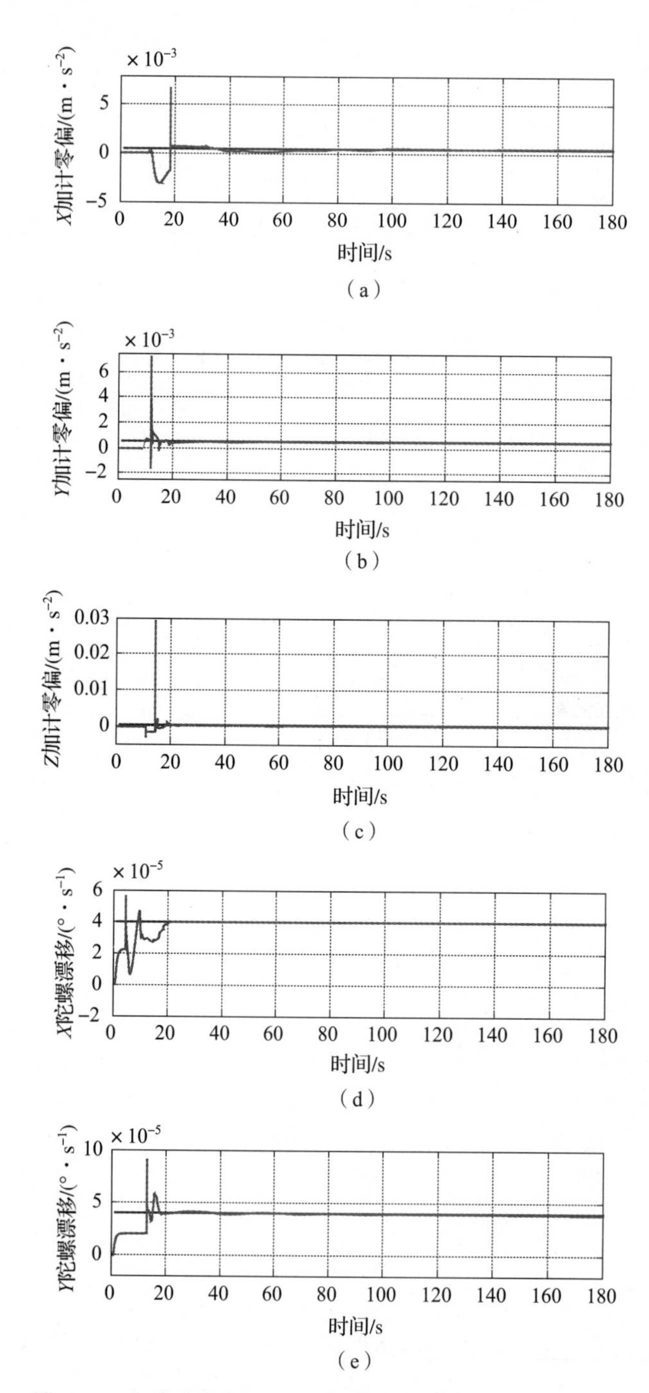

图 5－8　加速度计零偏和陀螺漂移估计曲线（书后附彩插）

（a）*X* 加计零偏；（b）*Y* 加计零偏；（c）*Z* 加计零偏；（d）*X* 陀螺漂移；（e）*Y* 陀螺漂移

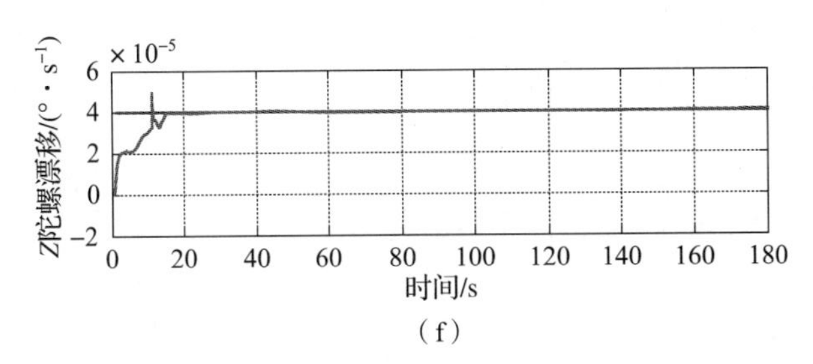

(f)

图 5－8　加速度计零偏和陀螺漂移估计曲线（续）（书后附彩插）

(f) Z 陀螺漂移

由图 5－7 和图 5－8 可以看出，当其他条件不变，只改变惯性器件初始误差参数值时，弹载惯导全部 12 个误差参数依然能够全部快速收敛，且收敛效果较好。

各误差参数的标定精度统计如表 5－10 所示。

表 5－10　各误差参数的标定精度统计

误差参数	X 加计刻度系数误差/10^{-16}	Y 加计刻度系数误差/10^{-16}	Z 加计刻度系数误差/10^{-16}	X 加计零偏/$10^{-3}g$	Y 加计零偏/$10^{-3}g$	Z 加计零偏/$10^{-3}g$
设定值	500	500	500	0.05	0.05	0.05
估计值	516	567	493	0.052	0.047	0.056
估计误差	16	67	−7	0.002	−0.003	0.006
相对精度%	3.2	13.4	1.4	4	6	12
误差参数	**X 陀螺刻度系数误差/10^{-16}**	**Y 陀螺刻度系数误差/10^{-16}**	**Z 陀螺刻度系数误差/10^{-16}**	**X 陀螺漂移/(°·h^{-1})**	**Y 陀螺漂移/(°·h^{-1})**	**Z 陀螺漂移/(°·h^{-1})**
设定值	500	500	500	0.144	0.144	0.144
估计值	505	494	506	0.141	0.149	0.139
估计误差	5	−6	6	−0.003	0.005	−0.005
相对精度/%	1	1.2	1.2	2.08	3.47	3.47

由表 5－10 可得，加速度计刻度系数误差的估计误差在（−7～67）×10^{-6}以内；加速度计零偏的估计误差在（−0.003～0.006）×$10^{-3}g$ 以内；而

陀螺刻度系数误差的估计误差范围为（$-6\sim6$）$\times10^{-6}$；陀螺常值漂移的估计误差范围为 $-0.005\sim0.005°/h$。各误差参数的估计精度都达到了 14% 以内。

5.3.2　仿真研究不同机动幅度对标定效果的影响

1. 仿真参数设置

仿真时各初始参数及惯性器件初始误差设置与 5.2.5 小节相同，但是将机动方案修改如下。

（1）标定前首先使炮车静止 10 s，使主惯导完成初始对准，并将初始姿态赋给弹载子惯导，而后开始在线标定。

（2）启动炮车，使炮车摇架以 5°/s 的角速度做起竖机动，起竖至 30°后保持 18 s，而后以 5°/s 的角速度恢复至水平位置。

（3）使炮车以 $0.025t$ m/s^2 的加速度做变速直线机动 20 s 后保持 5 m/s 的速度匀速直线行驶。

（4）炮车行驶至转弯路口以 9°/s 的角速度顺时针转向 45°，而后继续直线行驶 5 s。

（5）炮车经过不平整路面，车身以 2°/s 的角速度开始侧倾，当炮车车体横滚角达到 10°后保持 10 s，再以 2°/s 的角速度恢复水平状态并继续匀速直线行驶。

标定过程中惯导系统姿态角变化如图 5－9 所示。

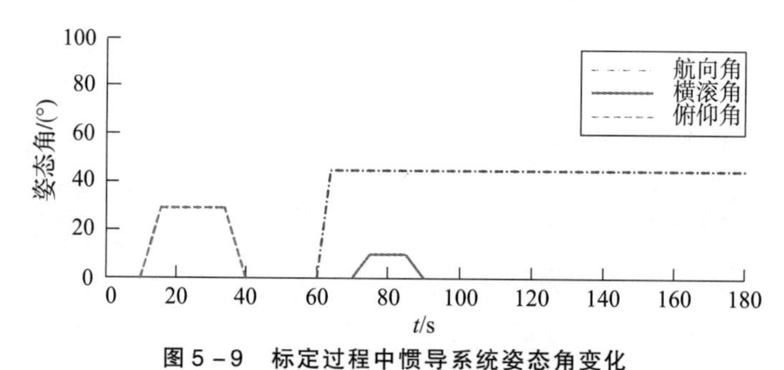

图 5－9　标定过程中惯导系统姿态角变化

上述机动路径依然包含了转弯机动、侧倾机动和俯仰机动，但是将航向角变化设置为 45°，俯仰角变化设置为 30°，横滚角变化设置为 10°。

2. 仿真结果

采用“速度＋姿态”匹配模式估计器件各误差参数。惯性器件各误差参数的误差估计曲线如图 5－10 和图 5－11 所示。

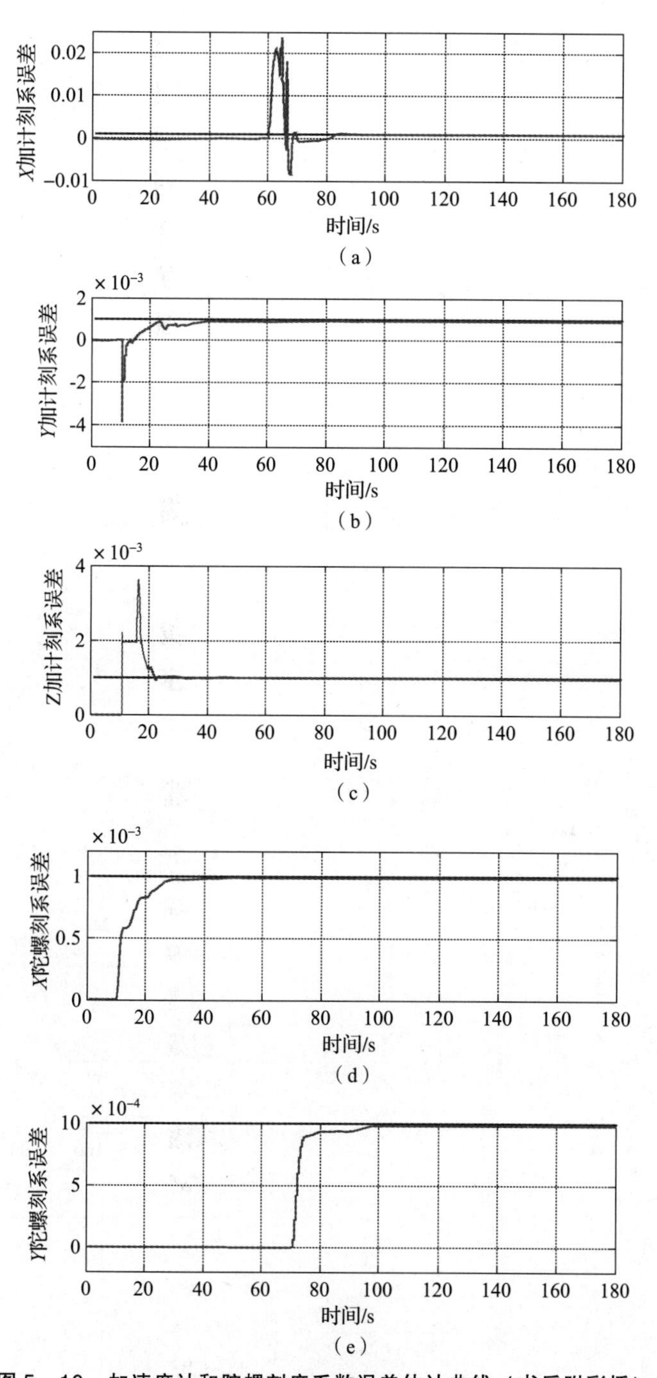

图 5－10　加速度计和陀螺刻度系数误差估计曲线（书后附彩插）

（a）X 加计刻系误差；（b）Y 加计刻系误差；（c）Z 加计刻系误差；
（d）X 陀螺刻系误差；（e）Y 陀螺刻系误差

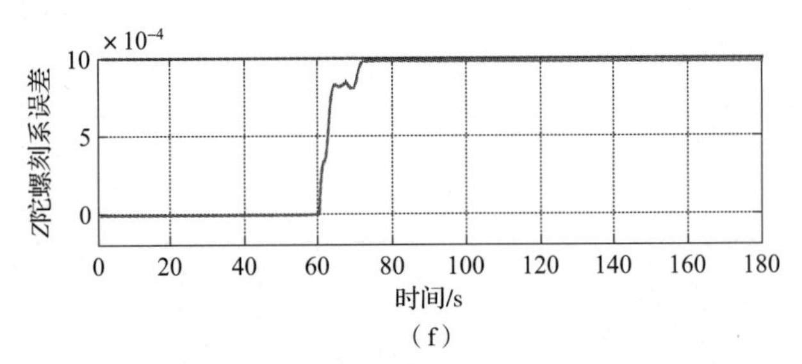

图 5-10　加速度计和陀螺刻度系数误差估计曲线（续）（书后附彩插）

（f）*Z* 陀螺刻系误差

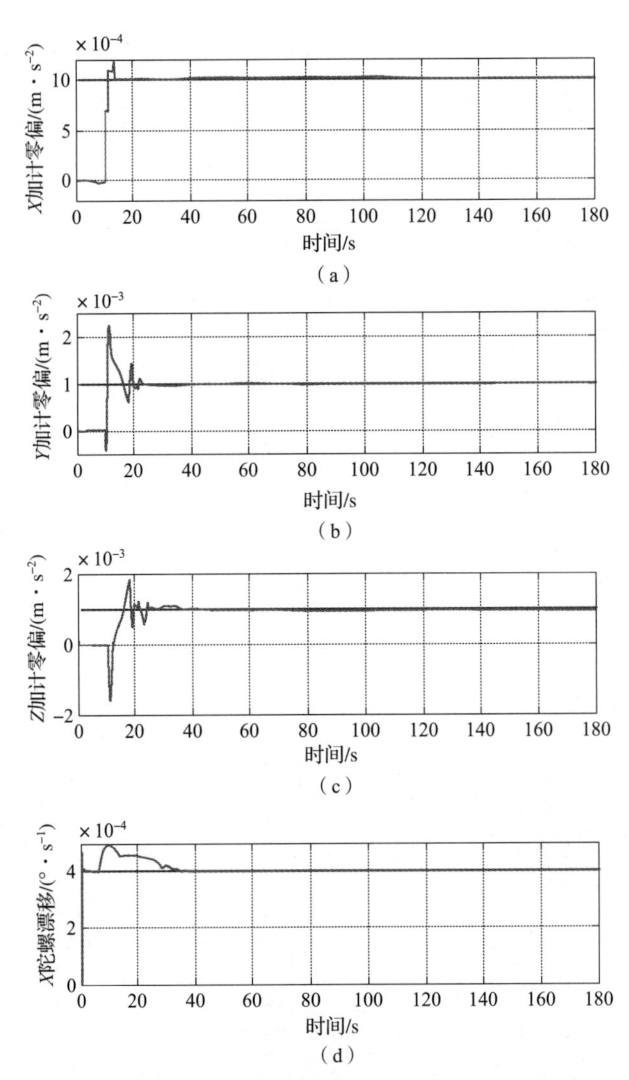

图 5-11　加速度计零偏和陀螺漂移估计曲线（书后附彩插）

（a）*X* 加计零偏；（b）*Y* 加计零偏；（c）*Z* 加计零偏；（d）*X* 陀螺漂移

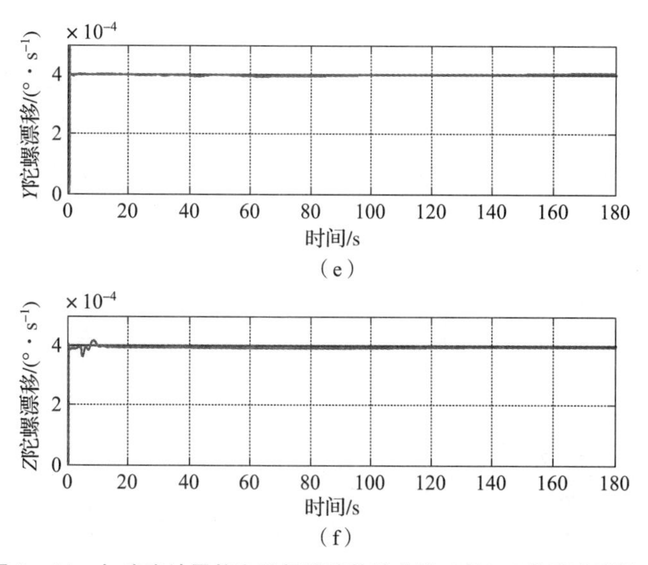

图 5－11　加速度计零偏和陀螺漂移估计曲线（续）（书后附彩插）

（e）*Y* 陀螺漂移；（f）*Z* 陀螺漂移

由图 5－10 和图 5－11 可以看出，当其他条件不变，改变载体机动幅度后，弹载惯导全部 12 个误差参数依然能够收敛，但是各误差参数在相应机动发生后收敛的速度有所降低。下面再从收敛精度的角度进行考虑，将各误差参数的标定精度统计如表 5－11 所示。

表 5－11　各误差参数仿真结果

误差参数	*X* 加计刻度系数误差/10^{-6}	*Y* 加计刻度系数误差/10^{-6}	*Z* 加计刻度系数误差/10^{-6}	*X* 加计零偏/$10^{-3}g$	*Y* 加计零偏/$10^{-3}g$	*Z* 加计零偏/$10^{-3}g$
设定值	1 000	1 000	1 000	0. 1	0. 1	0. 1
估计值	1 117	908	865	0. 12	0. 09	0. 11
估计误差	117	－92	－135	0. 02	－0. 01	0. 01
相对精度/%	11. 7	9. 2	13. 5	20	10	10

误差参数	*X* 加计刻度系数误差/10^{-6}	*Y* 加计刻度系数误差/10^{-6}	*Z* 加计刻度系数误差/10^{-6}	*X* 加计零偏/$10^{-3}g$	*Y* 加计零偏/$10^{-3}g$	*Z* 加计零偏/$10^{-3}g$
设定值	1 000	1 000	1 000	1. 44	1. 44	1. 44
估计值	1 185	1 139	878	1. 57	1. 50	1. 28
估计误差	185	139	－122	0. 13	0. 06	－0. 16
相对精度/%	18. 5	13. 9	12. 2	9. 03	4. 17	11. 11

由表5-11可以看出，加速度计刻度系数误差的估计误差在（-135~117）$\times 10^{-6}$以内；加速度计零偏的估计误差在（-0.01~0.02）$\times 10^{-3}g$以内；而陀螺刻度系数误差的估计误差范围为（-122~185）$\times 10^{-6}$；陀螺常值漂移的估计误差范围为-0.16~0.13°/h。各误差参数的估计精度都在20%以内，效果依然不错。但是相比5.2.5小节中机动幅度较大时，除三轴加速度计零偏之外的其余9个误差参数的标定精度都有不同程度降低。

5.3.3 仿真研究不同机动顺序对标定效果的影响

1. 仿真参数设置

仿真时各初始参数及惯性器件初始误差设置与5.2.5小节相同，但是将机动方案修改如下。

（1）标定前首先使炮车静止10 s，使主惯导完成初始对准，并将初始姿态赋给弹载子惯导，而后开始在线标定。

（2）启动炮车，使炮车以0.025t m/s^{2}的加速度做变速直线机动20 s后保持5 m/s的速度匀速直线行驶。

（3）炮车行驶至转弯路口以9°/s的角速度顺时针转向90°，而后继续直线行驶。

（4）炮车匀速直行经过不平整路面，车身以2.4°/s的角速度开始侧倾，当炮车车身横滚角达到12°后保持10 s，再以2.4°/s的角速度恢复水平状态并停车。

（5）炮车在静止状态下，摇架以5°/s的角速度做起竖机动，起竖至50°后保持10 s，而后以5°/s的角速度恢复至水平位置。

标定过程中惯导系统姿态角变化如图5-12所示。

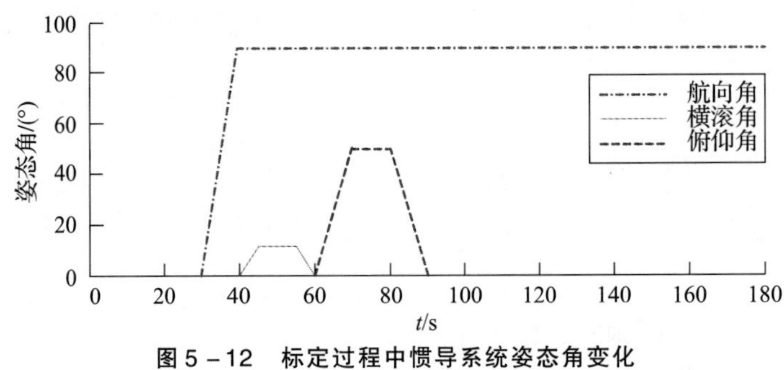

图5-12 标定过程中惯导系统姿态角变化

以上设计的机动路径依然包含了转弯机动、侧倾机动和俯仰机动，但是三种机动的顺序相比于5.2.5小节有所变化。

2. 仿真结果

采用“速度+姿态”匹配模式估计器件各误差参数。惯性器件各误差参数的误差估计曲线如图5-13和图5-14所示。

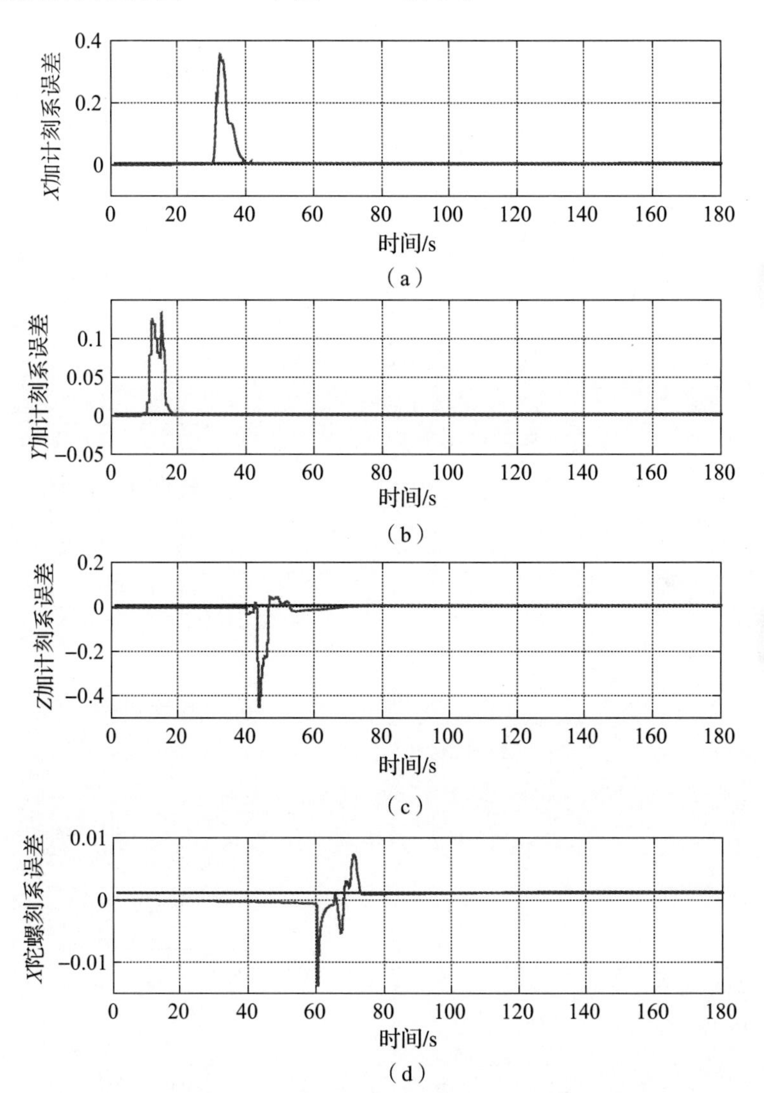

图5-13　加速度计和陀螺刻度系数误差估计曲线（书后附彩插）

(a) X加计刻系误差；(b) Y加计刻系误差；(c) Z加计刻系误差；(d) X陀螺刻系误差

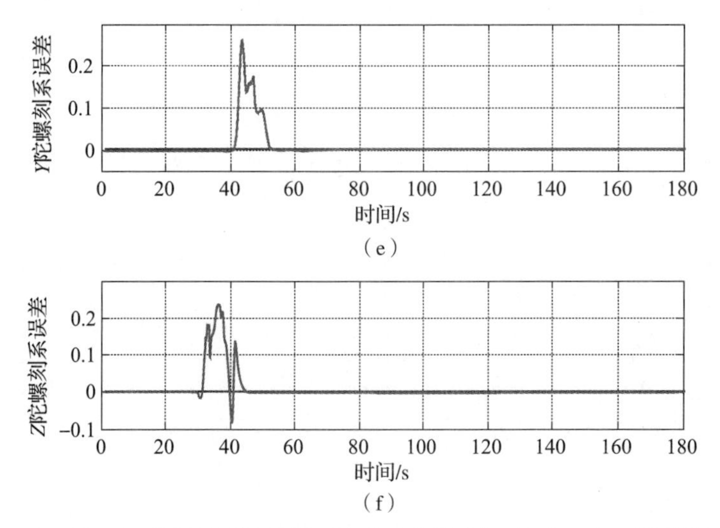

图 5-13 加速度计和陀螺刻度系数误差估计曲线（续）（书后附彩插）

（e）Y 陀螺刻系误差；（f）Z 陀螺刻系误差

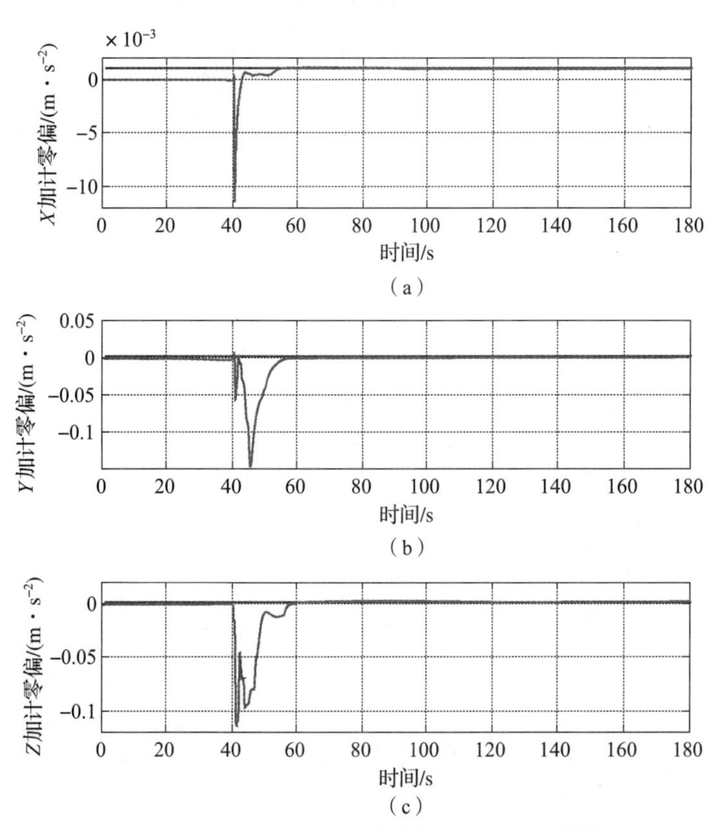

图 5-14 加速度计零偏和陀螺漂移估计曲线（书后附彩插）

（a）X 加计零偏；（b）Y 加计零偏；（c）Z 加计零偏

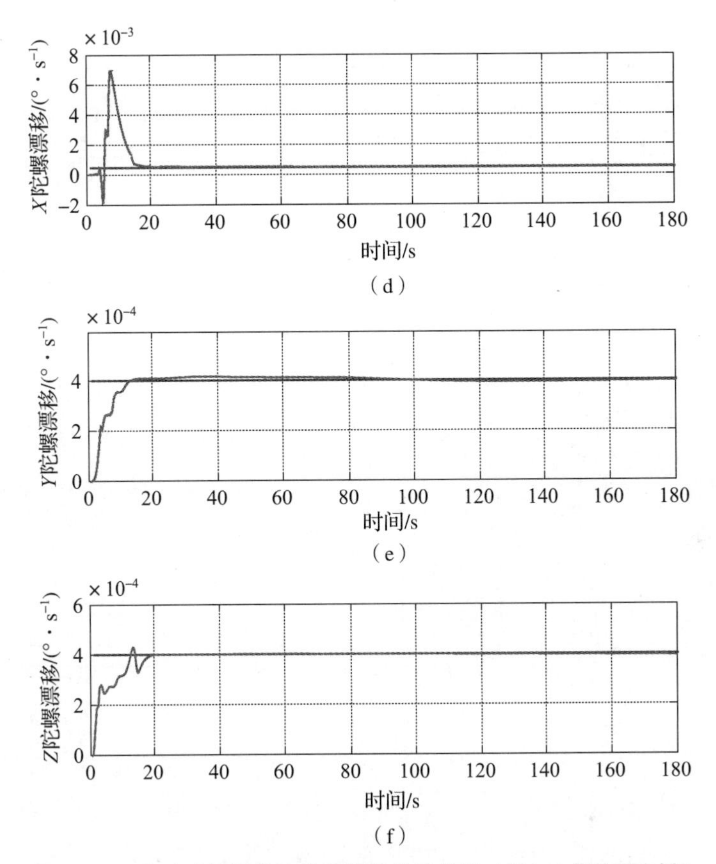

图 5－14　加速度计零偏和陀螺漂移估计曲线（续）（书后附彩插）

(d) X 陀螺漂移；(e) Y 陀螺漂移；(f) Z 陀螺漂移

由图 5－13 和图 5－14 可以看出，当其他条件不变，只改变载体机动顺序后，弹载惯导全部 12 个误差参数依然能够全部收敛，但是 Z 轴陀螺刻度系数误差的收敛时间有所增加，这是因为 Z 轴陀螺的输出需要载体的转弯机动来激励，只有载体进行转弯机动时，Z 轴陀螺刻度系数误差才开始收敛，而本实验中载体在第 50 s 才开始进行转弯机动。

各误差参数仿真结果如表 5－12 所示。

表 5－12　各误差参数仿真结果

误差参数	X 加计刻度系数误差/10^{-6}	Y 加计刻度系数误差/10^{-6}	Z 加计刻度系数误差/10^{-6}	X 加计零偏/$10^{-3}g$	Y 加计零偏/$10^{-3}g$	Z 加计零偏/$10^{-3}g$
设定值	1 000	1 000	1 000	0.1	0.1	0.1

续表

误差参数	X 加计刻度系数误差/10^{-6}	Y 加计刻度系数误差/10^{-6}	Z 加计刻度系数误差/10^{-6}	X 加计零偏/$10^{-3}g$	Y 加计零偏/$10^{-3}g$	Z 加计零偏/$10^{-3}g$
估计值	992	1 011	961	0.11	0.105	0.094
估计误差	-8	11	-39	0.01	0.005	-0.006
相对精度/%	0.8	1.1	3.9	10	5	6
误差参数	X 陀螺刻度系数误差/10^{-6}	Y 陀螺刻度系数误差/10^{-6}	Z 陀螺刻度系数误差/10^{-6}	X 陀螺漂移/(°·h^{-1})	Y 陀螺漂移/(°·h^{-1})	Z 陀螺漂移/(°·h^{-1})
设定值	1 000	1 000	1 000	1.44	1.44	1.44
估计值	1 073	1 024	969	1.36	1.51	1.41
估计误差	73	24	-31	-0.08	0.07	-0.03
相对精度/%	7.3	2.4	3.1	5.56	4.86	2.08

由表 5-12 可得，加速度计刻度系数误差的估计误差在（-39~11）×10^{-6}以内；加速度计零偏的估计误差在（-0.006~0.01）×$10^{-3}g$ 以内；而陀螺刻度系数误差的估计误差范围为（-31~73）×10^{-6}；陀螺常值漂移的估计误差范围为 -0.08~0.07°/h。所有 12 个误差参数的标定精度都在 10% 以内。

5.4 试验结果分析

通过 5.2.5 小节与 5.3 节的仿真试验结果可得出以下结论。

（1）各误差参数的估计结果与 5.2 节的可观测度分析结果一致，陀螺的刻度系数误差必须有角速度的输入才能被激励。因此，只有当指定轴上有角速度输入时，相应的刻度系数误差估计曲线才能收敛。

（2）陀螺常值漂移与角速度的输入无关，所以在静止状态下陀螺的常值漂移就能够收敛。

（3）加速度计零偏和刻度系数误差都需要有加速度输入的变化时才能被

激励，当指定轴向输入的加速度值发生变化时，该轴向的误差参数才能够被估计出来。

（4）5.3.1 小节的仿真试验根据战术级惯性传感器的精度要求设置了不同的器件初始误差参数，标定结果加速度计刻度系数误差在 14% 以内，零偏在 12% 以内，陀螺刻度系数误差在 2% 以内，常值漂移在 4% 以内，标定效果很好。说明野战条件下在线标定可以适应不同惯性器件初始误差参数。

（5）5.3.2 小节的仿真试验设置了不同的转弯机动、侧倾机动和俯仰机动的幅度，标定方法依然有效，表明该方法并不需要精确控制惯组的转动角度，只要在本书设计的机动范围内即可完成标定。这减小了对高精度转台基准的依赖，更易在野战条件下实现对弹载捷联惯导系统的在线标定。

（6）5.3.3 小节的仿真试验改变了转弯机动、侧倾机动和俯仰机动的顺序，结果显示惯性器件各误差参数仍然能够标定出来，说明实际应用中只要包含上述三种机动方式即可，不必严格按照固定的机动顺序，进一步证明了野战条件下弹载惯导系统在线标定的可行性。

综上所述，野战条件下火箭炮转移阵地过程中，利用火箭炮自身的常规机动方式对弹载惯导进行在线标定有如下特点。

（1）炮车机动方式中必须包含炮车的转弯机动、侧倾机动以及摇架的俯仰机动。

（2）标定过程中三种机动的顺序无须严格控制。

（3）利用火箭炮自身的常规机动方式能够完成对不同精度惯性器件的在线标定。

（4）标定过程中载体的机动幅度无须严格控制，当横滚角变化达到 10°~12°、航向角变化达到 45°~90°、俯仰角变化达到 30°~50°，即可完成对弹载惯导系统的在线标定。

第 6 章

基于横滚运动的标定方法设计

如果能实时标定出惯导系统所有误差参数，无疑能极大地提高惯导系统的性能，但如果由于条件限制，只能标定出部分误差参数，同样有利于惯导系统性能的提高。第 4 章提出了设计标定路径的原则，第 5 章分析了在线标定的可行性，可以看出要标定出所有的误差参数，必须进行必要的角运动和线运动。火箭炮在进行发射之前，可能进行机动，比如阵地转移，此时可能满足标定所有误差所需的运动条件，但也有可能在发射前没有机动，比如发射完成后，不需要转移阵地，重新装弹后继续发射，此时没有线运动，火箭弹只能随摇架进行高低和方向运动，导致激励不足，难以标定出所有误差参数。

2.4 节分析并验证了弹载惯导主要误差来源，认为如果能对陀螺和加速度计的刻度系数误差进行补偿即可较大幅度提高弹载惯导的性能。本章针对火箭炮不进行阵地转移的情况，提出采用摇架高低和方向的角运动，并辅以横滚运动实现陀螺和加速度计的刻度系数误差的标定。

6.1 横滚运动对误差标定的影响

6.1.1 基于 PWCS 和初等变换的可观测性分析方法

根据 PWCS 可观测性分析方法，将线性时变系统划分成多个时间段，在每个时间段将系统近似为线性定常系统，系统是否可观测主要看可观测矩阵是否列满秩。第 j（$j=1,2,\cdots r$）个时间段的可观测性矩阵为 $\boldsymbol{Q}_j$：

$$\boldsymbol{Q}_j=\begin{bmatrix}\boldsymbol{H}_j\\ \boldsymbol{H}_j\boldsymbol{A}_j\\ \boldsymbol{H}_j\boldsymbol{A}_j^2\\ \vdots\\ \boldsymbol{H}_j\boldsymbol{A}_j^{n-1}\end{bmatrix}=\begin{bmatrix}\boldsymbol{I}_{3\times3} & \boldsymbol{O}_{3\times3} & \boldsymbol{O}_{3\times3} & \boldsymbol{O}_{3\times3} & \boldsymbol{O}_{3\times3} & \boldsymbol{O}_{3\times3} & \boldsymbol{O}_{3\times3}\\ \boldsymbol{O}_{3\times3} & \boldsymbol{I}_{3\times3} & -\boldsymbol{C}_b^n & \boldsymbol{O}_{3\times3} & \boldsymbol{O}_{3\times3} & \boldsymbol{O}_{3\times3} & \boldsymbol{O}_{3\times3}\\ \boldsymbol{O}_{3\times3} & [\boldsymbol{f}^n] & \boldsymbol{O}_{3\times3} & \boldsymbol{C}_b^n D\boldsymbol{f}^b & \boldsymbol{C}_b^n & \boldsymbol{O}_{3\times3} & \boldsymbol{O}_{3\times3}\\ \boldsymbol{O}_{3\times3} & \boldsymbol{O}_{3\times3} & \boldsymbol{O}_{3\times3} & \boldsymbol{O}_{3\times3} & \boldsymbol{O}_{3\times3} & -\boldsymbol{C}_b^n D\boldsymbol{\omega}_{ib}^b & -\boldsymbol{C}_b^n\\ \boldsymbol{O}_{3\times3} & \boldsymbol{O}_{3\times3} & \boldsymbol{O}_{3\times3} & \boldsymbol{O}_{3\times3} & \boldsymbol{O}_{3\times3} & [\boldsymbol{f}^n](-\boldsymbol{C}_b^n D\boldsymbol{\omega}_{ib}^b) & [\boldsymbol{f}^n](-\boldsymbol{C}_b^n)\\ \boldsymbol{O}_{111\times3} & \boldsymbol{O}_{111\times3} & \boldsymbol{O}_{111\times3} & \boldsymbol{O}_{111\times3} & \boldsymbol{O}_{111\times3} & \boldsymbol{O}_{111\times3} & \boldsymbol{O}_{111\times3}\end{bmatrix} \tag{6-1}$$

$\boldsymbol{Q}_s=[\boldsymbol{Q}_1^{\mathrm T}\ \ \boldsymbol{Q}_2^{\mathrm T}\ \ \boldsymbol{Q}_3^{\mathrm T}\cdots\boldsymbol{Q}_j^{\mathrm T}\cdots\boldsymbol{Q}_r^{\mathrm T}]^{\mathrm T}$，$1\leqslant j\leqslant r$，但 PWCS 可观测性分析和奇异值可观测性分析存在以下几点不足。

（1）进行 PWCS 可观测性分析，前提是已知状态转移矩阵和观测矩阵，但上述二者通常是所估计的状态变量的函数，所以该方法需要在滤波估计之后进行，这就会带来巨大的计算量。

（2）PWCS 可观测性分析方法只能定性地指出所估计状态的可观测与否，而不能得出具体的可观测程度。

（3）在 SVD 的方法中，对$\boldsymbol{Q}_j$进行奇异值分解，得到的奇异值矩阵无法反映各个参数之间的耦合特征。这样就会将所得到的奇异值当作某几个相互耦合的参数中的一个参数的可观测度，所以会造成分析误差。

由于可观测矩阵中包含了可观测度的信息，所以本书在 PWCS 方法的基础上对可观测矩阵进行初等变换，从变换后的矩阵中可得到各状态的可观测度信息。方法如下。

由可观测矩阵$\boldsymbol{Q}_j$可得到$\boldsymbol{Z}_s(r)=\boldsymbol{Q}_s(r)\boldsymbol{X}(r)$，$\boldsymbol{Z}_s(r)=[\boldsymbol{Z}_1\quad \boldsymbol{Z}_2\quad \boldsymbol{Z}_3\cdots\boldsymbol{Z}_j\cdots\boldsymbol{Z}_r]$，$1\leqslant j\leqslant r$，$\boldsymbol{Z}_j=[\boldsymbol{Z}^{\mathrm{T}}\quad \dot{\boldsymbol{Z}}^{\mathrm{T}}\quad \ddot{\boldsymbol{Z}}^{\mathrm{T}}\cdots(\boldsymbol{Z}^{(n-1)})^{\mathrm{T}}]^{\mathrm{T}}$，以上为各阶段的观测量以及其各阶导数。

首先，对$\boldsymbol{Q}_s$进行高斯消元，得到上三角矩阵$\boldsymbol{U}_s$，$\boldsymbol{U}_s=\boldsymbol{P}\boldsymbol{Q}_s$，$\boldsymbol{P}$为初等变换。故$\boldsymbol{Y}_s=\boldsymbol{P}\boldsymbol{Z}_s$，令$\boldsymbol{Y}_s=\boldsymbol{U}_s\boldsymbol{X}$，所以$\boldsymbol{U}_s$就是变换后的可观测矩阵（在从$\boldsymbol{Q}_s$到$\boldsymbol{U}_s$的变换过程中，当高斯消元后，若$u_{ii}\neq 0$（$1\leqslant i\leqslant n$），则从第 n 列到第一列进行逆序高斯变换，使除u_{ii}外的所有元素都为零，若$u_{ii}<0$（$1\leqslant i\leqslant n$），则对整列乘以 -1），在通常情况下$\boldsymbol{Q}_s$行数大于列数，所以，令$\boldsymbol{U}_s=[\boldsymbol{U}_0\boldsymbol{O}]^{\mathrm{T}}$，$\boldsymbol{U}_0$为$\boldsymbol{U}_s$的前 n 行，若系统完全可观测，则$\boldsymbol{U}_0$为对角阵，若系统不完全可观测，这里假设

$$\boldsymbol{U}_0=\begin{bmatrix} u_{11} & & & & & & \\ & u_{22} & & u_{24} & & & \\ & & u_{33} & u_{34} & & u_{36} & \\ & & & 0 & & & \\ & & & & 0 & & \\ & & & & & u_{66} & u_{67} \\ & & & & & & u_{77} \end{bmatrix} \tag{6-2}$$

由式（6-2）可知，$R(\boldsymbol{U}_0)=5$，因此，$\boldsymbol{X}$不完全可观测，其中，$x1$ 和 $x7$ 独立可观测；$x5$ 完全不可观测；$x2$、$x3$、$x4$、$x6$ 可观测，但四个状态之间存在耦合，非独立可观测。

关于$\boldsymbol{X}$各状态变量的可观测性，可以采用如下方法进行判断：在初等变换后的上三角矩阵中，若第 i 行除主对角线元素外都为零，则 xi 独立可观测；若第 i 列元素都为零，则 xi 完全不可观测；若第 i 行除主对角线元素外，还有其他元素不为零，则 xi 可观测，但不可独立观测，而与其他变量存在耦合。

该方法不仅可以用 $\boldsymbol{U}_0$ 的主对角线元素来衡量 $\boldsymbol{X}$ 中的各变量的可观测度，而且可以体现各状态变量之间的耦合关系，可以克服 PWCS 方法和 SVD 方法的不足。

6.1.2 横滚对参数可观测度的影响

为了讨论弹丸旋转运动对在线标定的影响，设计以下三种机动方案。

（1）无角运动。

（2）火箭炮摇架在航向角变化 180°的同时进行 60°俯仰运动。

（3）在（2）的基础上加入弹丸的 90°横滚运动。

上述三种机动方案都是在炮车行驶的过程中进行的，行驶过程包括匀加速和转弯（圆周运动）的过程，弹载子惯导的整个标定过程是在以车载主惯导信息为基准的条件下进行的。

采用 3.3.3 小节状态空间模型，并将其离散化。其中：状态变量 $\boldsymbol{X}=[\delta\boldsymbol{V}^n\boldsymbol{\phi}^n\boldsymbol{\mu}^b\delta\boldsymbol{k}_a\boldsymbol{\nabla}^b\delta\boldsymbol{k}_g\boldsymbol{\varepsilon}^b]^{\mathrm{T}}$；观测量 $\boldsymbol{Z}=[\delta\boldsymbol{V}^n\boldsymbol{\phi}^n]$，为主惯导和子惯导的匹配量；初始纬度为30°，经度为118°，陀螺刻度系数误差为10^{-3}，零偏为 4×10^{-4} rad/s，加速度计刻度系数误差为10^{-3}，常值漂移偏置为$10^{-3}\,g$，状态变量 $\boldsymbol{X}$ 的初值都为 $\boldsymbol{O}$。

以下是三个阶段的$\boldsymbol{Q}_s$ 进行初等变换得到的 3 个可观测度矩阵 $\boldsymbol{U}_0(1)$，$\boldsymbol{U}_0(2)$，$\boldsymbol{U}_0(3)$：

$$
\boldsymbol{U}_0(1)=\begin{bmatrix}
\boldsymbol{I}_{9\times9} & & & & & & & & & & & & \\
& 0 & & & & & & & & & & & \\
& & 0 & & & & & & & & & & \\
& & & 9.8 & & & & & & & & & \\
& & & & 0 & & & & & & -2.2 & -9.8 & \\
& & & & & 0 & & & 7.2 & & 15.9 & 15\,131 & 14.6 \\
& & & & & & 0 & & & & & & \\
& & & & & & & 0 & & & -0.6 & -0.2 & \\
& & & & & & & & 0 & & & & \\
& & & & & & & & & 0 & & & \\
& & & & & & & & & & 1 & & \\
& & & & & & & & & & & 0.2 & \\
& & & & & & & & & & & & 0.1
\end{bmatrix} \tag{6-3}
$$

$$
U_0(2)=\begin{bmatrix}
I_{9\times9} & & & & & & & & & & & & \\
 & 0 & & & & & & & & & & & \\
 & & 0.2 & & & & & & & & & & \\
 & & & 9.8 & & & & & & & & & \\
 & & & & 0.5 & & & & & -0.5 & -9.8 & -0.18 & \\
 & & & & & 0.5 & & 0.18 & & & 10.5 & 18 & 0.4 \\
 & & & & & & 0.2 & 0.11 & & & -6.5 & & 1 \\
 & & & & & & & 0 & & & & & \\
 & & & & & & & & 0 & & & & \\
 & & & & & & & & & 0 & & & \\
 & & & & & & & & & & 1 & & \\
 & & & & & & & & & & & 18 & \\
 & & & & & & & & & & & & 0.4
\end{bmatrix}
\tag{6-4}
$$

$$
U_0(3)=\begin{bmatrix}
I_{9\times9} & & & & & & & & & & & & \\
 & 0.5 & & 0.5 & & & & & & & & & \\
 & & 0.2 & & & & & & & & & & \\
 & & & 9.8 & & & & & & & & & \\
 & & & & 0.5 & & & & -0.5 & & -0.5 & -9.8 & -0.2 \\
 & & & & & 0.5 & & & 7 & & 6 & 10 & 2.5 \\
 & & & & & & 0.2 & -0.2 & & & -12 & -0.5 & -1 \\
 & & & & & & & 0.1 & & & & & \\
 & & & & & & & & 0.5 & & & 0.5 & \\
 & & & & & & & & & 0.1 & & & \\
 & & & & & & & & & & 1 & & \\
 & & & & & & & & & & & 18 & \\
 & & & & & & & & & & & & 0.4
\end{bmatrix}
\tag{6-5}
$$

（1）第一种方案中，除 $\delta\boldsymbol{V}^n$、$\boldsymbol{\phi}^n$、$\boldsymbol{\mu}^b$ 外的 9 个参数，只有 Z 轴加速度计刻度系数和陀螺零偏完全可观测，其余参数基本不可观测，并且，X 轴和 Y 轴加速度计的零偏耦合现象严重，对标定造成很大影响。另外，X 轴陀螺刻度系数误差也与 X 轴和 Y 轴加速度计的零偏有耦合现象出现。

（2）第二种方案中，由于加入了两个方向的角运动，所以 Y 轴、Z 轴加速度计刻度系数误差和加速度计零偏的可观测度有了明显提升，而且 X 轴和 Y 轴加速度计的零偏耦合现象大幅减弱，但是陀螺的刻度系数误差还是完全不可观测，并且大部分参数都是非独立可观测的。

（3）第三种方案中，弹丸的横滚运动使得 X 轴和 Z 轴陀螺刻度系数误差独立可观测，使 X 轴加速度计零偏变得可观测。

总之，与只有俯仰和偏航运动相比，弹丸的横滚运动能使 X 轴加速度计零偏和陀螺刻度系数误差的可观测性有较大提高，并且使陀螺刻度系数误差在两个方向上完全可观测。

6.2 弹载捷联惯导快速标定方法

为缩短每组火箭弹的发射间隔，需提高火箭炮射前准备阶段的标定效率，因此，结合 6.1 节的分析结论，本节针对刻度系数误差的标定，设计了一种快速标定方法。

6.2.1 快速标定误差模型

惯导误差模型为

$$\dot{\boldsymbol{\phi}} = -\boldsymbol{\omega}_{in}^{n} \times \boldsymbol{\phi} + \delta\boldsymbol{\omega}_{in}^{n} - \boldsymbol{C}_{s}^{n}\delta\boldsymbol{\omega}_{is}^{s} \tag{6-6}$$

$$\delta\dot{\boldsymbol{v}} = \boldsymbol{f}^{n} \times \boldsymbol{\phi} + \boldsymbol{C}_{s}^{n}\delta\boldsymbol{f}^{s} - (2\boldsymbol{\omega}_{ie}^{n} + \boldsymbol{\omega}_{en}^{n}) \times \delta\boldsymbol{V} - (2\delta\boldsymbol{\omega}_{ie}^{n} + \delta\boldsymbol{\omega}_{en}^{n}) \times \boldsymbol{V} + \delta\boldsymbol{g} \tag{6-7}$$

其中，$\boldsymbol{\phi}$ 为姿态误差；$\delta\boldsymbol{V}$ 为速度误差。

陀螺的误差为 $\delta\boldsymbol{\omega}_{is}^{s}$，加速度计的误差为 $\delta\boldsymbol{f}^{s}$。子惯导坐标系（s）到导航坐标系（n）的时变矩阵为 $\boldsymbol{C}_{s}^{n}$。

进行基于主惯导信息和弹丸旋转运动的在线标定时，采用速度加姿态匹配模式，这里将忽略陀螺常值漂移和加速度计零偏，构建如下的状态空间模型：

$$\begin{aligned} \dot{\boldsymbol{X}} &= \boldsymbol{A} \times \boldsymbol{X} + \boldsymbol{W} \\ \boldsymbol{Z} &= \boldsymbol{H} \times \boldsymbol{X} + \boldsymbol{V} \end{aligned} \tag{6-8}$$

其中，$\boldsymbol{X} = [\delta\boldsymbol{V}^{n} \quad \boldsymbol{\phi}^{n} \quad \delta\boldsymbol{k}_{a} \quad \delta\boldsymbol{k}_{g}]^{\mathrm{T}}$，$\boldsymbol{W}$、$\boldsymbol{V}$ 为不相关的高斯白噪声。

$$\boldsymbol{A} = \begin{bmatrix} \boldsymbol{A}1 & \boldsymbol{A}2 & \boldsymbol{A}3 & \boldsymbol{O}_{3\times3} \\ \boldsymbol{A}4 & \boldsymbol{A}5 & \boldsymbol{O}_{3\times3} & \boldsymbol{A}6 \end{bmatrix}$$

$$A1=\begin{bmatrix} \dfrac{V_n\tan L-V_u}{R_n} & 2\omega_{ie}\sin L+\dfrac{V_e\tan L}{R_n} & -\left(2\omega_{ie}\cos L+\dfrac{V_e}{R_n}\right) \\ -2\left(\omega_{ie}\sin L+\dfrac{V_e\tan L}{R_n}\right) & \dfrac{-V_u}{R_m} & \dfrac{-V_n}{R_m} \\ -2\left(\omega_{ie}\cos L+\dfrac{V_e}{R_n}\right) & \dfrac{2V_n}{R_m} & 0 \end{bmatrix} \tag{6-9}$$

$$A2=\begin{bmatrix} 0 & -f_u & f_n \\ f_u & 0 & -f_e \\ -f_n & f_e & 0 \end{bmatrix} \tag{6-10}$$

$$A3=C_s^n\begin{bmatrix} f^x \\ f^y \\ f^z \end{bmatrix} \tag{6-11}$$

$$A4=\begin{bmatrix} 0 & \dfrac{-1}{R_m} & 0 \\ \dfrac{1}{R_n} & 0 & 0 \\ \dfrac{1}{R_n} & 0 & 0 \end{bmatrix} \tag{6-12}$$

$$A5=\begin{bmatrix} 0 & \omega_{ie}\sin L+(V_e\tan L/R_n) & -(\omega_{ie}\cos L+(V_e/R_n)) \\ -(\omega_{ie}\sin L+(V_e\tan L/R_n)) & 0 & (-V_n/R_m) \\ \omega_{ie}\cos L+(V_e/R_n) & (V_n/R_m) & 0 \end{bmatrix} \tag{6-13}$$

$$A6=-C_s^n\begin{bmatrix} \omega_{is}^x \\ \omega_{is}^y \\ \omega_{is}^z \end{bmatrix} \tag{6-14}$$

$$H=[I_{6\times6} \quad O_{6\times6}]$$

6.2.2 机动方式设计方法

根据PWCS可观测性分析方法，这里逆向运用PWCS理论，将线性时变系统划分成多个时间段，在每个时间段内将系统近似为线性定常系统，系统是否可观测主要看可观测矩阵是否列满秩。第j（$j=1$，…，n）个时间段的可观测矩阵为

$$\boldsymbol{Q}_j=\begin{bmatrix}\boldsymbol{H}_j\\ \boldsymbol{H}_j\boldsymbol{A}_j\\ \boldsymbol{H}_j\boldsymbol{A}_j^2\\ \vdots\\ \boldsymbol{H}_j\boldsymbol{A}_j^{11}\end{bmatrix}=\begin{bmatrix}\boldsymbol{I}_{3\times3} & \boldsymbol{O}_{3\times3} & \boldsymbol{O}_{3\times3} & \boldsymbol{O}_{3\times3} & \boldsymbol{O}_{3\times3}\\ \boldsymbol{O}_{3\times3} & \boldsymbol{I}_{3\times3} & -\boldsymbol{C}_s^n & \boldsymbol{O}_{3\times3} & \boldsymbol{O}_{3\times3}\\ \boldsymbol{O}_{3\times3} & [\boldsymbol{f}^n] & \boldsymbol{O}_{3\times3} & \boldsymbol{C}_s^nD\boldsymbol{f}^s & \boldsymbol{O}_{3\times3}\\ \boldsymbol{O}_{3\times3} & \boldsymbol{O}_{3\times3} & \boldsymbol{O}_{3\times3} & \boldsymbol{O}_{3\times3} & -\boldsymbol{C}_s^nD\boldsymbol{\omega}_{is}^s\\ \boldsymbol{O}_{3\times3} & \boldsymbol{O}_{3\times3} & \boldsymbol{O}_{3\times3} & \boldsymbol{O}_{3\times3} & [\boldsymbol{f}^n](-\boldsymbol{C}_s^nD\boldsymbol{\omega}_{is}^s)\\ \boldsymbol{O}_{57\times3} & \boldsymbol{O}_{57\times3} & \boldsymbol{O}_{57\times3} & \boldsymbol{O}_{57\times3} & \boldsymbol{O}_{57\times3}\end{bmatrix}\tag{6-15}$$

$$D\boldsymbol{f}^s=\begin{bmatrix}\boldsymbol{f}_x^s & 0 & 0\\ 0 & \boldsymbol{f}_y^s & 0\\ 0 & 0 & \boldsymbol{f}_z^s\end{bmatrix}\tag{6-16}$$

$$D\boldsymbol{\omega}_{is}^s=\begin{bmatrix}\boldsymbol{\omega}_{isx}^s & 0 & 0\\ 0 & \boldsymbol{\omega}_{isy}^s & 0\\ 0 & 0 & \boldsymbol{\omega}_{isz}^s\end{bmatrix}\tag{6-17}$$

$[\boldsymbol{f}^n]$ 为 $\boldsymbol{f}^n$ 的反对称矩阵：

$$[\boldsymbol{f}^n]=\begin{bmatrix}0 & -\boldsymbol{f}_z^s & \boldsymbol{f}_y^s\\ \boldsymbol{f}_z^s & 0 & -\boldsymbol{f}_x^s\\ -\boldsymbol{f}_y^s & \boldsymbol{f}_x^s & 0\end{bmatrix}\tag{6-18}$$

由式（6－15）知系统完全可观测取决于如下子矩阵：

$$\boldsymbol{Q}1_{j,\mathrm{sub}}=\begin{bmatrix}\boldsymbol{I}_{3\times3} & -\boldsymbol{C}_s^n & \boldsymbol{O}_{3\times3}\\ [\boldsymbol{f}^n] & \boldsymbol{O}_{3\times3} & \boldsymbol{C}_s^nD\boldsymbol{f}^s\end{bmatrix}\tag{6-19}$$

$$\boldsymbol{Q}2_{j,\mathrm{sub}}=[-\boldsymbol{C}_s^nD\boldsymbol{\omega}_{is}^s]\tag{6-20}$$

首先分析 $\boldsymbol{Q}1_{j,\mathrm{sub}}$，由于在火箭炮射前标定的过程中只存在角运动，所以式（6－19）在进行两次角运动后可变为

$$\boldsymbol{Q}1_{j,\mathrm{sub}(2)}=\begin{bmatrix}\boldsymbol{I}_{3\times3} & -\boldsymbol{C}_s^n & \boldsymbol{O}_{3\times3}\\ [\boldsymbol{f}^n] & \boldsymbol{O}_{3\times3} & \boldsymbol{C}_s^nD\boldsymbol{f}^s\\ \boldsymbol{I}_{3\times3} & -\boldsymbol{C}_{s2}^n & \boldsymbol{O}_{3\times3}\\ [\boldsymbol{f}^n] & \boldsymbol{O}_{3\times3} & \boldsymbol{C}_{s2}^nD\boldsymbol{f}^{s2}\end{bmatrix}\tag{6-21}$$

其中，$\boldsymbol{C}_s^n$ 为进行第一次角运动所得的矩阵；$\boldsymbol{C}_{s2}^n$ 为进行第二次角运动后所得的矩阵。对式（6－21）进行初等变换如下：

$$\boldsymbol{Q}1_{j,\mathrm{sub}(2)} = \begin{bmatrix} \boldsymbol{I}_{3\times3} & \boldsymbol{O}_{3\times3} & \boldsymbol{O}_{3\times3} \\ \boldsymbol{O}_{3\times3} & [\boldsymbol{f}^n]\boldsymbol{C}_s^n & \boldsymbol{C}_s^n D\boldsymbol{f}^s \\ \boldsymbol{O}_{3\times3} & \boldsymbol{O}_{3\times3} & -(\boldsymbol{C}_s^n - \boldsymbol{C}_{s2}^n)D\boldsymbol{f}^s \\ \boldsymbol{O}_{3\times3} & \boldsymbol{O}_{3\times3} & \boldsymbol{O}_{3\times3} \end{bmatrix} \tag{6-22}$$

因为没有线运动，所以 $D\boldsymbol{f}^s$ 不变。

通过观察 $\boldsymbol{Q}1_{j,\mathrm{sub}(2)}$ 可知，如果要使其满秩，即 $\mathrm{rank}(\boldsymbol{Q}1_{j,\mathrm{sub}(2)})=9$，则 $\boldsymbol{C}_s^n$ 和 $\boldsymbol{C}_{s2}^n$ 不能为沿同一旋转轴的单轴转动，否则 $\mathrm{rank}(\boldsymbol{C}_s^n - \boldsymbol{C}_{s2}^n)=2$，$\mathrm{rank}(-(\boldsymbol{C}_s^n - \boldsymbol{C}_{s2}^n)\boldsymbol{f}^n)\leqslant 2$，最终 $\mathrm{rank}(\boldsymbol{Q}1_{j,\mathrm{sub}(2)})\leqslant 8$，不满秩。

故只要同时进行两轴的角运动就可使加速度计刻度系数误差完全可观测。

接下来分析 $\boldsymbol{Q}2_{j,\mathrm{sub}}$：

$$\boldsymbol{Q}2_{j,\mathrm{sub}} = -\boldsymbol{C}_s^n \begin{bmatrix} \omega_{isx}^s & 0 & 0 \\ 0 & \omega_{isy}^s & 0 \\ 0 & 0 & \omega_{isz}^s \end{bmatrix} \tag{6-23}$$

由式（6-23）可看出，只要在3个方向上均有角速度输入，则 $\boldsymbol{Q}2_{j,\mathrm{sub}}$ 满秩。

综上，当3个方向都有角运动时惯性器件6个刻度系数误差可观测，并且长时间的单轴转动只能激励单个陀螺刻度系数误差，在设计机动方式过程中，最好将3个方向角运动同时进行，虽然对可观测性无影响，但是可以加快误差参数的收敛速度，提高标定效率。

6.2.3 仿真试验

为了验证上述方法所得结论的正确性，这里将在以下三种机动方式下进行仿真对比。

（1）只有俯仰和横滚运动。

（2）只有偏航和横滚运动。

（3）同时进行俯仰、偏航和横滚运动。

其中俯仰和偏航以正弦规律运动，俯仰角频率为 $\pi/20$，幅度为 $\pi/3$；偏航角频率为 $\pi/20$，幅度为 $\pi/2$；横滚运动的角加速度为 $2°/\mathrm{s}^2$，匀速旋转时角速度为 $6°/\mathrm{s}$。

设置滤波参数：初始纬度为30°，经度为180°，加速度计刻度系数误差为 $10^{-3}/(\mathrm{P/g})$，陀螺刻度系数误差为 $10^{-3}/(\mathrm{P/('')})$，杆臂 r 取 [2 3 2] m，状态变量 X 的初值都为0。

建立状态空间模型，初始方差为

$$P0 = 10\text{diag}\{(2\ \text{m/s})^2,(2\ \text{m/s})^2,(2\ \text{m/s})^2,(1°)^2,(1°)^2,(1°)^2,(10^{-3}g)^2,(10^{-3}g)^2,(10^{-3}g)^2,(10^{-3}g)^2,(10^{-3}g)^2,(10^{-3}g)^2\}$$

系统噪声协方差为

$$Q = \text{diag}\{(5\cdot 10^{-5}g)^2,(5\cdot 10^{-5}g)^2,(5\cdot 10^{-5}g)^2,(0.05°)^2,(0.05°)^2,(0.05°)^2,0,0,0,0,0,0\}$$

$$R = \text{diag}\{(0.01\ \text{m/s})^2,(0.01\ \text{m/s})^2,(0.01\ \text{m/s})^2,(0.01°)^2,(0.01°)^2,(0.01°)^2\}$$

图 6－1～图 6－3 分别为在以上三种机动方式下 6 个刻度系数误差的可观测度仿真结果，具体数值如表 6－1 所示。

从图 6－1～图 6－3 和表 6－1 中可看出，在进行横滚加俯仰运动时，δK_{gz} 可观测度低；在进行横滚加偏航运动时，δK_{gx} 可观测度低；当 3 个方向都有角速度输入时，6 个误差参数都可观测，而且部分参数的可观测度不同程度上都有增大。

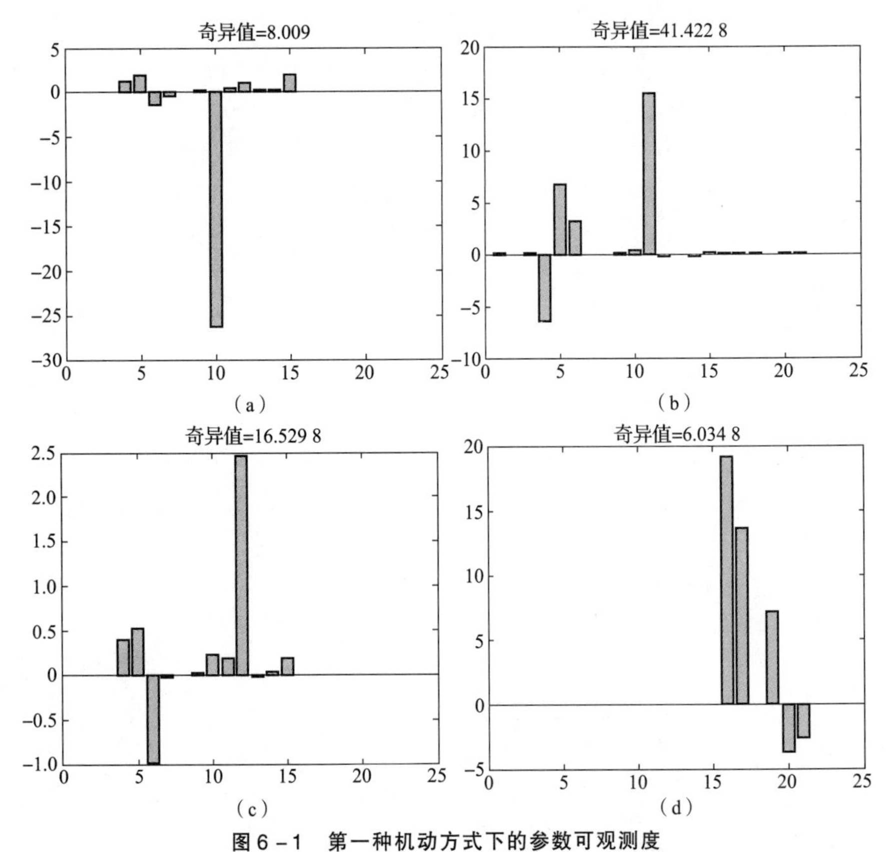

图 6－1　第一种机动方式下的参数可观测度

(a) 状态变量 δK_{ax} 的奇异值；(b) 状态变量 δK_{ay} 的奇异值；
(c) 状态变量 δK_{az} 的奇异值；(d) 状态变量 δK_{gx} 的奇异值

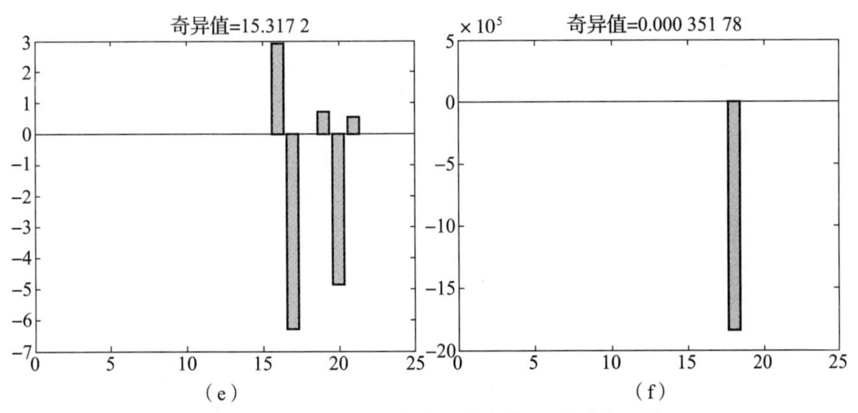

图 6－1　第一种机动方式下的参数可观测度（续）

（e）状态变量 δK_{gy} 的奇异值；（f）状态变量 δK_{gz} 的奇异值

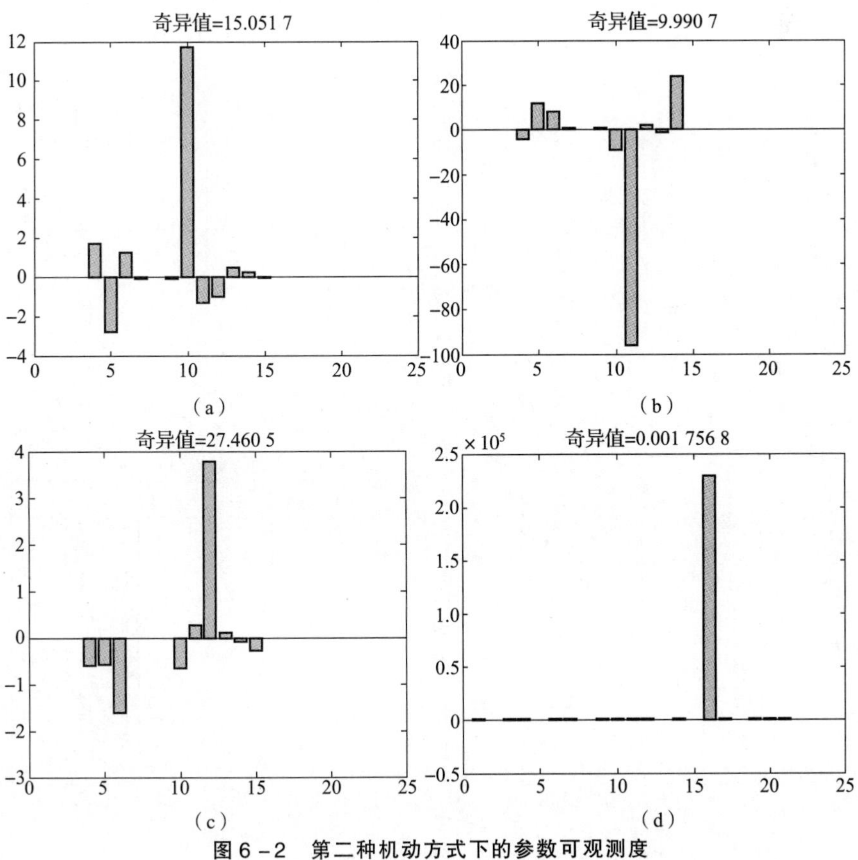

图 6－2　第二种机动方式下的参数可观测度

（a）状态变量 δK_{ax} 的奇异值；（b）状态变量 δK_{ay} 的奇异值；

（c）状态变量 δK_{az} 的奇异值；（d）状态变量 δK_{gx} 的奇异值

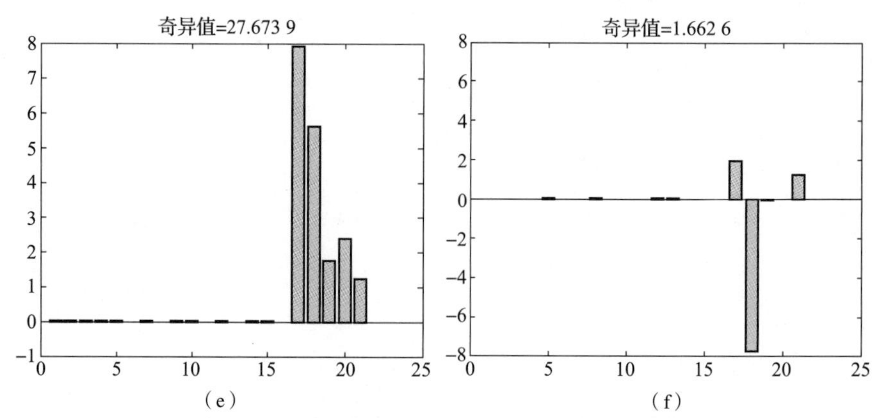

（e）　　　　　　　　（f）

图 6－2　第二种机动方式下的参数可观测度（续）

（e）状态变量 δK_{gy} 的奇异值；（f）状态变量 δK_{gz} 的奇异值

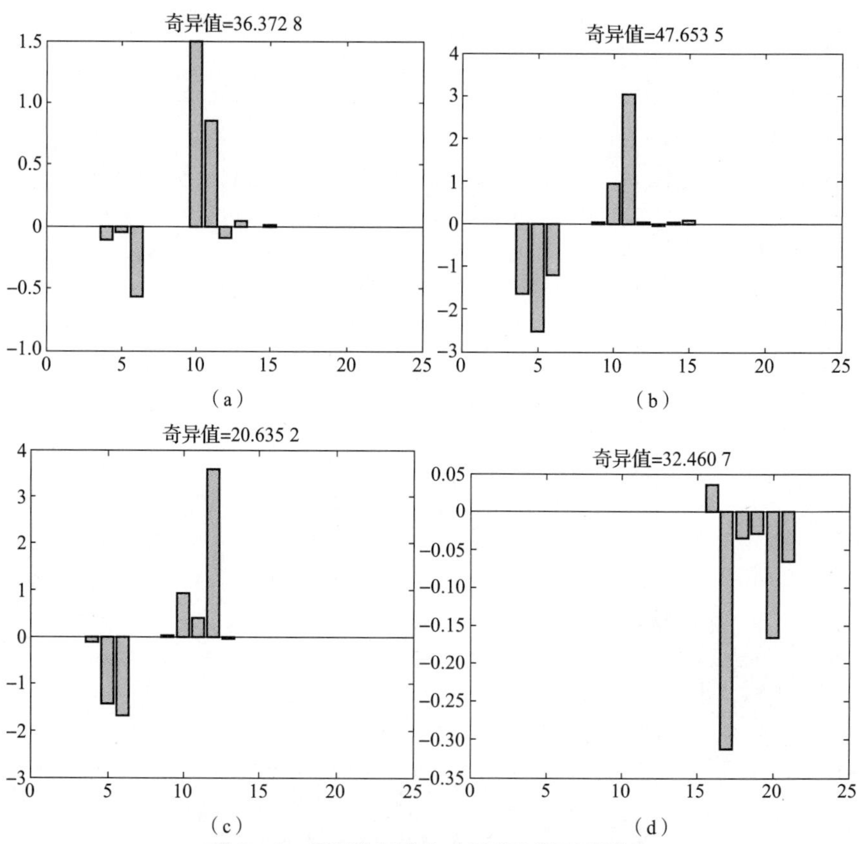

（a）　　　　　　　　（b）

（c）　　　　　　　　（d）

图 6－3　第三种机动方式下的参数可观测度

（a）状态变量 δK_{ax} 的奇异值；（b）状态变量 δK_{ay} 的奇异值；

（c）状态变量 δK_{az} 的奇异值；（d）状态变量 δK_{gx} 的奇异值

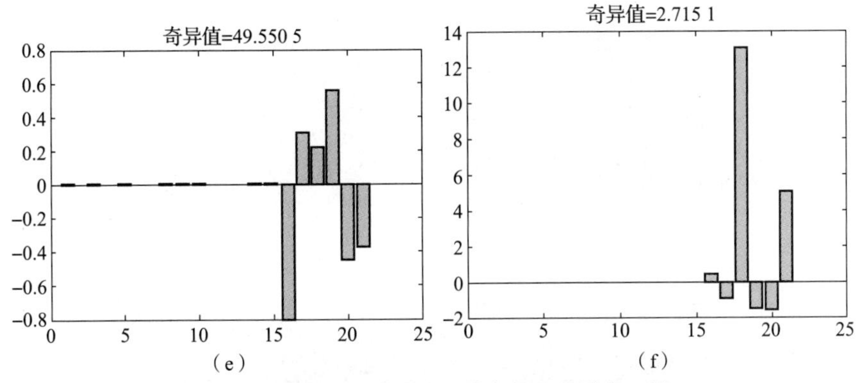

图 6-3　第三种机动方式下的参数可观测度（续）

(e) 状态变量 δK_{gy} 的奇异值；(f) 状态变量 δK_{gz} 的奇异值

表 6-1　可观测度

参数	可观测度		
	俯仰 + 横滚	偏航 + 横滚	俯仰 + 偏航 + 横滚
X 加计刻度系数误差	8.009 0	15.051 7	36.372 8
Y 加计刻度系数误差	41.422 8	9.990 7	47.653 5
Z 加计刻度系数误差	16.529 8	27.460 5	20.635 2
X 陀螺刻度系数误差	6.034 8	$1.756\ 8\times10^{-3}$	49.550 5
Y 陀螺刻度系数误差	15.317 2	27.673 9	32.460 7
Z 陀螺刻度系数误差	$3.517\ 8\times10^{-4}$	1.662 6	2.715 1

图 6-4~图 6-6 为三种机动方式下的 6 个刻度系数误差标定结果，仿真所得结果与逆向 PWCS 的机动方式设计方法的分析结论一致，说明了该分析方法的可行性。

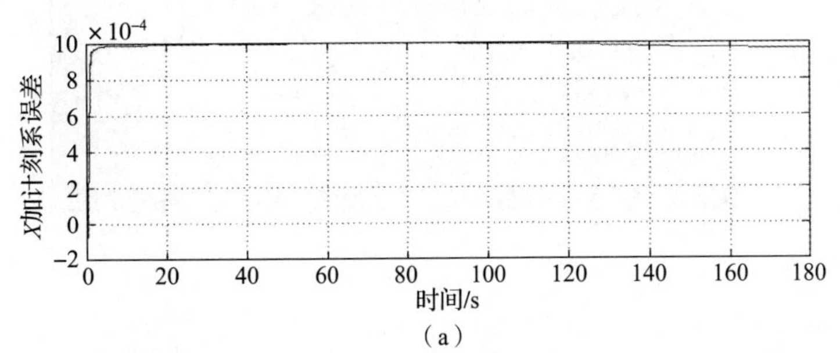

图 6-4　俯仰加横滚时加速度计（P/g）和陀螺［P/(")］刻度系数误差

(a) X 加计刻系误差

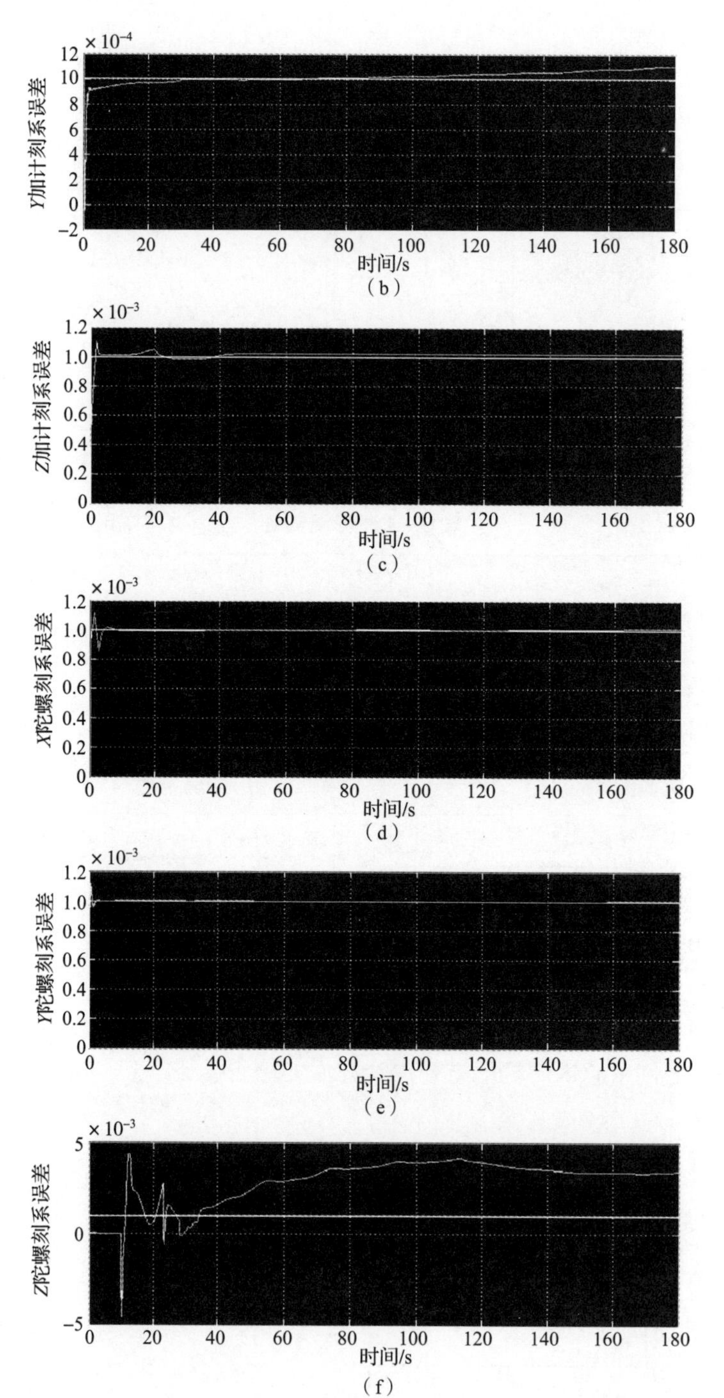

图 6-4 俯仰加横滚时加速度计（P/g）和陀螺［P/(″)］刻度系数误差（续）

（b）*Y* 加计刻系误差；（c）*Z* 加计刻系误差；（d）*X* 陀螺刻系误差；

（e）*Y* 陀螺刻系误差；（f）*Z* 陀螺刻系误差

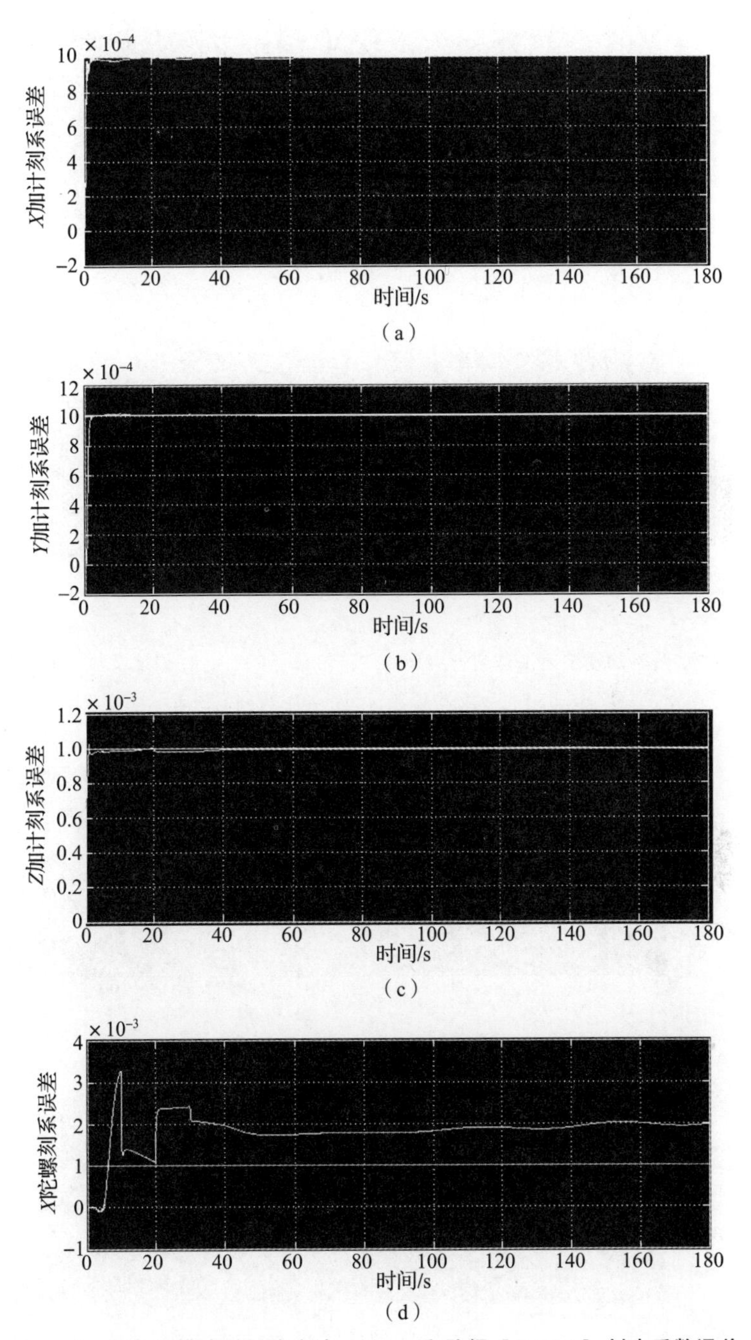

图6－5　偏航加横滚时加速度计（P/g）和陀螺［P/(″)］刻度系数误差

(a) X 加计刻系误差；(b) Y 加计刻系误差；(c) Z 加计刻系误差；(d) X 陀螺刻系误差

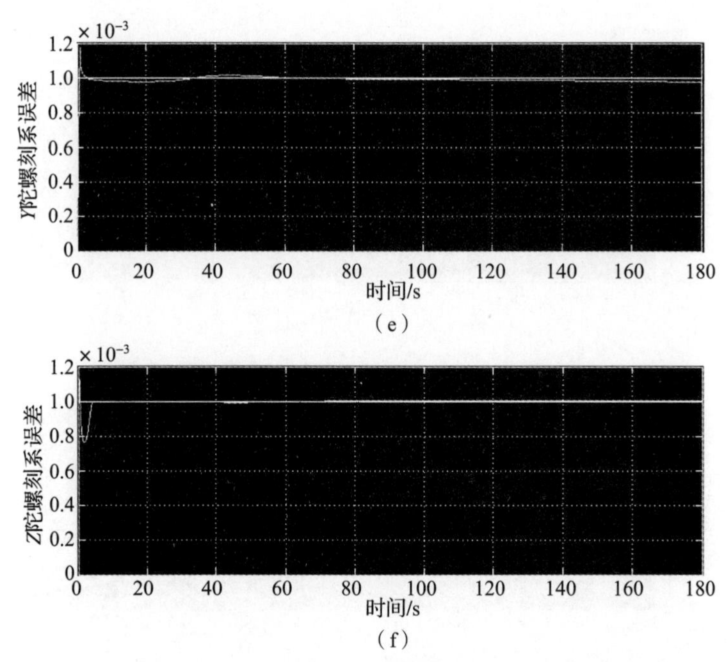

图 6-5　偏航加横滚时加速度计（P/g）和陀螺［P/(″)］刻度系数误差（续）

（e）Y 陀螺刻系误差；（f）Z 陀螺刻系误差

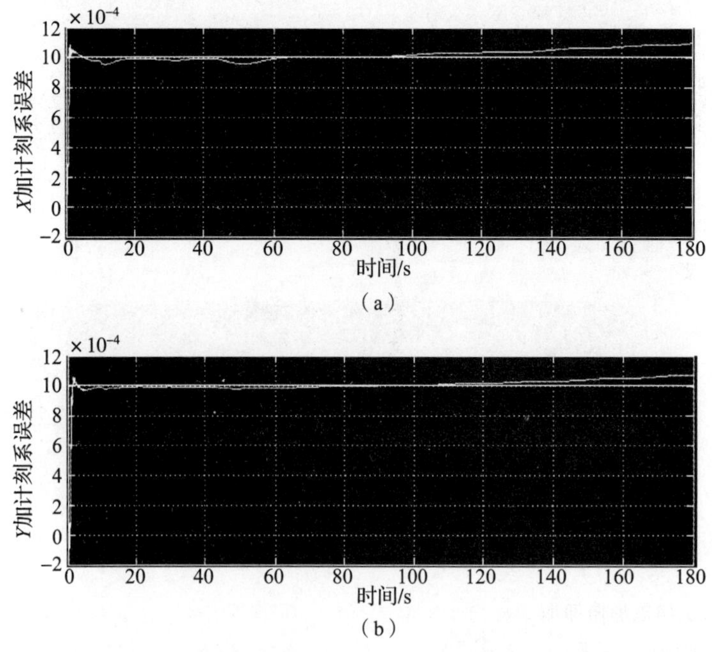

图 6-6　偏航加俯仰加横滚时加速度计（P/g）和陀螺［P/(″)］刻度系数误差

（a）X 加计刻系误差；（b）Y 加计刻系误差

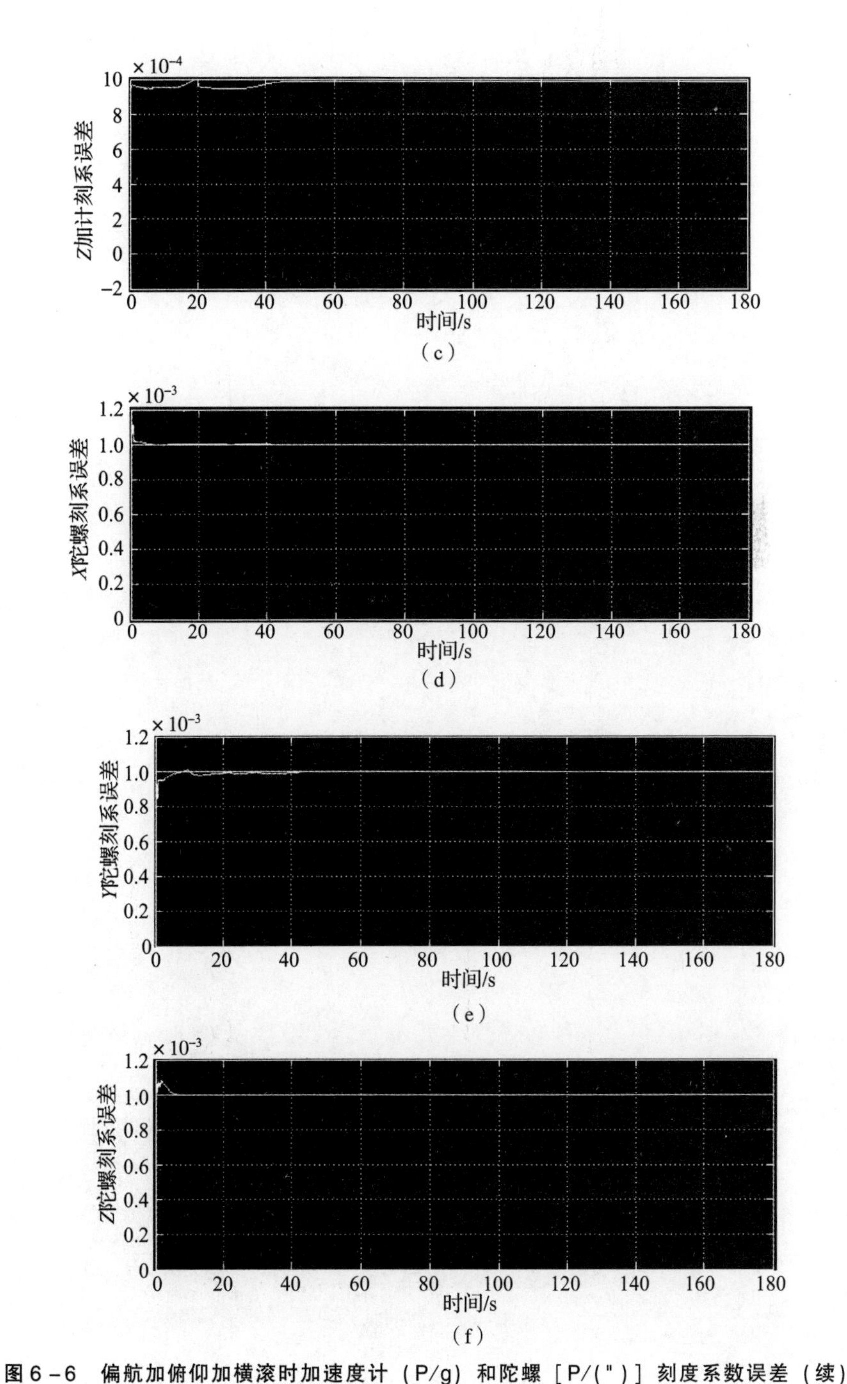

图6-6　偏航加俯仰加横滚时加速度计（P/g）和陀螺［P/(″)］刻度系数误差（续）

(c) Z 加计刻系误差；(d) X 陀螺刻系误差；(e) Y 陀螺刻系误差；(f) Z 陀螺刻系误差

6.3 角运动对在线标定的影响

6.2 节中已经提出了使 6 个刻度系数误差可观测的角运动机动原则，为了设计出更加优化的机动方式，本节将对各个方向的角运动的具体运动规律进行研究，通过仿真对比的方法，分别得出 3 个方向上相对较优的角运动规律，为提出具体的角运动参数打下基础。

6.3.1 弹丸旋转规律对在线标定的影响

本书所研究的弹载惯导系统，从静止到匀速旋转要经过短暂的加速过程，文献［67］通过利用菲涅尔积分理论分析后认为，在惯导旋转时，当转轴在加速过程中转过的角度约为 0.2π 时，误差参数的分离效果最为理想。故设定如下机动参数，并进行仿真对比。

设俯仰和偏航运动为匀速，俯仰角速度为 $\pi/30$，偏航角速度为 $\pi/20$，时间为 180 s；弹丸分别按照以下三种规律旋转。

（1）匀速旋转角速度为 5°/s，加速转过的角度为 5°，角加速度为 $2.5°/s^2$。

（2）匀速旋转角速度为 6°/s，加速转过的角度为 36°，角加速度为 $0.5°/s^2$。

（3）匀速旋转角速度为 12°/s，加速转过的角度为 36°，角加速度为 $2°/s^2$。

图 6－7～图 6－9 为三种转动规律下 6 个刻度系数误差的仿真结果。

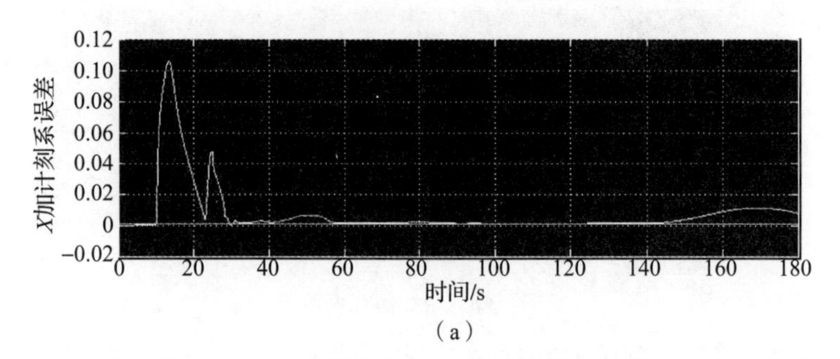

（a）

图 6－7　第一种旋转规律下加速度计（P/g）和陀螺［P/（"）］刻度系数误差

（a）*X* 加计刻系误差

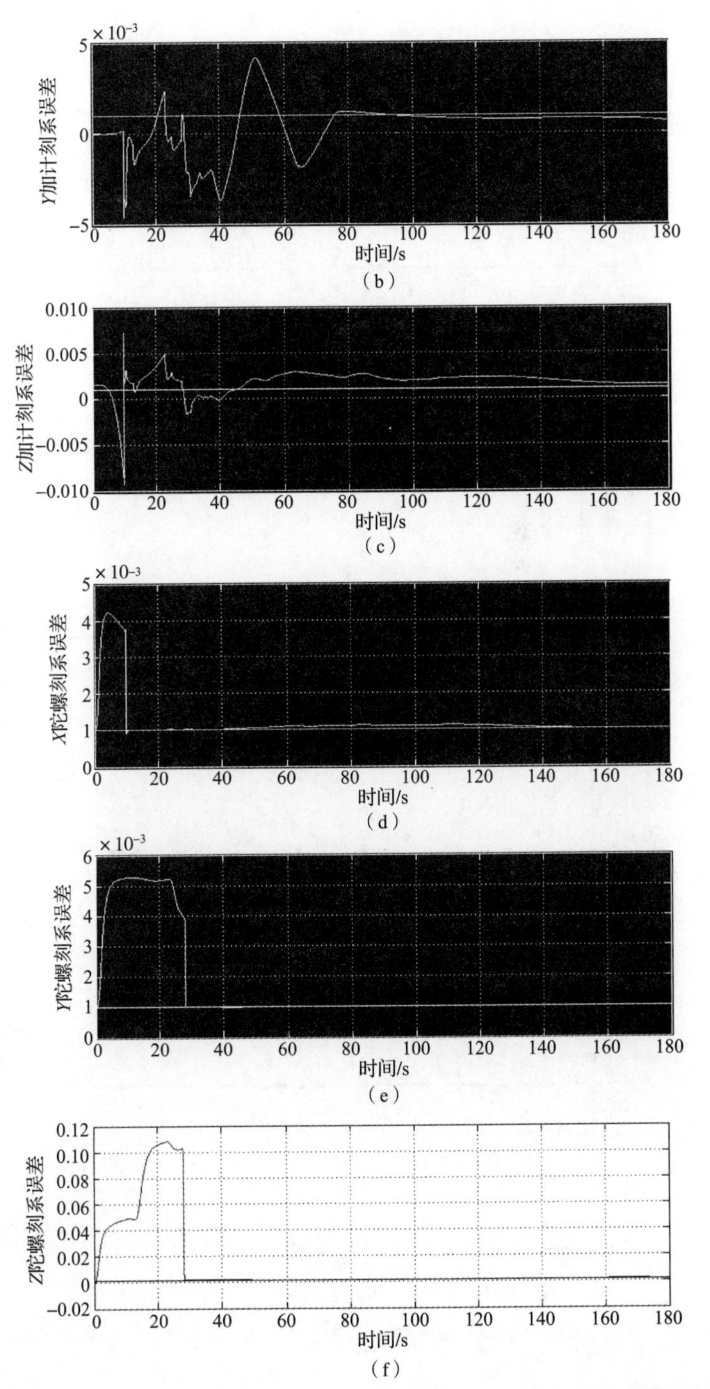

图6-7 第一种旋转规律下加速度计（P/g）和陀螺［P/(")］刻度系数误差（续）

(b) *Y*加计刻系误差；(c) *Z*加计刻系误差；(d) *X*陀螺刻系误差；
(e) *Y*陀螺刻系误差；(f) *Z*陀螺刻系误差

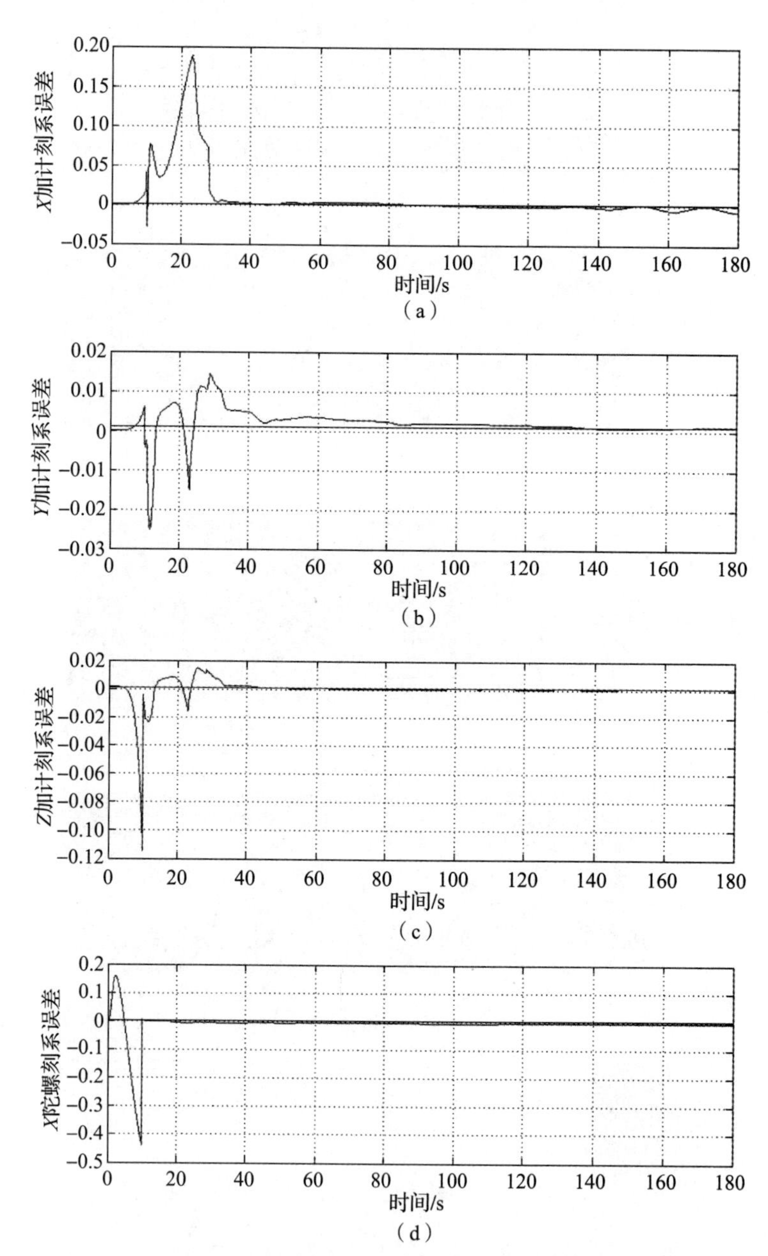

图 6-8　第二种旋转规律下加速度计（P/g）和陀螺［P/(")］刻度系数误差

（a）*X* 加计刻系误差；（b）*Y* 加计刻系误差；

（c）*Z* 加计刻系误差；（d）*X* 陀螺刻系误差

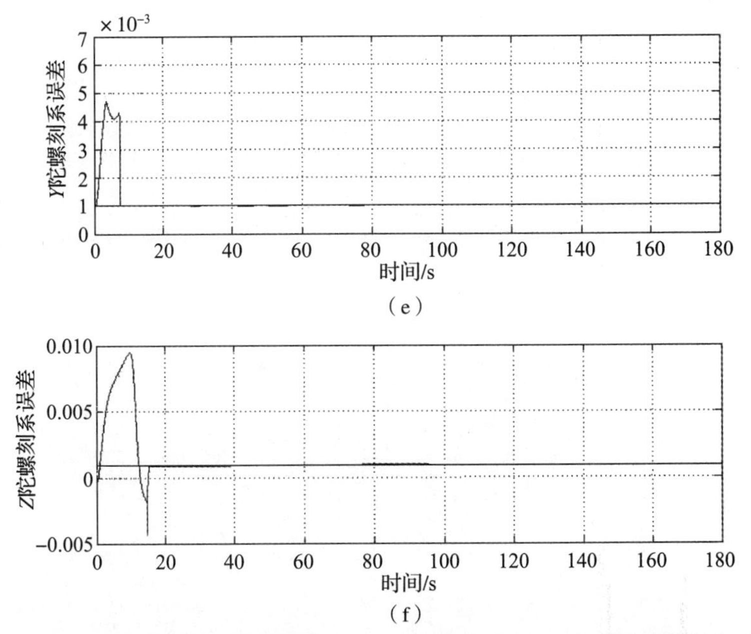

图6-8　第二种旋转规律下加速度计（P/g）和陀螺［P/（"）］刻度系数误差（续）

（e）Y 陀螺刻系误差；（f）Z 陀螺刻系误差

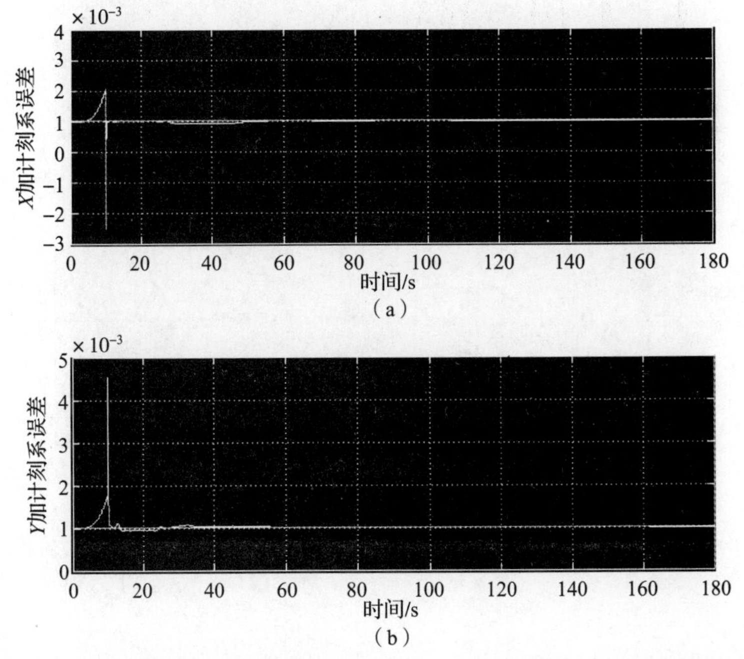

图6-9　第三种旋转规律下加速度计（P/g）和陀螺［P/（"）］刻度系数误差

（a）X 加计刻系误差；（b）Y 加计刻系误差

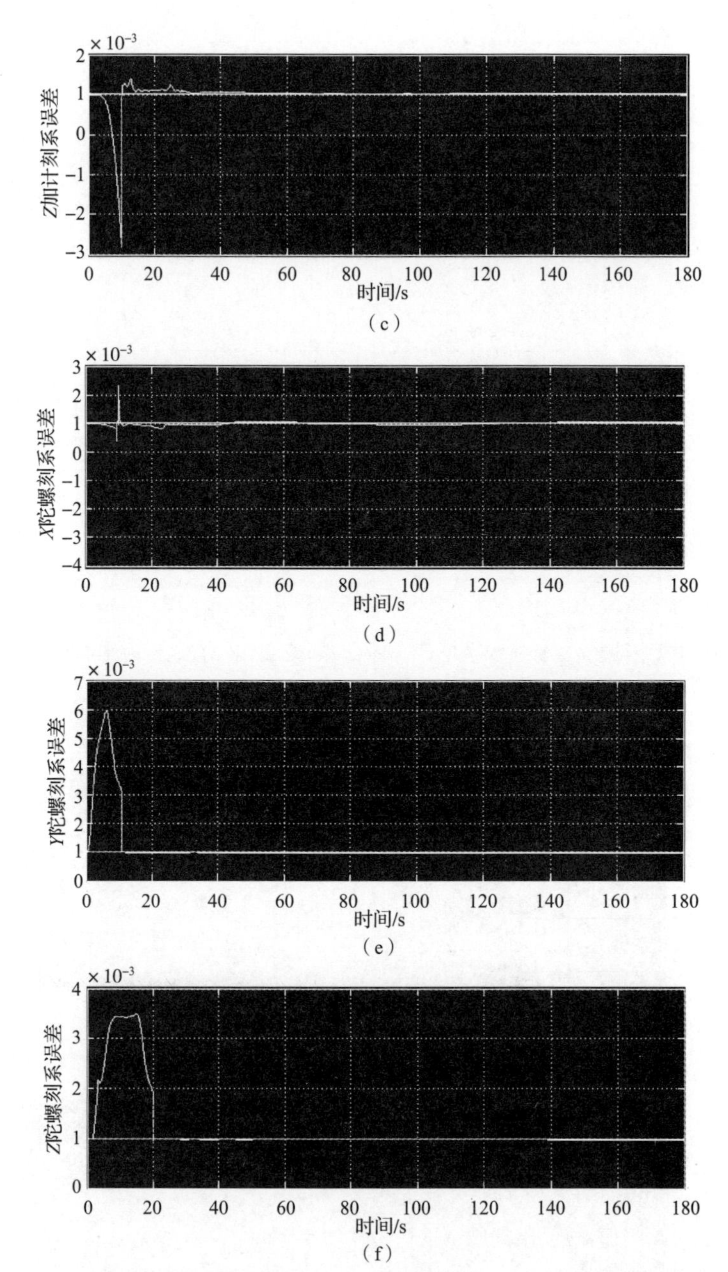

图 6－9　第三种旋转规律下加速度计（P/g）和陀螺［P/（″）］刻度系数误差（续）

（c）Z 加计刻系误差；（d）X 陀螺刻系误差；（e）Y 陀螺刻系误差；（f）Z 陀螺刻系误差

第一种和第二种规律匀速转动的角速度很接近，与第三种差别较大；后两种规律加速转过的角度相同，与第一种相差较大。由图 6－7～图 6－9 以及表 6－2、表 6－3 可看出，在第一种旋转规律下误差参数的收敛时间偏长，并且标定精度差，最大达到30%，而在后两种规律下的标定结果相差不大。由仿真结果可知，误差标定的结果好坏与陀螺加速转过的角度有很大关系，而与匀速转动时的角速度相关程度较小。

表6-2 收敛时间 单位：s

参数	收敛时间		
	第一种	第二种	第三种
X加计刻度系数误差	30	30	10
Y加计刻度系数误差	80	40	10
Z加计刻度系数误差	50	30	10
X陀螺刻度系数误差	10	10	10
Y陀螺刻度系数误差	30	30	15
Z陀螺刻度系数误差	30	30	20

表6-3 收敛精度 单位:%

参数	收敛精度		
	第一种	第二种	第三种
X加计刻度系数误差	30.81	16.68	13.96
Y加计刻度系数误差	21.78	24.63	14.28
Z加计刻度系数误差	16.31	3.71	12.05
X陀螺刻度系数误差	13.12	11.67	1.26
Y陀螺刻度系数误差	6.08	4.97	3.34
Z陀螺刻度系数误差	0.14	6.18	2.16

但是在实际的惯导系统中，转速过大会降低惯性器件的可靠性，为保证系统在长时间的工作中有较高的可靠性，旋转角速度的选取不宜过大，故综合考虑各项指标，选取第二种规律，即匀速旋转角速度为6°/s，作为最优机动方式中的旋转角速度。

6.3.2 摇架摆动规律对在线标定的影响

在进行弹载子惯导在线标定的过程中，机动方式的选择尤为重要，而摇架的摆动频率是机动方式中重要的参数，故本小节将对不同摆动频率下的标定结果进行仿真对比，分析其对在线标定的影响。在6.3.1小节的基础上将摇架改为正弦运动，并改变摆动频率，得出仿真结果，如表6-4所示。

通过表6-4可以看出，随着摇架摆动频率的增大，X轴和Z轴加速度计刻度系数误差标定精度急剧下降，Y轴加速度计刻度系数误差标定精度小幅降低。3个方向的陀螺刻度系数误差的标定精度都有不同程度的提高，但是随着频率的增大，精度提高的幅度逐渐减小，甚至略有降低，所以由所有误差参数的标定情况综合考虑，选择π/20为最终摇摆频率。

表6-4　刻度系数误差标定精度　　单位：%

频率	X加计刻度系数误差	Y加计刻度系数误差	Z加计刻度系数误差	X陀螺刻度系数误差	Y陀螺刻度系数误差	Z陀螺刻度系数误差
π/40	18.75	13.54	14.58	9.30	6.04	7.43
π/35	14.13	12.39	12.83	6.68	4.49	8.13
π/30	12.39	14.21	12.37	3.34	2.39	3.45
π/25	13.06	13.27	11.79	1.06	3.12	2.31
π/20	13.90	12.36	12.89	0.98	3.52	2.35
π/15	20.80	14.56	27.57	1.21	2.48	1.73
π/10	41.38	16.05	46.63	0.93	1.32	3.72
π/5	50.24	16.69	73.91	1.13	1.26	2.36

6.3.3　摇架摆动幅度对在线标定的影响

在机动方式的设计过程中，摇架的摆动幅度也起着很重要的作用，本小节将在6.3.1小节的基础上改变摆动幅度，对不同幅度下的标定结果进行仿真，对比其对在线标定的影响。仿真结果如表6-5所示。

表6-5　刻度系数误差标定精度　　单位：%

幅度	X加计刻度系数误差	Y加计刻度系数误差	Z加计刻度系数误差	X陀螺刻度系数误差	Y陀螺刻度系数误差	Z陀螺刻度系数误差
π/36	18.34	20.53	28.36	11.28	4.37	3.01

续表

幅度	X加计刻度系数误差	Y加计刻度系数误差	Z加计刻度系数误差	X陀螺刻度系数误差	Y陀螺刻度系数误差	Z陀螺刻度系数误差
π/18	18.02	19.47	26.75	9.06	3.56	2.92
π/9	17.31	17.54	20.13	6.70	3.89	2.58
π/6	16.73	17.69	16.59	3.24	3.30	2.62
π/3	14.82	16.85	12.30	1.25	3.48	2.42

通过表6-5可以看出，随着摇架摆动幅度的增大，大部分误差参数的标定精度均有提高，只有*Y*轴陀螺刻度系数误差对幅度的敏感程度较低。所以火箭炮摇架进行机动时的幅度应尽量大一些，这里考虑到火箭炮的实际情况，选择π/3为俯仰幅度、π/2为偏航幅度。

第7章

在线标定中参数估计方法

动态系统参数可观测性分析、标定路径设计、参数估计和提高参数估计实时性都是弹载惯导在线标定的关键技术。前面几章分别对可观测性分析和标定路径设计进行了研究，本章主要研究如何提高参数估计精度和参数估计实时性的问题。首先介绍一种提高参数估计精度的方法，针对系统统计噪声难以准确获得、标准 Kalman 滤波精度不能保证的问题，在 Salychev O 自适应滤波算法的基础上设计了一种改进自适应滤波算法，该算法能够同时对$\boldsymbol{Q}$阵、$\boldsymbol{R}$阵进行实时估计和调整，且为了有效抑制观测误差突变对滤波造成的影响，还在$\boldsymbol{R}$阵的估计过程中加入阈值因子，极大提高了滤波的稳定性与收敛精度。为提高参数估计的实时性，提出基于平方根序贯处理的两阶段卡尔曼滤波算法，并将该算法用于在线标定，对提高误差参数估计精度和估计实时性具有重要意义。

7.1 改进自适应滤波算法及其在在线标定中的应用

在系统标定过程中通常都采用标准卡尔曼滤波算法，但标准卡尔曼滤波算法必须预先明确系统的噪声统计特性才能达到理想估计效果，考虑到火箭炮运动特性复杂多变，弹载惯导系统的噪声统计特性必然是无法确定的，这种情况下采用标准卡尔曼滤波算法势必会影响标定的效果甚至会导致滤波发散而无法完成在线标定。

7.1.1 Salychev O 自适应滤波算法

为了解决标准卡尔曼滤波存在的问题，文献［72］提出一种 Salychev O 自适应滤波算法，该算法在标准卡尔曼滤波算法的基础上能够实时估计出状态噪声协方差阵 $\boldsymbol{Q}$，一定程度上提高了滤波精度。

本小节还是以式（3－1）所示离散系统模型为例，具体算法如下。

状态一步预测方程为

$$\hat{\boldsymbol{X}}_{k/k-1}=\boldsymbol{F}_{k,k-1}\hat{\boldsymbol{X}}_{k-1/k-1} \tag{7-1}$$

新息序列方程为

$$\tilde{\boldsymbol{Z}}_{k/k-1}=\boldsymbol{Z}_{k}-\hat{\boldsymbol{Z}}_{k/k-1}=\boldsymbol{H}_{k}\tilde{\boldsymbol{X}}_{k/k-1}+\boldsymbol{V}_{k} \tag{7-2}$$

新息序列协方差阵为

$$\boldsymbol{C}_k = E[\tilde{\boldsymbol{Z}}_{k/k-1}\tilde{\boldsymbol{Z}}^{\mathrm{T}}_{k/k-1}] \tag{7-3}$$

假设$\tilde{\boldsymbol{Z}}_{j/j-1}$为高斯随机过程，依据最大似然估计准则，可得$\boldsymbol{C}_j$的最大似然估计：

$$E[\tilde{\boldsymbol{Z}}_{j/j-1}\tilde{\boldsymbol{Z}}^{\mathrm{T}}_{j/j-1}] = \frac{1}{N}\sum_{j=k-N+1}^{k}\tilde{\boldsymbol{Z}}_{j/j-1}\tilde{\boldsymbol{Z}}^{\mathrm{T}}_{j/j-1} \tag{7-4}$$

假定 $N=1$，则新息序列协方差阵可表示为

$$\boldsymbol{C}_k = \tilde{\boldsymbol{Z}}_{k/k-1}\tilde{\boldsymbol{Z}}^{\mathrm{T}}_{k/k-1} \tag{7-5}$$

则估计状态噪声为

$$\boldsymbol{\Gamma}_{k-1}\boldsymbol{Q}_{k-1}\boldsymbol{\Gamma}^{\mathrm{T}}_{k-1} = \boldsymbol{K}_{k-1}\boldsymbol{C}_k\boldsymbol{K}^{\mathrm{T}}_{k-1} \tag{7-6}$$

一步预测均方误差方程为

$$\boldsymbol{P}_{k/k-1} = \boldsymbol{F}_{k,k-1}\boldsymbol{P}_{k-1}\boldsymbol{F}^{\mathrm{T}}_{k,k-1} + \boldsymbol{\Gamma}_{k-1}\boldsymbol{Q}_{k-1}\boldsymbol{\Gamma}^{\mathrm{T}}_{k-1} \tag{7-7}$$

滤波增益阵为

$$\boldsymbol{K}_k = \boldsymbol{P}_{k/k-1}\boldsymbol{H}^{\mathrm{T}}_k[\boldsymbol{H}_k\boldsymbol{P}_{k/k-1}\boldsymbol{H}^{\mathrm{T}}_k + \boldsymbol{R}_{k-1}]^{-1} \tag{7-8}$$

状态估计为

$$\hat{\boldsymbol{X}}_k = \hat{\boldsymbol{X}}_{k/k-1} + \boldsymbol{K}_k(\boldsymbol{Z}_k - \boldsymbol{H}_k\hat{\boldsymbol{X}}_{k/k-1}) \tag{7-9}$$

估计均方误差阵为

$$\boldsymbol{P}_k = (\boldsymbol{I} - \boldsymbol{K}_k\boldsymbol{H}_k)\boldsymbol{P}_{k/k-1} \tag{7-10}$$

与标准卡尔曼滤波算法相比，Salychev O 自适应滤波算法一定程度上优化了滤波的效果，但是观测噪声协方差阵 $\boldsymbol{R}$ 模型参数不准确，必然还是会影响滤波收敛的效果。

7.1.2　改进自适应滤波算法

为了能够在系统噪声统计特性未知的情况下得到最优估计结果，本小节在 Salychev O 自适应滤波算法的基础上设计了一种改进自适应滤波算法，该算法能够同时对 $\boldsymbol{Q}$ 阵、$\boldsymbol{R}$ 阵进行实时估计和调整，且为了有效抑制观测误差突变对滤波造成的影响，还在 $\boldsymbol{R}$ 阵的估计过程中加入阈值因子，极大提高了滤波的稳定性与收敛精度。

1. 噪声协方差矩阵的估计

根据式（7－2）、式（7－3）可将新息序列协方差矩阵写成

$$\boldsymbol{C}_k = E[(\boldsymbol{H}_k\tilde{\boldsymbol{X}}_{k/k-1} + \boldsymbol{V}_k)(\boldsymbol{H}_k\tilde{\boldsymbol{X}}_{k/k-1} + \boldsymbol{V}_k)^{\mathrm{T}}] \tag{7-11}$$

式中，$\tilde{\boldsymbol{X}}_{k/k-1}$为根据之前的观测值对 k 时刻的状态所做的估计，而 $\boldsymbol{V}_k$ 为 k 时刻

的观测噪声，因此 $\tilde{\boldsymbol{X}}_{k/k-1}$ 和 $\boldsymbol{V}_k$ 不相关，即 $E[\tilde{\boldsymbol{X}}_{k/k-1}\boldsymbol{V}_k^{\mathrm{T}}]=E[\boldsymbol{V}_k\tilde{\boldsymbol{X}}_{k/k-1}^{\mathrm{T}}]=\boldsymbol{O}$。则对式（7－11）推导如下：

$$
\begin{aligned}
\boldsymbol{C}_k &= E[(\boldsymbol{H}_k\tilde{\boldsymbol{X}}_{k/k-1}+\boldsymbol{V}_k)(\boldsymbol{H}_k\tilde{\boldsymbol{X}}_{k/k-1}+\boldsymbol{V}_k)^{\mathrm{T}}] \\
&= E[(\boldsymbol{H}_k\tilde{\boldsymbol{X}}_{k/k-1}+\boldsymbol{V}_k)(\tilde{\boldsymbol{X}}_{k/k-1}^{\mathrm{T}}\boldsymbol{H}_k^{\mathrm{T}}+\boldsymbol{V}_k^{\mathrm{T}})] \\
&= E[\boldsymbol{H}_k\tilde{\boldsymbol{X}}_{k/k-1}\tilde{\boldsymbol{X}}_{k/k-1}^{\mathrm{T}}\boldsymbol{H}_k^{\mathrm{T}}]+E[\boldsymbol{H}_k\tilde{\boldsymbol{X}}_{k/k-1}\boldsymbol{V}_k^{\mathrm{T}}+\boldsymbol{V}_k\tilde{\boldsymbol{X}}_{k/k-1}^{\mathrm{T}}\boldsymbol{H}_k^{\mathrm{T}}]+E[\boldsymbol{V}_k\boldsymbol{V}_k^{\mathrm{T}}] \\
&= E[\boldsymbol{H}_k\tilde{\boldsymbol{X}}_{k/k-1}\tilde{\boldsymbol{X}}_{k/k-1}^{\mathrm{T}}\boldsymbol{H}_k^{\mathrm{T}}]+E[\boldsymbol{V}_k\boldsymbol{V}_k^{\mathrm{T}}]
\end{aligned}
\tag{7-12}
$$

已知均方误差阵 $\boldsymbol{P}_k=E[\tilde{\boldsymbol{X}}_k\tilde{\boldsymbol{X}}_k^{\mathrm{T}}]$，则有 $\boldsymbol{P}_{k/k-1}=E[\tilde{\boldsymbol{X}}_{k/k-1}\tilde{\boldsymbol{X}}_{k/k-1}^{\mathrm{T}}]$，又有 $\boldsymbol{R}_k=E[\boldsymbol{V}_k\boldsymbol{V}_k^{\mathrm{T}}]$，则代入式（7－12）可得

$$
\boldsymbol{C}_k=\boldsymbol{H}_k\boldsymbol{P}_{k/k-1}\boldsymbol{H}_k^{\mathrm{T}}+\boldsymbol{R}_k \tag{7-13}
$$

将 $\boldsymbol{R}_k$ 移项得

$$
\boldsymbol{R}_k=\boldsymbol{C}_k-\boldsymbol{H}_k\boldsymbol{P}_{k/k-1}\boldsymbol{H}_k^{\mathrm{T}} \tag{7-14}
$$

2. 阈值因子 t_k

在对弹载惯导系统进行误差标定时，观测值会受到外界条件的影响出现较大的误差，而观测值的突然变化会影响信息估计效果，进而影响对状态变量的估计。因此，在滤波过程中，必须对新息序列 $\tilde{\boldsymbol{Z}}_{k/k-1}$ 的大小进行判断[73-74]。在 k 时刻引入阈值因子 t_k，通过比较 t_k 和 $\tilde{\boldsymbol{Z}}_{k/k-1}$ 的大小来判断新息估计中是否含有较大的观测误差。如果 $\tilde{\boldsymbol{Z}}_{k/k-1,i}$ 的绝对值小于 $t_{k,i}$，说明观测值是正常的，如果 $\tilde{\boldsymbol{Z}}_{k/k-1,i}$ 的绝对值大于 $t_{k,i}$，说明此时的新息估计中已经含有较大的观测误差，需要对观测噪声协方差阵加权，动态修正观测噪声协方差阵 $\boldsymbol{R}_k$，使之更好地适应当前滤波。定义 $\boldsymbol{R}_k$ 阵的加权因子为 $\eta_{k,i}(i=1,2,\cdots,6)$，相关判断条件为

$$
\eta_{k,i}=\begin{cases}1, & |\tilde{\boldsymbol{Z}}_{k/k-1,i}|<t_{k,i} \\ \dfrac{|\tilde{\boldsymbol{Z}}_{k/k-1,i}|}{t_{k,i}}, & |\tilde{\boldsymbol{Z}}_{k/k-1,i}|>t_{k,i}\end{cases} \tag{7-15}
$$

由于本书观测噪声方差阵为 6 阶矩阵，所以加权阵设为

$$
\boldsymbol{D}_k=\mathrm{diag}(\eta_{k,1}\quad\eta_{k,2}\quad\eta_{k,3}\quad\eta_{k,4}\quad\eta_{k,5}\quad\eta_{k,6}) \tag{7-16}
$$

如果判断出观测值中含有较大误差，则观测噪声协方差阵应进行如下更新：

$$\boldsymbol{R}_k = \boldsymbol{D}_k \boldsymbol{R}_k \boldsymbol{D}_k^{\mathrm{T}} \tag{7-17}$$

在新息判断时，只有检测出观测值中出现较大误差，才会通过计算加权阵 $\boldsymbol{D}_k$ 调节观测噪声协方差阵 $\boldsymbol{R}_k$，进而修正状态增益阵 $\boldsymbol{K}_k$，有效隔离突变的观测误差对滤波结果的影响，进一步提高标定效果。式（7－15）中，阈值因子 $t_{k,i}$ 的取值必须根据实际情况确定，取值太小，会导致滤波过程对误差过于敏感而影响滤波效果；取值太大，则无法达到判断含有较大误差观测值的目的，无法有效调整 $\boldsymbol{R}_k$ 阵，会影响标定的精度和实时性。

3. 改进自适应滤波算法计算流程

本小节提出的改进自适应滤波算法解决了 Salychev O 自适应滤波中无法实时估计观测噪声协方差阵 $\boldsymbol{R}$ 的问题，而且引入阈值因子对 $\boldsymbol{R}$ 阵进行实时检测以抑制较大的观测误差给滤波造成的影响，提高了惯性器件误差标定的效果。通过图 7－1 可以更加直观地表示出算法的计算过程。

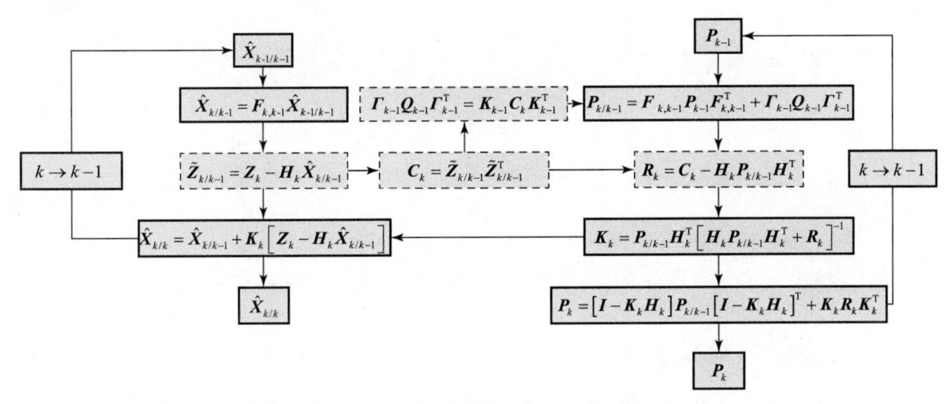

图 7－1　改进自适应滤波算法计算过程

7.1.3　仿真试验及分析

为了研究本章提出的改进自适应滤波算法对弹载捷联惯导在线标定效果的影响，在噪声统计特性不确定的情况下，仿真试验研究了改进自适应滤波、标准卡尔曼滤波及 Salychev O 自适应滤波时，弹载捷联惯导系统的在线标定效果。

1. 在线标定总体方案设计

惯性器件误差模型如第 2 章所示，在线标定滤波模型如第 3 章所示。标定过程中，利用车载主惯导输出的速度、姿态信息作为观测信息，在滤波计算时，分别对状态噪声协方差阵和观测噪声协方差阵进行实时调整与修正，进而估计出系统状态变量及均方误差，得到惯性器件误差参数的标定值，最后利用陀螺及加速度计的误差参数标定值对输出误差进行反馈补偿，以提高弹载捷联惯导系统的导航精度，以上即为在线标定全过程。

图 7 - 2 为基于改进自适应滤波算法的弹载捷联惯导在线标定总体方案示意图。图 7 - 2 中，$\tilde{\boldsymbol{\omega}}_{ib}^{b}$、$\tilde{\boldsymbol{f}}^{b}$ 分别为陀螺和加速度计包含误差的实际测量输出值，$\boldsymbol{\omega}_{ib}^{b}$、$\boldsymbol{f}^{b}$ 分别为陀螺和加速度计经过标定补偿后的理论输出值。

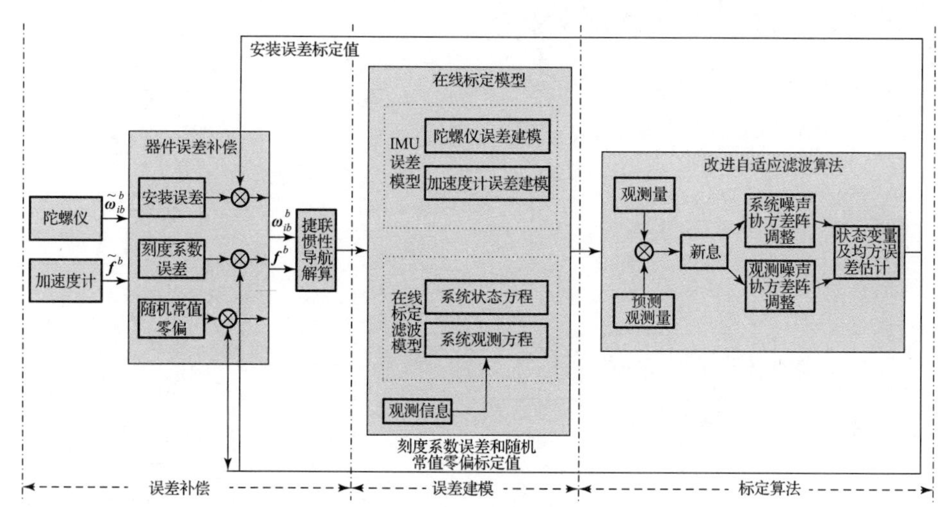

图 7 - 2 基于改进自适应滤波算法的弹载捷联惯导在线标定总体方案示意图

2. 仿真参数设置

标定机动方案设计同 5. 2. 5 小节，具体内容如下。

(1) 标定前首先使炮车静止 10 s，使主惯导完成初始对准，并将初始姿态赋给弹载子惯导，而后开始在线标定。

(2) 启动炮车，使炮车摇架以 5°/s 的角速度做起竖机动，起竖至 50°后保持 10 s，而后以 5°/s 的角速度恢复至水平位置。

(3) 使炮车以 $0.025t$ m/s^2 的加速度做变速直线机动 20 s 后保持 5 m/s 的速度匀速直线行驶。

(4) 炮车行驶至转弯路口以 9°/s 的角速度顺时针转向 90°，而后继续直线行驶。

(5) 炮车匀速直行经过不平整路面，车身以 2. 4°/s 的角速度开始侧倾，当炮车车身横滚角达到 12°后保持 10 s，再以 2. 4°/s 的角速度恢复水平状态并继续匀速直线行驶。

标定过程中惯导系统姿态角变化见图5-4。

设载体初始纬度为30°，经度为118°，仿真时间为180 s，且满足以下条件。

陀螺常值漂移：$\varepsilon_x = \varepsilon_y = \varepsilon_z = (4 \times 10^{-4})°/s$。

陀螺刻度系数误差：$\delta K_{gx} = \delta K_{gy} = \delta K_{gz} = 1 \times 10^{-3}$。

加速度计零偏：$\nabla_x = \nabla_y = \nabla_z = 1 \times 10^{-3} m/s^2$。

加速度计刻度系数误差：$\delta K_{ax} = \delta K_{ay} = \delta K_{az} = 1 \times 10^{-3}$。

滤波器初值：$\boldsymbol{X}_0 = [\boldsymbol{O}]_{21 \times 1}$。

初始方差阵为

$$\begin{aligned}\boldsymbol{P}_0 = 10\mathrm{diag}\{&(2\ m/s)^2, (2\ m/s)^2, (2\ m/s)^2, (1°)^2, (1°)^2, (1°)^2,\\ &(1°)^2, (1°)^2, (1°)^2, (10^{-3})^2, (10^{-3})^2, (10^{-3})^2, (5 \times 10^{-3} g)^2,\\ &(5 \times 10^{-3} g)^2, (5 \times 10^{-3} g)^2, (10^{-3})^2, (10^{-3})^2, (10^{-3})^2, (1°/h)^2,\\ &(1°/h)^2, (1°/h)^2\}\end{aligned}$$

系统噪声协方差阵为

$$\begin{aligned}\boldsymbol{Q}_0 = \mathrm{diag}\{&(5 \times 10^{-5} g)^2, (5 \times 10^{-5} g)^2, (5 \times 10^{-5} g)^2, (0.05°/h)^2,\\ &(0.05°/h)^2, (0.05°/h)^2, 0,0,0,0,0,0,0,0,0,0,0,0,0,0,0\}\end{aligned}$$

$$\begin{aligned}\boldsymbol{R}_0 = \mathrm{diag}\{&(0.01\ m/s)^2, (0.01\ m/s)^2, (0.01\ m/s)^2, (0.01°)^2, (0.01°)^2,\\ &(0.01°)^2\}\end{aligned}$$

阈值因子：$t_k = 1.5 \times \sqrt{\boldsymbol{R}_0}$

为了验证系统噪声统计特性变化的情况下各误差参数的滤波估计效果，在标定过程中设置噪声如下：

$$\boldsymbol{Q} = 100 \sin \frac{\pi}{360} t \cdot \boldsymbol{Q}_0$$

$$\boldsymbol{R} = 100 \sin \frac{\pi}{360} t \cdot \boldsymbol{R}_0$$

3. 在线标定仿真结果及分析

根据设计的机动路径对弹载捷联惯导进行在线标定，在噪声统计特性不确定的情况下得到的各误差参数估计结果如图7-3、图7-4所示（其中直线为预先设定值，曲线为滤波估计值）。

从图7-3、图7-4可以看出，采用改进自适应滤波算法时，各误差参数收敛效果普遍较好，而采用标准卡尔曼滤波及Salychev O自适应滤波时，收敛效果相较于改进自适应滤波有所降低，尤其是采用标准卡尔曼滤波算法时，Y轴加速度计的零偏误差出现了轻微的发散。下面从滤波精度方面对采用三种

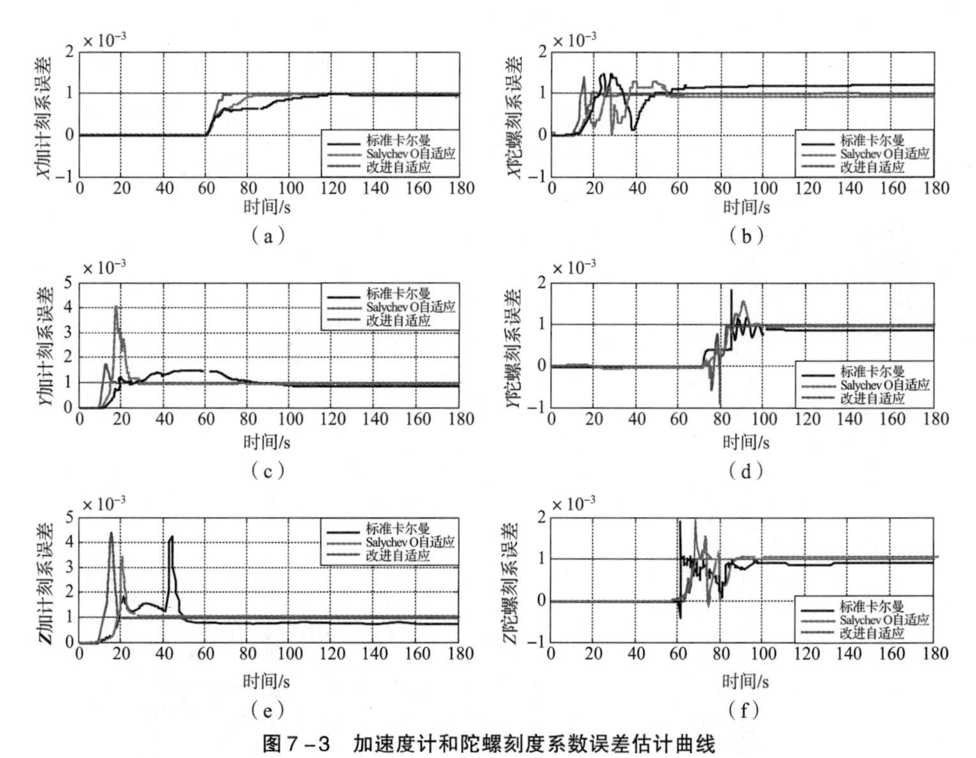

图7－3　加速度计和陀螺刻度系数误差估计曲线

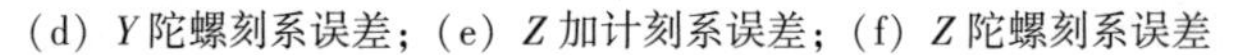

(a) *X* 加计刻系误差；(b) *X* 陀螺刻系误差；(c) *Y* 加计刻系误差；(d) *Y* 陀螺刻系误差；(e) *Z* 加计刻系误差；(f) *Z* 陀螺刻系误差

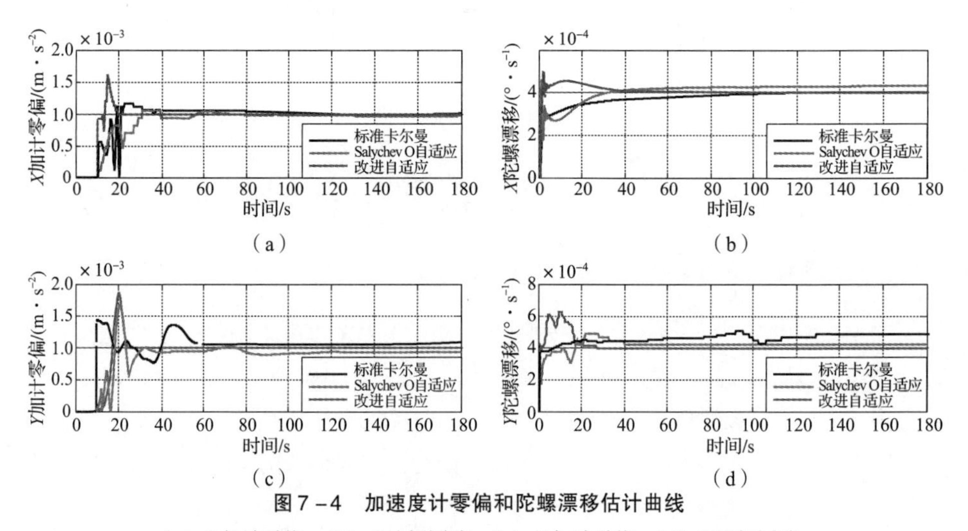

图7－4　加速度计零偏和陀螺漂移估计曲线

(a) *X* 加计零偏；(b) *X* 陀螺漂移；(c) *Y* 加计零偏；(d) *Y* 陀螺漂移

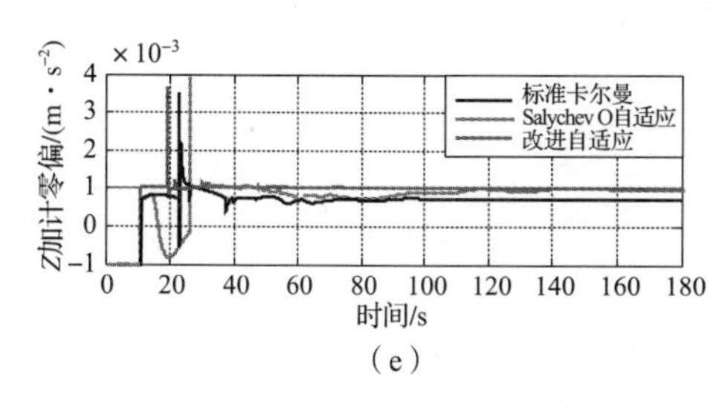

（e）

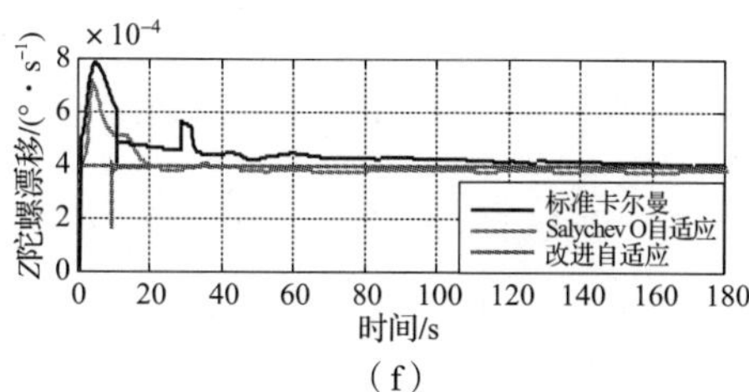

（f）

图 7－4　加速度计零偏和陀螺漂移估计曲线（续）

（e）*Z* 加计零偏；（f）*Z* 陀螺漂移

不同滤波算法时的标定效果进行研究。当滤波基本达到稳定后，对 140～180 s 时间段内的滤波估计值求平均值作为该次仿真的估计值，且为了消除随机噪声的影响，重复仿真试验 5 次，将 5 次仿真估计值再求平均值作为最终的误差估计值并求出误差标定的相对精度（相对精度 = | 估计值 − 设定值 | ÷ 设定值），结果如表 7－1 所示。

表 7－1　不同滤波算法时各误差参数标定精度　　　　单位：%

滤波算法	*X* 加计刻度系数误差	*Y* 加计刻度系数误差	*Z* 加计刻度系数误差	*X* 加计零偏	*Y* 加计零偏	*Z* 加计零偏
标准卡尔曼滤波	8. 96	19. 28	16. 05	8. 56	24. 73	8. 56
Salychev O 自适应滤波	3. 81	7. 19	9. 70	6. 72	17. 86	5. 41
改进自适应滤波	2. 68	1. 67	3. 71	2. 69	7. 25	2. 74
滤波算法	***X* 陀螺刻度系数误差**	***Y* 陀螺刻度系数误差**	***Z* 陀螺刻度系数误差**	***X* 陀螺漂移**	***Y* 陀螺漂移**	***Z* 陀螺漂移**
标准卡尔曼滤波	13. 12	27. 08	16. 14	29. 96	24. 33	18. 75
Salychev O 自适应滤波	6. 26	19. 34	10. 16	16. 15	16. 26	13. 61
改进自适应滤波	2. 63	6. 97	4. 18	12. 37	9. 66	6. 55

从表 7－1 可以看出，当采用标准卡尔曼滤波时，全部误差参数的标定精度在 30% 以内；采用 Salychev O 自适应滤波时，各误差参数的标定精度在 20% 以内；而采用改进自适应滤波算法时，大多数误差参数的标定精度都达到了 10% 以内。说明当采用改进自适应滤波时，各误差参数的标定精度明显更好，而采用 Salychev O 自适应滤波和标准卡尔曼滤波时各参数的标定精度则相对较低。

由上述仿真结果可得，在噪声统计特性不确定时，采用本书提出的改进自适应滤波算法进行在线标定的效果明显优于标准卡尔曼滤波及 Salychev O 自适应滤波。

通过补偿模型对实时标定的误差参数进行补偿后的部分导航误差如表7-2所示，可以看出，当采用改进自适应滤波算法时，惯导系统的姿态误差和速度误差相较于采用标准卡尔曼滤波及 Salychev O 自适应滤波时普遍降低，说明采用改进自适应滤波算法一定程度上解决了惯导器件状态噪声及观测噪声无法精确已知的问题，能够有效提高惯导系统的导航精度。

表7-2 标定补偿后部分导航误差

误差类型	姿态误差均方根/(″)			速度误差均方根/($m \cdot s^{-1}$)		
	X 轴	Y 轴	Z 轴	X 轴	Y 轴	Z 轴
标准卡尔曼滤波	7.084	3.906	5.692	0.204 2	0.178 8	0.195 2
Salychev O 自适应滤波	5.612	2.642	3.722	0.263 2	0.122 2	0.235 8
改进自适应滤波	3.921	1.235	1.084	0.244 2	0.054 0	0.118 0

7.2 平方根序贯处理的两阶段卡尔曼滤波在标定中的应用

减少滤波计算量、提高标定的实时性是进行在线标定急需改进的方面。当待标定的参数扩充为状态变量后，系统维数随着标定参数的增加而显著提高，从而导致“维数灾难”。而卡尔曼滤波的计算时间由模型的状态量维数 n 和测量维数 m 决定，每一步迭代的计算量与（n^3+mn^2）成正比。为减小滤波计算量，降低系统维数成为迫切需要解决的问题。从现有文献来看，降维方法一般可以分为两大类：一类是只保留系统中的主要状态。例如 aggregation 方法、model 方法、Lyapunov 函数方法和 perturbation 方法。另一类是对输入-输出数据的辨识降维。第一类方法忽略可观测度较小的状态变量，往往使得系统模型误差加大，降低了辨识精度。本书主要介绍第二类降维方法中的两种。同时针对两阶段卡尔曼滤波因计算误差导致滤波发散的不足，结合平方根滤波和序贯处理的优势，提出了基于平方根序贯处理的两阶段卡尔曼滤波算法，并将该算法用于在线标定，提高了在线标定的实时性。

7.2.1 基于模型预测滤波的降维理论

模型预测滤波是针对非线性系统模型的滤波方法，其核心思想是用预测输出跟踪测量输出，从而估计出系统的模型误差。

考虑如下的非线性系统：

$$\begin{aligned}\dot{x}&=\boldsymbol{f}(x)+\boldsymbol{G}(x)\boldsymbol{D}\\ \boldsymbol{Z}&=\boldsymbol{h}(x)+\boldsymbol{v}\end{aligned}\tag{7-18}$$

式中，$\boldsymbol{f}\in\mathbf{R}^n$ 为非线性函数；$\boldsymbol{D}$ 为模型误差；$\boldsymbol{G}$ 为模型误差矩阵；$\boldsymbol{x}$ 为状态变量；$\boldsymbol{Z}\in\mathbf{R}^m$ 为量测变量；$\boldsymbol{h}$ 为量测矩阵；$\boldsymbol{v}$ 为零均值高斯白噪声，协方差 $E\{\boldsymbol{v}\boldsymbol{v}^{\mathrm{T}}\}=\boldsymbol{R}$。

状态估计和预测输出估计的关系如下：

$$\begin{aligned}\dot{\hat{x}}&=\boldsymbol{f}(\hat{x})+\boldsymbol{G}(\hat{x})\boldsymbol{D}\\ \hat{\boldsymbol{Z}}&=\boldsymbol{h}(\hat{x})\end{aligned}\tag{7-19}$$

记 $\boldsymbol{h}(\hat{x})$ 的第 i 个分量为 $\boldsymbol{h}_i$，$i=1,\cdots,m$。对式（7－18）的第二个等式连续微分，并将式（7－19）的第一个表达式代入等式右端，记 $\boldsymbol{D}$ 的任何分量第一次出现在 $\boldsymbol{h}_i$ 的微分中的最低阶数为 p_i。取小的时间间隔 Δt，并展开成 p_i 阶泰勒级数，同时忽略高阶项，得到

$$\begin{aligned}\hat{\boldsymbol{Z}}_i(t+\Delta t)&\approx\hat{\boldsymbol{Z}}_i(t)+\Delta t\frac{\partial\hat{\boldsymbol{Z}}_i(t)}{\partial t}+\frac{\Delta t}{2!}\frac{\partial^2\hat{\boldsymbol{Z}}_i(t)}{\partial t^2}+\cdots+\frac{\Delta t^{p_i}}{p_i!}\frac{\partial^{p_i}\hat{\boldsymbol{Z}}_i(t)}{\partial t^{p_i}}\\ &=\hat{\boldsymbol{Z}}_i(t)+\Delta t\frac{\partial\boldsymbol{h}_i}{\partial\hat{x}}[\boldsymbol{f}(\hat{x})+\boldsymbol{G}(\hat{x})\boldsymbol{D}]+\frac{\Delta t}{2!}\frac{\partial}{\partial t}\left(\frac{\partial\boldsymbol{h}_i}{\partial t}\right)+\cdots+\frac{\Delta t^{p_i}}{p_i!}\frac{\partial}{\partial t}\frac{\partial^{p_i-1}\boldsymbol{h}_i}{\partial t^{p_i-1}}\end{aligned}\tag{7-20}$$

根据李导数定义 k 阶李导数 $\boldsymbol{L}_f^k(\boldsymbol{h}_i)$。

$$\boldsymbol{L}_f^0(\boldsymbol{h}_i)=\boldsymbol{h}_i\tag{7-21}$$

$$\boldsymbol{L}_f^k(\boldsymbol{h}_i)=\frac{\partial\boldsymbol{L}_f^{k-1}(\boldsymbol{h}_i)}{\partial\hat{x}}f(\hat{x}(t),t)\quad k\geqslant1\tag{7-22}$$

由于 $\boldsymbol{D}$ 的任何分量第一次出现在 $\boldsymbol{h}_i$ 的微分中的最低阶数为 p_i，当阶数小于 p_i 时，$\frac{\partial\boldsymbol{h}_i}{\partial\hat{x}}\boldsymbol{G}(\hat{x})\boldsymbol{D}=0$，于是式（7－20）可写为

$$\begin{aligned}\hat{\boldsymbol{Z}}_i(t+\Delta t)\approx{}&\hat{\boldsymbol{Z}}_i(t)+\Delta t\boldsymbol{L}_f^1(\boldsymbol{h}_i)+\frac{\Delta t}{2!}\boldsymbol{L}_f^2(\boldsymbol{h}_i)+\cdots+\frac{\Delta t^{p_i}}{p_i!}\boldsymbol{L}_f^{p_i}(\boldsymbol{h}_i)+\\ &\frac{\Delta t^{p_i}}{p_i!}\frac{\partial\boldsymbol{L}_f^{p_i-1}(\boldsymbol{h}_i)}{\partial\hat{x}}\boldsymbol{G}(\hat{x})\boldsymbol{D}\quad i=1,\cdots,m\end{aligned}\tag{7-23}$$

将式（7－23）写成矩阵形式，可得

$$\hat{\boldsymbol{Z}}(t+\Delta t)=\hat{\boldsymbol{Z}}(t)+\boldsymbol{S}(\hat{x},\Delta t)+\boldsymbol{\Lambda}(\Delta t)\boldsymbol{U}(\hat{x})\boldsymbol{D} \tag{7-24}$$

其中，$\boldsymbol{\Lambda}(\Delta t)\in\mathbf{R}^{m\times m}$为对角阵，其对角元素为

$$\lambda_{ii}=\frac{\Delta t^{p_i}}{p_i!},\quad i=1,\cdots,m \tag{7-25}$$

标量函数 $L_f^k(h_i)$关于向量场 $\boldsymbol{g}_j(\hat{\boldsymbol{x}}(t),t)$的一阶李导数记为 $\boldsymbol{L}_{g_j}\boldsymbol{L}_f^k(\boldsymbol{h}_i)$：

$$\boldsymbol{L}_{g_j}\boldsymbol{L}_f^k(\boldsymbol{h}_i)=\frac{\partial\boldsymbol{L}_f^k(\boldsymbol{h}_i)}{\partial\hat{x}}\boldsymbol{g}_j(\hat{x}(t),t) \tag{7-26}$$

$\boldsymbol{U}$（$\hat{x}$）是灵敏度矩阵：

$$\boldsymbol{U}(\hat{x})=\begin{bmatrix}\boldsymbol{L}_{g_1}\boldsymbol{L}_f^{p_1-1}(\boldsymbol{h}_1) & \cdots & \boldsymbol{L}_{g_q}\boldsymbol{L}_f^{p_1-1}(\boldsymbol{h}_1)\\ \boldsymbol{L}_{g_1}\boldsymbol{L}_f^{p_2-1}(\boldsymbol{h}_2) & \cdots & \boldsymbol{L}_{g_q}\boldsymbol{L}_f^{p_2-1}(\boldsymbol{h}_2)\\ \vdots & \ddots & \vdots\\ \boldsymbol{L}_{g_1}\boldsymbol{L}_f^{p_m-1}(\boldsymbol{h}_m) & \cdots & \boldsymbol{L}_{g_q}\boldsymbol{L}_f^{p_m-1}(\boldsymbol{h}_m)\end{bmatrix} \tag{7-27}$$

g_j 为 $\boldsymbol{G}$ 的第 j 列，$j=1$，…，m。

$\boldsymbol{S}(\hat{x},\Delta t)$为 n_1 维列向量，其各分量为

$$S_i(\hat{x},\Delta t)=\sum_{k=1}^{p_i}\frac{\Delta t^k}{k!}\boldsymbol{L}_f^k(\boldsymbol{h}_i),\quad i=1,\cdots,n_1 \tag{7-28}$$

定义如下性能指标函数：

$$\boldsymbol{J}(\boldsymbol{D})=\frac{1}{2}[\hat{\boldsymbol{Z}}(t+\Delta t)-\boldsymbol{Z}(t+\Delta t)]^{\mathrm{T}}\boldsymbol{R}^{-1}[\hat{\boldsymbol{Z}}(t+\Delta t)-\boldsymbol{Z}(t+\Delta t)]+\frac{1}{2}\boldsymbol{D}^{\mathrm{T}}\boldsymbol{W}\boldsymbol{D}$$

式中，$\boldsymbol{W}\in\mathbf{R}^{n_1\times n_1}$为模型误差加权矩阵。

假定小的时间间隔为常数，$\boldsymbol{Z}(t)=\boldsymbol{Z}_k$，$\boldsymbol{Z}(t+\Delta t)=\boldsymbol{Z}_{k+1}$。为了使 $\boldsymbol{J}$ 最小，需满足$\frac{\partial\boldsymbol{J}}{\partial\boldsymbol{D}_k}=0$，由此可得［$t_k$，$t_{k+1}$］时间区间的模型误差估计：

$$\begin{aligned}\hat{\boldsymbol{D}}_k=&-\{[\boldsymbol{\Lambda}(\Delta t)\boldsymbol{U}(\hat{x}_k)]^{\mathrm{T}}\boldsymbol{R}^{-1}[\boldsymbol{\Lambda}(\Delta t)\boldsymbol{U}(\hat{x}_k)]+\boldsymbol{W}\}^{-1}\\&[\boldsymbol{\Lambda}(\Delta t)\boldsymbol{U}(\hat{x}_k)]^{\mathrm{T}}\boldsymbol{R}^{-1}[\boldsymbol{S}(\hat{x},\Delta t)-\hat{\boldsymbol{Z}}_{k+1}+\hat{\boldsymbol{Z}}_k]\end{aligned} \tag{7-29}$$

令 $\boldsymbol{M}_k=\{[\boldsymbol{\Lambda}(\Delta t)\boldsymbol{U}(\hat{x}_k)]^{\mathrm{T}}\boldsymbol{R}^{-1}[\boldsymbol{\Lambda}(\Delta t)\boldsymbol{U}(\hat{x}_k)]+\boldsymbol{W}\}[\boldsymbol{\Lambda}(\Delta t)\boldsymbol{U}(\hat{x}_k)]^{\mathrm{T}}\boldsymbol{R}^{-1}$，则式（7－21）可写成

$$\hat{\boldsymbol{D}}_k=-\boldsymbol{M}_k[\boldsymbol{S}(\hat{x},\Delta t)-\hat{\boldsymbol{Z}}_{k+1}+\hat{\boldsymbol{Z}}_k] \tag{7-30}$$

运用预测滤波进行在线标定时，往往将待标定的误差项看作模型误差，系统状态变量的维数大大降低，从而减少了滤波计算量，提高了标定的实时性。

7.2.2 两阶段卡尔曼滤波算法

两阶段卡尔曼滤波，顾名思义就是将滤波分成两步进行。在一定的代数限制下，两阶段卡尔曼滤波与扩展卡尔曼滤波具有等价性。两阶段卡尔曼滤波算法针对的是如下系统模型：

$$\begin{aligned} x_{k+1} &= A_k x_k + B_k b_k + w_k^x \\ b_{k+1} &= C_k b_k + w_k^b \\ z_k &= H_k x_k + v^k \end{aligned} \tag{7-31}$$

其中，x_k 为 n 维状态变量；b_k 为 q 维偏差量；z_k 为 m 维量测量；w_k^x、w_k^b、v^k 分别为相应维数的高斯白噪声序列，其统计特性如下：

$$E\left\{\begin{bmatrix} w_j^x \\ w_j^b \\ v_j \end{bmatrix}\begin{bmatrix} w_k^x \\ w_k^b \\ v_k \end{bmatrix}^{\mathrm{T}}\right\} = \begin{bmatrix} Q_k^x & Q_k^{xb} & 0 \\ (Q_k^{xb})^{\mathrm{T}} & Q_k^b & 0 \\ 0 & 0 & R_k \end{bmatrix}\delta_{kj} \tag{7-32}$$

Q_k^x、Q_k^b、R_k 都大于0。δ_{kj}为 Kronecker delta 函数。其具体步骤如下。

第一步，忽略偏差量（即令 $b_k = 0$）得到无偏滤波器，其和标准的卡尔曼滤波器有相似的结构。即

$$x_{\exp}^{-} = A_{k-1} x_{k-1}^{-} \tag{7-33}$$

$$p_{\exp}^{\bar{x}} = A_{k-1} p_{k-1}^{\bar{x}} A_{k-1}^{\mathrm{T}} + Q_{k-1}^{\bar{x}} \tag{7-34}$$

$$k_k^x = p_{\exp}^{\bar{x}} H_k^{\mathrm{T}} (H_k p_{\exp}^{\bar{x}} H_k^{\mathrm{T}} + R_k)^{-1} \tag{7-35}$$

$$\overline{p_k^x} = (I - k_k^x H_k) p_{\exp}^{\bar{x}} \tag{7-36}$$

$$\overline{x_k} = x_{\exp}^{-} + k_k^x (z_k - H_k x_{\exp}^{-}) \tag{7-37}$$

第二步，估计偏差量，其滤波算法如下：

$$b_{\exp}^{-} = C_{k-1} b_{k-1}^{-} \tag{7-38}$$

$$\overline{b_k} = b_{\exp}^{-} + k_k^b (z_k - H_k x_{\exp}^{-} - S_k b_{\exp}^{-}) \tag{7-39}$$

$$p_{\exp}^{\bar{b}} = C_{k-1} p_{k-1}^{\bar{b}} C_{k-1}{}^{\mathrm{T}} + Q_{k-1}^b \tag{7-40}$$

$$k_k^b = p_{\exp}^{\bar{b}} S_k^{\mathrm{T}} (H_k p_{\exp}^{\bar{x}} H_k^{\mathrm{T}} + S_k p_{\exp}^{\bar{b}} S_k^{\mathrm{T}} + R_k)^{-1} \tag{7-41}$$

$$\overline{p_k^b} = (I - k_k^b S_k) p_{\exp}^{\bar{b}} \tag{7-42}$$

$$V_k = U_k - k_k^x S_k \tag{7-43}$$

$$S_k = H_k U_k \tag{7-44}$$

$$Q_{k-1}^{\bar{x}} = Q_{k-1}^x + U_k Q_{k-1}^b U_k^{\mathrm{T}} \tag{7-45}$$

$$U_k = A_{k-1} V_k + B_{k-1} \tag{7-46}$$

然后将无偏滤波器结果和状态变量结果融合得到状态变量估计值为

$$\hat{x}_k = \bar{x}_k + V_k \bar{b}_k \tag{7-47}$$

两阶段卡尔曼滤波将扩展卡尔曼滤波分解成两个降阶滤波器，并且两个降阶滤波器可以并行运算，大大减少了滤波计算量。设无偏差滤波器的状态维数为 n，偏差滤波器的维数为 p，则扩展卡尔曼滤波的维数为（$n+p$）。根据文献［72］的公式，迭代一次时，扩展卡尔曼滤波的计算量为

$$P_1 = 6(n+p)^3 + 4(n+p)^2 m + 4(n+p)m^2 + 2m^3 + 2(n+p)m - n \tag{7-48}$$

而两阶段卡尔曼滤波的计算量为

$$\begin{aligned} P_2 = {} & 6n^3 + 4n^2 m + 4m^2 n + 2m^3 + 2nm - n + 4n^2 p + 2p^2 n + 4npm + 2p^3 - np + \\ & 6p^3 + 4p^2 m + 4m^2 p + 2m^3 + 2pm - p \end{aligned} \tag{7-49}$$

当 p 越大时，两阶段卡尔曼滤波的优势越明显。

7.2.3 基于序贯处理的平方根滤波

针对无偏滤波器存在因计算误差易使误差协方差 $\bar{p}_k^x$ 逐渐失去非负定性，从而导致滤波发散的不足。信冠杰等[75]针对该缺陷将 Q－R 分解引入卡尔曼滤波，提高了滤波稳定性。本书引入基于序贯处理的平方根滤波算法。

平方根滤波的核心思想是将误差协方差进行平方根分解即 $\boldsymbol{P}_k = \boldsymbol{\Delta}_k \boldsymbol{\Delta}_k^{\mathrm{T}}$，$\boldsymbol{P}_{\exp} = \boldsymbol{\Delta}_{\exp} \boldsymbol{\Delta}_{\exp}^{\mathrm{T}}$。在滤波计算过程中只对 $\boldsymbol{\Delta}_{\exp}$ 和 $\boldsymbol{\Delta}_k$ 进行计算，由于 $\boldsymbol{\Delta}_{\exp}$ 和 $\boldsymbol{\Delta}_k$ 的特殊形式，从而保证 $\boldsymbol{P}_{\exp}$ 和 $\boldsymbol{P}_k$ 的非负定性。

设系统方程和量测方程为

$$\begin{aligned} \boldsymbol{X}_k &= \boldsymbol{\phi}_{k,k-1} \boldsymbol{X}_{k-1} + \boldsymbol{W}_{k-1} \\ \boldsymbol{Z}_k &= \boldsymbol{H}_k \boldsymbol{X}_k + \boldsymbol{V}_k \end{aligned} \tag{7-50}$$

式中，$\boldsymbol{W}_k$ 和 $\boldsymbol{V}_k$ 都为零均值白噪声；方差阵分别为 $\boldsymbol{Q}_k$ 和 $\boldsymbol{R}_k$；$\boldsymbol{W}_k$ 和 $\boldsymbol{V}_k$ 相互独立。

记：

$$\begin{aligned} \boldsymbol{P}_k &= \boldsymbol{\Delta}_k \boldsymbol{\Delta}_k^{\mathrm{T}} \\ \boldsymbol{P}_{\exp} &= \boldsymbol{\Delta}_{\exp} \boldsymbol{\Delta}_{\exp}^{\mathrm{T}} \end{aligned} \tag{7-51}$$

量测为 m 维向量。对于 m 维独立量测的情况，量测噪声方差阵为对角阵：

$$\boldsymbol{R}_k = \mathrm{diag}[\, R_k^1 \quad R_k^2 \quad \cdots \quad R_k^m \,] \tag{7-52}$$

则平方根滤波的量测更新可采用序贯处理来实现。

设根据 $k-1$ 时刻的序贯处理结果已获得 $\hat{x}_{\exp}$ 和 $\boldsymbol{\Delta}_{\exp}$，则 k 时刻的量测更新序

贯处理按下述步骤进行。

取：

$$\begin{aligned}\hat{x}_k^0 &= \hat{x}_{\exp} \\ \Delta_k^0 &= \Delta_{\exp}\end{aligned} \tag{7-53}$$

对于 $j=1, 2, \cdots, m$，迭代计算方程（7－54）～方程（7－59）：

$$a_k^j = (H_k^j \Delta_k^{j-1})^{\mathrm{T}} \tag{7-54}$$

$$b_k^j = (a_k^{j\,\mathrm{T}} a_k^j + R_k^j)^{-1} \tag{7-55}$$

$$\gamma_k^j = \left(1 + \sqrt{b_k^j R_k^j}\right)^{-1} \tag{7-56}$$

$$k_k^j = b_k^j \Delta_k^{j-1} a_k^j \tag{7-57}$$

$$\hat{x}_k^j = \hat{x}_k^{j-1} + k_k^j (z_k^j - H_k^j \hat{x}_k^{j-1}) \tag{7-58}$$

$$\Delta_k^j = \Delta_k^{j-1} - \gamma_k^j k_k^j a_k^{j\,T} \tag{7-59}$$

当 $j=m$ 时，即获得 k 时刻的量测更新结果：

$$\hat{x}_k = \hat{x}_k^m \tag{7-60}$$

$$\Delta_k = \Delta_k^m \tag{7-61}$$

7.2.4　基于平方根序贯处理的两阶段卡尔曼滤波

两阶段卡尔曼滤波分为无偏滤波器和偏差滤波器，针对无偏滤波器容易因计算误差导致滤波发散的不足，用基于序贯处理的平方根滤波替代无偏滤波，结合偏差滤波器就构成基于平方根序贯处理的两阶段卡尔曼滤波。该算法结合了两种滤波算法的优势，既可以降低计算量又可以提高滤波稳定性。为提高在线标定的实时性，将该改进算法应用于在线标定。

在3.4.2小节提出的标定路径的基础上，将改进的两阶段卡尔曼滤波算法用于在线标定，两阶段卡尔曼滤波的初值设置如下。

状态变量 $\boldsymbol{X}$、偏差量 $\boldsymbol{b}$ 的初值都为0向量。

初始状态协方差为

$$\begin{aligned}\boldsymbol{P} = \mathrm{diag}\{&(2\ \mathrm{m/s})^2,(2\ \mathrm{m/s})^2,(2\ \mathrm{m/s})^2,(1°)^2,(1°)^2,(1°)^2,\\&(1°)^2,(1°)^2,(1°)^2\}\end{aligned}$$

$$\begin{aligned}\boldsymbol{Pb} = \mathrm{diag}\{&(10^{-3}g)^2,(10^{-3}g)^2,(10^{-3}g)^2,(5\times10^{-3}g)^2,\\&(5\times10^{-3}g)^2,(5\times10^{-3}g)^2,(10^{-3}g)^2,(10^{-3}g)^2,\\&(10^{-3}g)^2,(1°)^2,(1°)^2,(1°)^2\}\end{aligned}$$

系统噪声协方差为

$$\begin{aligned}\boldsymbol{Q} = \mathrm{diag}\{&(5\times10^{-5}g)^2,(5\times10^{-5}g)^2,(5\times10^{-5}g)^2,\\&(0.05°)^2,(0.05°)^2,(0.05°)^2,0,0,0\}\end{aligned}$$

$$\begin{aligned} \boldsymbol{Q}b = \mathrm{diag}\{&(10^{-8})^2,(10^{-8})^2,(10^{-8})^2,(2.4\times10^{-8})^2,\\ &(2.4\times10^{-8})^2,(2.4\times10^{-8})^2,(10^{-8})^2,(10^{-8})^2,(10^{-8})^2,\\ &(2.4\times10^{-8})^2,(2.4\times10^{-8})^2,(2.4\times10^{-8})^2\} \end{aligned}$$

$$\begin{aligned} \boldsymbol{R} = \mathrm{diag}\{&(0.01\ \mathrm{m/s})^2,(0.01\ \mathrm{m/s})^2,(0.01\ \mathrm{m/s})^2,\\ &(0.01°)^2,(0.01°)^2,(0.01°)^2\} \end{aligned}$$

设定加速度计刻度系数误差为 10^{-3}，常值偏置为 $10^{-3}*g\ \mathrm{m/s^2}$，陀螺刻度系数误差为 10^{-3}，零偏为 $4*10^{-4}$ rad/s，其滤波结果如图 7 - 5 和图 7 - 6 所示（直线为设定值，曲线为估计值）。

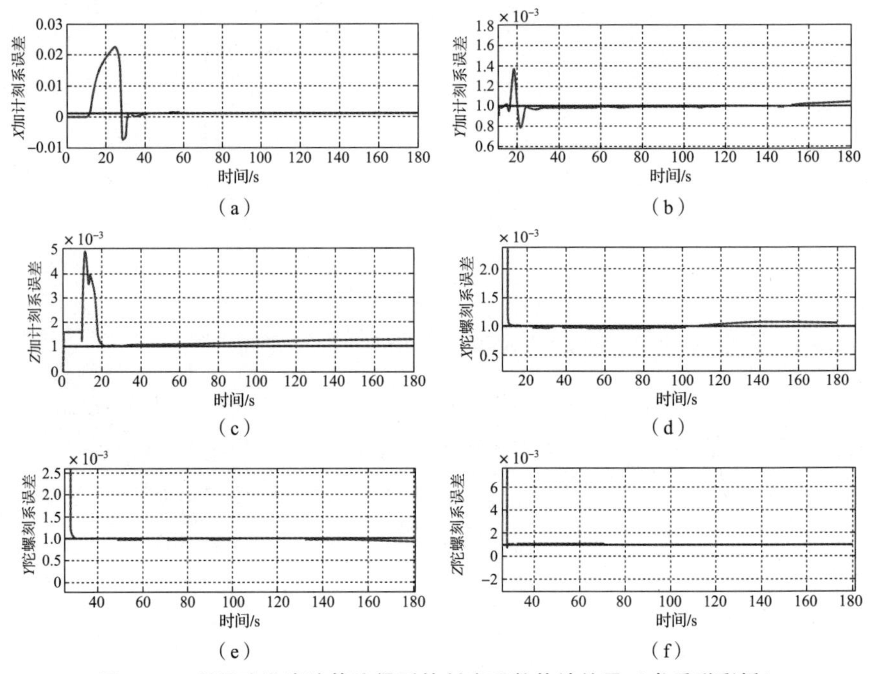

图 7 - 5　利用改进滤波算法得到的刻度系数估计结果（书后附彩插）

（a）*X* 加计刻系误差；（b）*Y* 加计刻系误差；（c）*Z* 加计刻系误差；（d）*X* 陀螺刻系误差；（e）*Y* 陀螺刻系误差；（f）*Z* 陀螺刻系误差

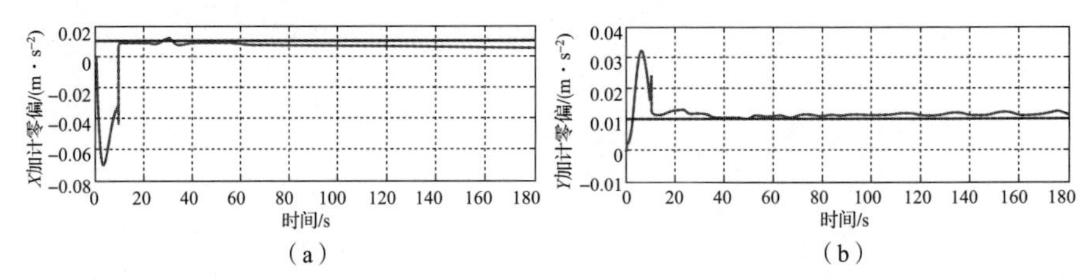

图 7 - 6　利用改进滤波算法得到的加计零偏和陀螺漂移的估计结果（书后附彩插）

（a）*X* 加计零偏；（b）*Y* 加计零偏

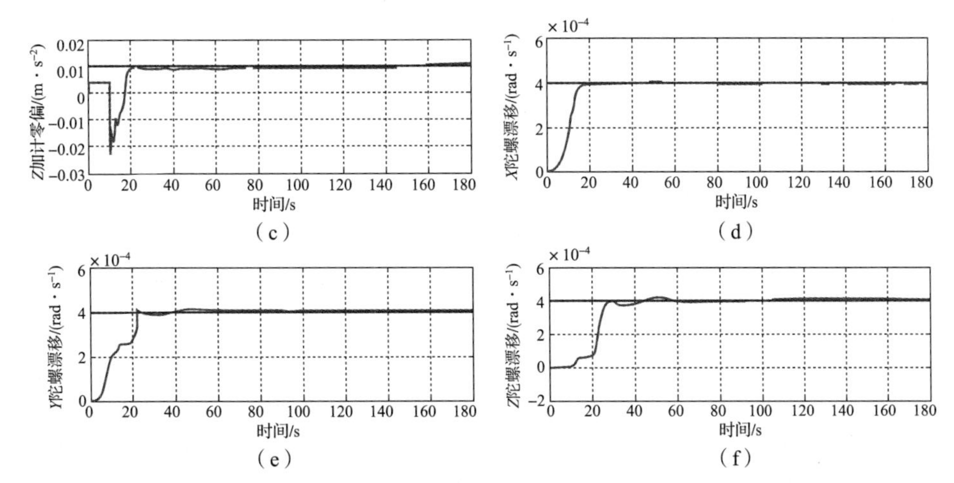

图 7－6　利用改进滤波算法得到的加计零偏和陀螺漂移的估计结果（续）（书后附彩插）

（c）Z 加计零偏；（d）X 陀螺漂移；（e）Y 陀螺漂移；（f）Z 陀螺漂移

将不同滤波方式下各参数的收敛时间进行统计，如表 7－3 所示。

表 7－3　滤波收敛时间对比表

算法	X 加计刻度系数误差	Y 加计刻度系数误差	Z 加计刻度系数误差	X 加计零偏	Y 加计零偏	Z 加计零偏
EKF	50	20	40	10	25	30
改进算法	40	22	20	10	26	20

算法	X 陀螺刻度系数误差	Y 陀螺刻度系数误差	Z 陀螺刻度系数误差	X 陀螺零偏	Y 陀螺零偏	Z 陀螺零偏
EKF	10	26	25	10	26	25
改进算法	10	25	25	15	22	25

从表 7－3 可以看出，改进的滤波算法使 X 加计刻度系数误差、Z 加计刻度系数误差、Z 加计零偏和 Y 陀螺零偏的收敛速度得到提高，同时根据式（7－48）和式（7－49）可得扩展卡尔曼滤波的计算量为 69 873，两阶段卡尔曼滤波的计算量为 36 681。可见滤波计算量大大降低，提高在线标定的实时性。从而验证了改进算法的正确性。

参 考 文 献

[1] 陈永超，高欣宝，李天鹏，等．远程制导火箭弹发展现状及关键技术 [J]．飞航导弹，2016（9）：71－89．

[2] 杨树兴．陆军多管火箭武器的发展与思考 [J]．兵工学报，2016，37（7）：1299－1305．

[3] 刘晓庆．捷联式惯导系统误差标定方法研究 [D]．哈尔滨：哈尔滨工程大学，2008：6－7．

[4] 盛宏媛．光纤陀螺捷联惯导系统级标定方法研究 [D]．哈尔滨：哈尔滨工程大学，2012：5－6．

[5] HAM F M，BROWN R G．Observability，eigenvalues，and Kalman filtering [J]．IEEE transactions on aerospace and electronic systems，1983，19（2）：269－273．

[6] 万德钧，房建成．惯性导航初始对准 [M]．南京：东南大学出版社，1998：100－106．

[7] WU Y X，ZHANG H L，WU M P，et al．Observability of strapdown INS alignment：a global perspective [J]．IEEE transaction on aerospace and electronic systems，2012，48（1）：78－102．

[8] HONG S，GHUN H H，KWON S H，et al．Observability measures and their application to GPS/INS [J]．IEEE transaction on vehicular technology，2008，57（1）：97－106．

[9] TANG Y G，WU Y X，WU M P，et al．INS/GPS integration：global observability analysis [J]．IEEE transaction on vehicular technology，2009，58（3）：1129－1142．

[10] DISSANAYAKE G，SUKKARIEH S，NEBOT E，et al．The aiding of a low－cost strapdown inertial measurement unit using vehicle model constraints for land vehicle applications [J]．IEEE transaction on robotics and atomation，2001，17（5）：731－747．

[11] 杨晓霞，黄一．利用 ESO 和 TD 进行的激光捷联惯组误差参数外场标定方法 [J]．中国惯性技术学报，2010，18 (1)：1 -9，15.

[12] 杨晓霞，黄一．外场标定条件下捷联惯导系统误差状态可观测性分析 [J]．中国惯性技术学报，2008，16 (6)：657 -664.

[13] 胡寿松．自动控制原理 [M]．北京：科学出版社，2007：479 -482.

[14] GOSHEN - MESKIN D, BAR - ITZHACK I Y. Observability analysis of piece - wise constant system, part1: theory [J]. IEEE transaction on aerospace and electronic systems, 1992, 28 (4): 1056 - 1067.

[15] GOSHEN - MESKIN D, BAR - ITZHACK I Y. Observability analysis of piece - wise constant system, part2: application to inertial navigation in - flight alignment [J]. IEEE transaction on aerospace and electronic systems, 1992, 28 (4): 1068 - 1075.

[16] 赵睿．捷联惯性系统初始对准研究 [D]．南京：东南大学，2006：24 -26.

[17] 程向红，万德钧，仲巡．捷联惯导系统的可观测性和可观测度研究 [J]．东南大学学报，1997，27 (6)：7 -11.

[18] 孔星炜，董景新，吉庆昌，等．一种基于 PWCS 的惯导系统可观测度分析方法 [J]．中国惯性技术学报，2011，19 (6)：631 -636，641.

[19] 刘准，陈哲．条件数在系统可观测性分析中的应用研究 [J]．系统仿真学报，2004，16 (7)：1552 -1555.

[20] 马艳红，胡军．基于 SVD 理论的可观测度分析方法的几个反例 [J]．中国惯性技术学报，2008，16 (4)：448 -452，457.

[21] 李海强．基于比对的捷联惯性测量组合不拆弹标定方法 [J]．探测与控制学报，2011，33 (6)：52 -56.

[22] 全振中，石志勇．基于速度加姿态匹配的捷联惯导在线标定路径设计 [J]．火力与指挥控制，2013，28 (7)：55 -58.

[23] 戴晨曦．弹载捷联惯导免拆标定关键技术研究 [D]．南京：东南大学，2017：32 -41.

[24] 陈勇．速度加姿态匹配传递对准技术研究 [D]．哈尔滨：哈尔滨工业大学，2017：28 -37.

[25] 杨晓霞．激光捷联惯导系统的外场动态标定方法 [J]．中国惯性技术学报，2011，19 (4)：393 -399.

[26] SAVAGE P G. Strapdown analytics [M]. Maple Plain: Strapdown Associ-

ates, Inc, 2007.

[27] ZHANG H, WU Y, WU M. A multi - position calibration algorithm for inertial measurement units [C] // Navigation and Control Conference and Exhibit. Honolulu, 2008: 81 - 89.

[28] 李开. 船用捷联式惯导系统在线标定方法研究 [D]. 哈尔滨: 哈尔滨工程大学, 2011: 52 - 57.

[29] 彭靖, 郑惠敏, 王成. 机载导弹惯导系统传递对准机动方式研究 [J]. 现代防御技术, 2009, 37 (4): 24 - 29.

[30] 吴文启, 张岩. 激光陀螺捷联惯导系统参数稳定性与外场自标定 [J]. 中国惯性技术学报, 2011, 19 (1): 11 - 16.

[31] PITTMAN D N, LANIER N C, LEFEVRE V C. Integration and testing of a low - cost land navigator for the army combined arms weapon system (TACAWS) [C] // Position Location and Navigation Symposium, 1996: 399 - 406.

[32] WANG Z M, ZHOU H Y. A new method for estimating system error of guidance instrument [J]. Science in China (Series E), 1998, 41 (3): 263 - 270.

[33] 袁宇, 王明海. 基于环境函数分析的制导工具误差补偿方法研究 [J]. 弹箭与制导学报, 2006, 26 (3): 279 - 282.

[34] BROWN R G. Introduction to random signal analysis and Kalman filtering [M]. New York: John Wiley&Sons, 1983: 4 - 5.

[35] MAHALANABIS A K. Introduction to random signal analysis and Kalman filtering [J]. Automatic, 1983, 22 (3): 387 - 388.

[36] BRYSON A, JOHANSON D. Linear filtering for time - varing systems using measurements containing colored noise [J]. IEEE transactions on automatic control, 1965, 10 (1): 4 - 10.

[37] 邓自立. 信息融合估计理论及其应用 [M]. 北京: 科学出版社, 2012: 5 - 6.

[38] LI D W, JIA P F, LI W G, et al. An algorithm on DR/LMS integrated navigation and positioning system based on Kalman filter [J]. Communication and information processing, 2012, 31 (9): 17 - 23.

[39] MEHRA R K. On the identification of variances and adaptive Kalman filtering [J]. IEEE transactions on automatic control, 1970, 15 (2): 175 - 184.

[40] XING G J, ZHANG C H, CUI P. M - measurements indefinite linear quadratic optimal control for bilinear stochastic systems with multiplicative noises [J].

Acta automatica sinica, 2013, 39 (2): 159 - 161.

[41] 付梦印，邓志红，闫莉萍．Kalman 滤波理论及其在导航系统中的应用 [M]．2 版．北京：科学出版社，2010：3 - 4.

[42] 王忠，游志胜，杜传利，等．GPS/INS 动态 Kalman 滤波优化算法 [J]．四川大学学报（工程科学版），2006，38（4）：141 - 144，149.

[43] 范科，赵伟，刘建业，等．自适应滤波算法在 SINS/GPS 组合导航系统中的应用研究 [J]．航空电子技术，2008，39（3）：11 - 15，33.

[44] 鲁平，赵龙，陈哲，等．改进 Sage - Husa 自适应滤波及其应用 [J]．系统仿真学报，2007，19（15）：3503 - 3505.

[45] 黄晓瑞，崔平远，崔祜涛，等．GPS/INS 组合导航系统自适应滤波算法与仿真研究 [J]．飞行力学，2001，19（2）：69 - 72.

[46] 魏伟，秦永元，张晓冬，等．Kalman 滤波系统和量测噪声自适应估计的关联性 [J]．测控技术，2012，31（12）：98 - 103.

[47] 魏燕明．基于 SINS 精对准的自适应滤波研究 [J]．科学技术与工程，2012，12（28）：7289 - 7292，7297.

[48] 王跃钢，蔚跃，雷堰龙，等．模糊自适应滤波在捷联惯导初始对准中的应用 [J]．压电与声光，2013，35（1）：59 - 62.

[49] 高为广，杨元喜，张婷，等．神经网络辅助的 GPS/INS 组合导航自适应滤波算法 [J]．测绘学报，2007，36（1）：26 - 30.

[50] 汪坤，严发宝．基于低通滤波技术的 GPS/INS 组合导航 [J]．兵工自动化，2013（6）：74 - 77，81.

[51] 何秀凤，杨光．扩展区间 Kalman 滤波器及其在 GPS/INS 组合导航中的应用 [J]．测绘学报，2004，33（1）：47 - 52.

[52] 乐洋，何秀凤．区间自适应 Kalman 滤波算法在 GPS/INS 组合导航中的应用 [J]．大地测量与地球动力学，2010，30（2）：113 - 116.

[53] 杨长林，柏秀亮，刘延飞，等．新息自适应区间 Kalman 滤波算法及其应用 [J]．传感器与微系统，2012，31（11）：132 - 135.

[54] 党雅娟，鲁浩，庞秀枝．空空导弹捷联惯导系统空中标定技术研究 [J]．计量、测试与校准，2010，30（4）：23 - 27.

[55] 戴邵武，贺毅，徐胜红，等．舰载导弹捷联惯导系统原位标定技术研究 [J]．舰船电子工程，2011，31（9）：47 - 49.

[56] 游金川，秦永元．制导弹箭捷联惯组在架标定方案研究 [J]．传感技术学报，2011，24（7）：1001 - 1006.

[57] 祝燕华，刘建业，孙永荣，等. 导弹射前惯测组件误差在线标定方案研究 [J]. 系统工程与电子技术，2007，29 (4)：618 - 622.

[58] 李海强，詹丽娟，卿立. 捷联惯性测量装置在整弹上的标定方法研究 [J]. 战术导弹控制技术，2006，2 (53)：32 - 36.

[59] 吴平，雷虎民，邵雷，等. 一种车载筒弹惯导装置不开箱标定方法 [J]. 中国惯性技术学报，2010，18 (1)：29 - 32.

[60] 崔鹏程，邱宏波. 舰载导弹用捷联惯导系统校准技术研究 [J]. 中国惯性技术学报，2010，30 (4)：12 - 15.

[61] 周本川，程向红，陆源. 弹载捷联惯导系统的在线标定方法 [J]. 弹箭与制导学报，2011，31 (1)：1 - 4.

[62] 卢思祺. 捷联惯导系统级标定试验和数据处理方法研究 [D]. 南京：东南大学，2017：32 - 48.

[63] 陆志东，王磊. 捷联惯导系统的空中标定方法 [J]. 中国惯性技术学报，2007，15 (2)：136 - 138.

[64] 秦永元. 惯性导航 [M]. 北京：科学出版社，2006.

[65] FAKHARIAN A，GUSTAFSSON T，MEHRFAM M. Adaptive Kalman filtering based navigation：an IMU/GPS integration approach [C] // 2011 IEEE International Conference on Networking，Sensing and Control (ICNSC)，2011：181 - 185.

[66] 邢光谦. 量测系统的能观度和状态估计精度 [J]. 自动化学报，1985，11 (2)：152 - 158.

[67] 张红良. 陆用高精度激光陀螺捷联惯导系统误差参数估计方法研究 [D]. 长沙：国防科技大学，2010.

[68] 秦永元，张洪钺，汪叔华. 卡尔曼滤波与组合导航原理 [M]. 西安：西北工业大学出版社，2004.

[69] 美国陆军装备部. 机动车悬架手册 [M]. 杨景义，等译. 北京：国防工业出版社，1987：4 - 6.

[70] 冯占宗，魏来生，毕占东，等. 路障冲击下高速履带车辆悬挂系统性能需求分析 [J]. 装甲兵工程学院学报，2014，2 (28)：45 - 49.

[71] 白国华，冯占宗，张春生，等. 基于图像技术的履带车辆测试路面仿真研究 [J]. 车辆与动力技术，2015，1 (1)：37 - 41.

[72] 华冰，刘建业，熊智. 联邦自适应滤波在 SINS/北斗/星敏感器组合导航系统中的应用 [J]. 东南大学学报（自然科学版），2005，34 (增刊

1)：190－194.

[73] FANG J C, YANG S. Study on innovation adaptive EKF for in－flight alignment of airborne POS [J]. IEEE transactions on instrumentation and measurement, 2011, 60 (4)：1378－1388.

[74] 吴富梅，杨元喜．基于小波阈值消噪自适应滤波的 GPS/INS 组合导航 [J]．测绘学报，2007，36 (2)：124－128.

[75] 信冠杰，卞鸿巍，王战军．基于 Q－R 分解的平滑算法在惯导参数标定中应用 [J]．中国惯性技术学报，2010，18 (5)：633－639.

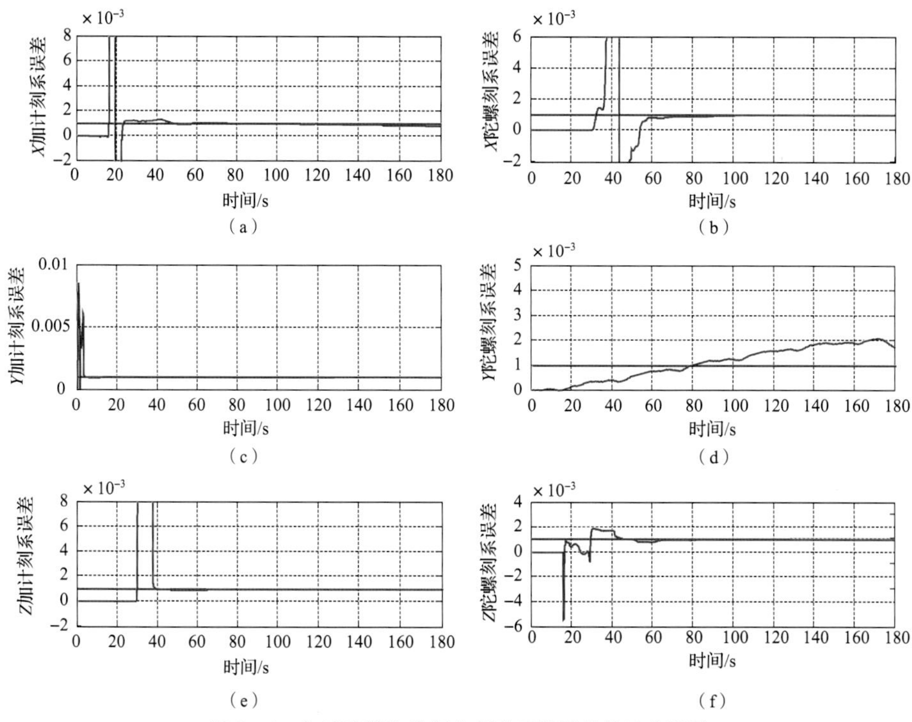

图 3-4　加速度计和陀螺仪刻度系数误差估计曲线图

(a) X 加计刻系误差；(b) X 陀螺刻系误差；(c) Y 加计刻系误差；

(d) Y 陀螺刻系误差；(e) Z 加计刻系误差；(f) Z 陀螺刻系误差

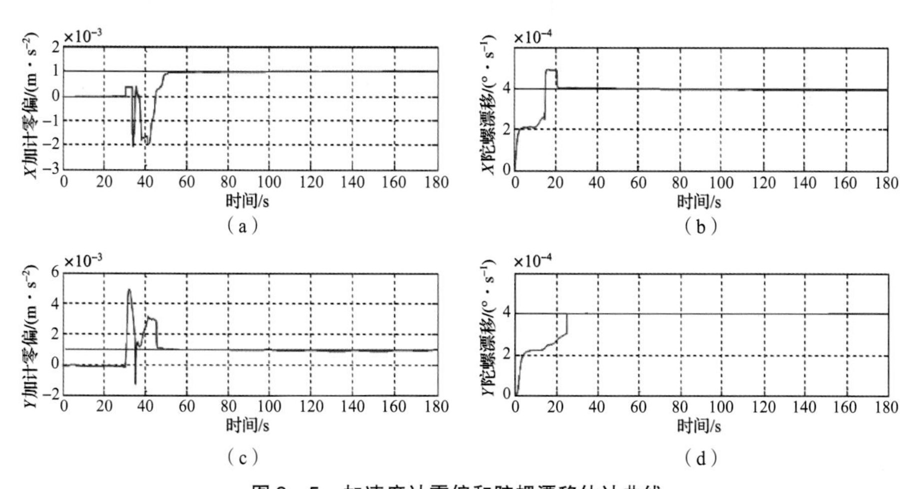

图 3-5　加速度计零偏和陀螺漂移估计曲线

(a) X 加计零偏；(b) X 陀螺漂移；(c) Y 加计零偏；(d) Y 陀螺漂移

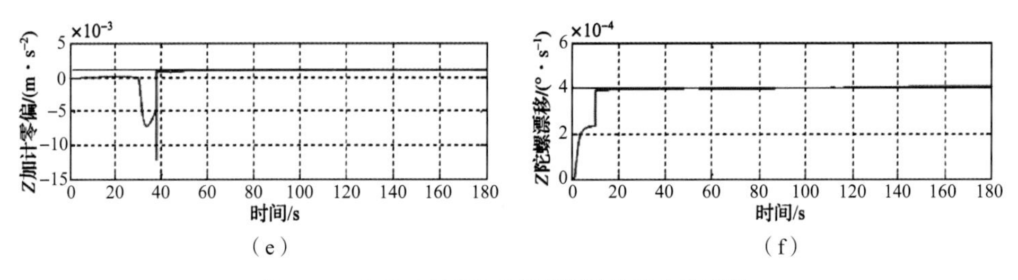

图 3-5　加速度计零偏和陀螺漂移估计曲线(续)

(e) Z 加计零偏;(f) Z 陀螺漂移

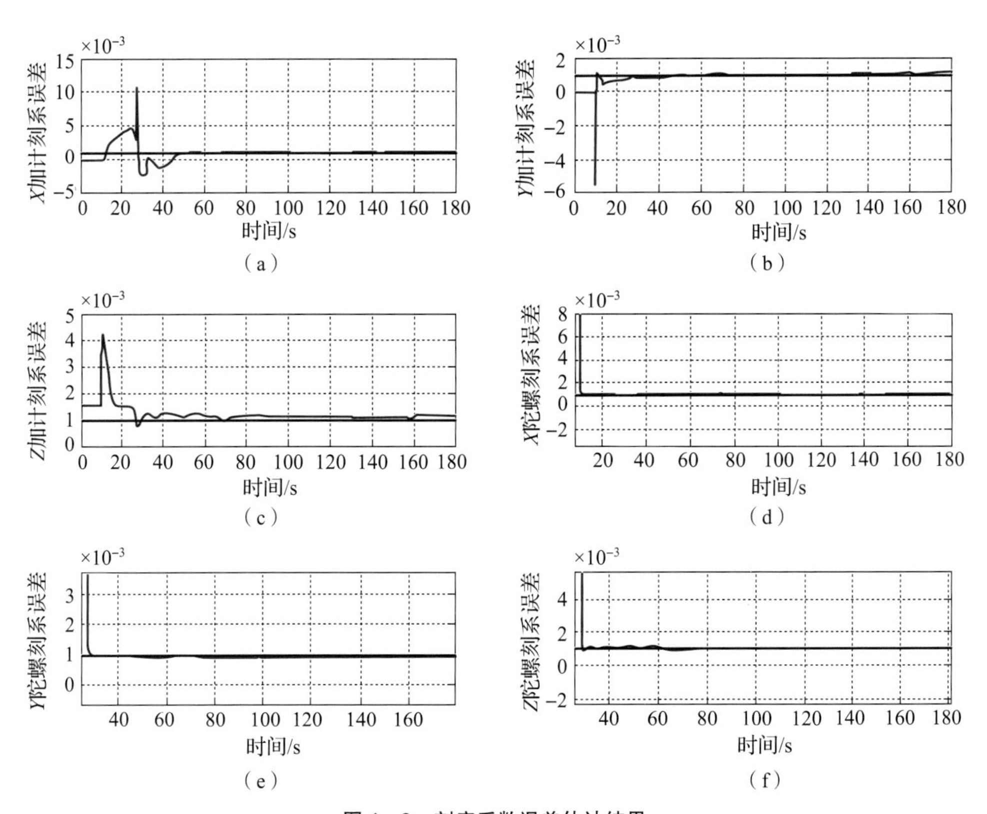

图 4-2　刻度系数误差估计结果

(a) X 加计刻系误差;(b) Y 加计刻系误差;(c) Z 加计刻系误差;

(d) X 陀螺刻系误差;(e) Y 陀螺刻系误差;(f) Z 陀螺刻系误差

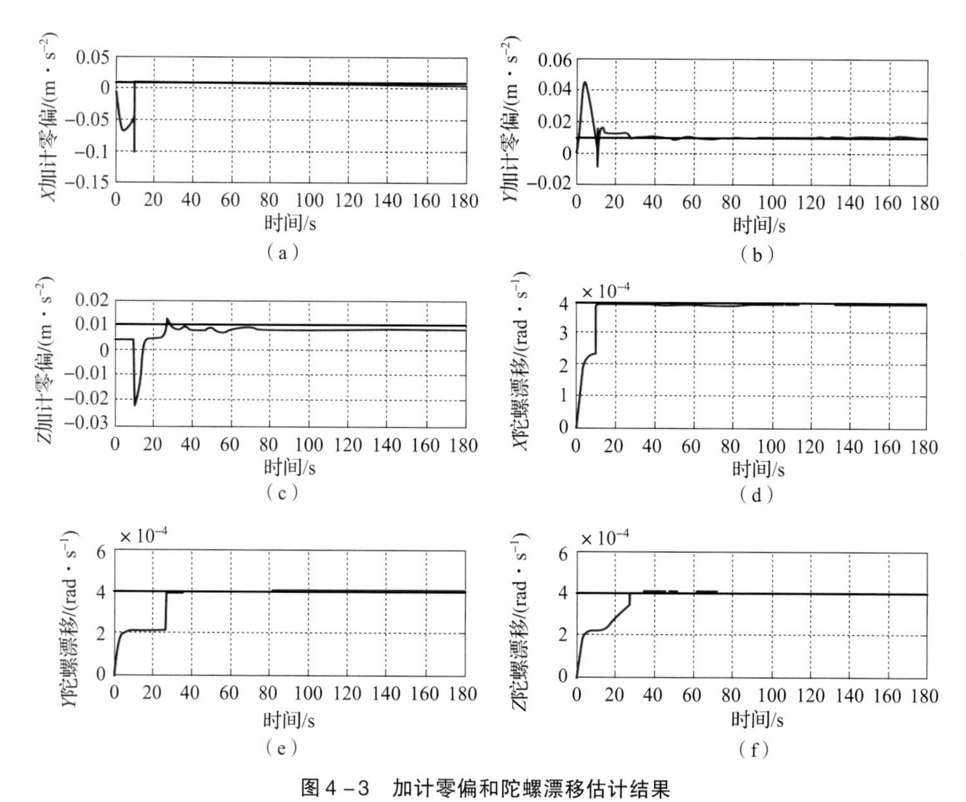

图 4-3 加计零偏和陀螺漂移估计结果

(a)X 加计零偏;(b)Y 加计零偏;(c)Z 加计零偏;

(d)X 陀螺漂移;(e)Y 陀螺漂移;(f)Z 陀螺漂移

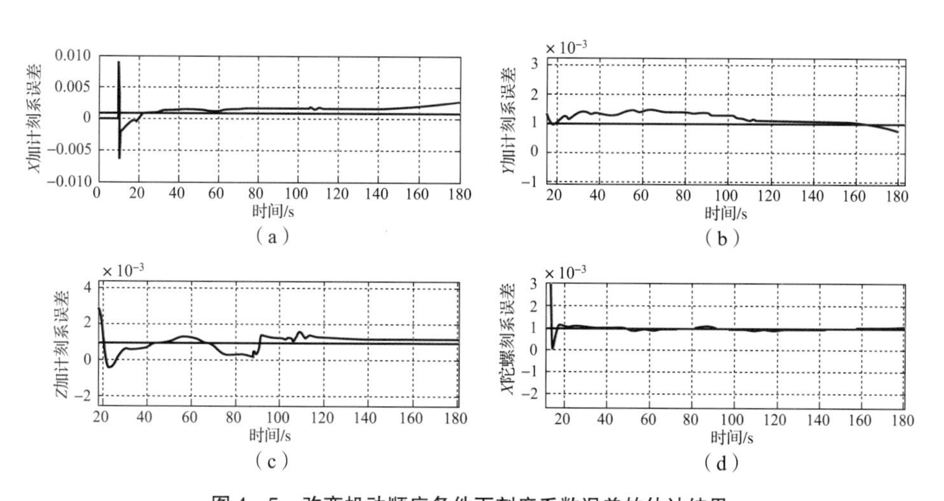

图 4-5 改变机动顺序条件下刻度系数误差的估计结果

(a)X 加计刻系误差;(b)Y 加计刻系误差;(c)Z 加计刻系误差;(d)X 陀螺刻系误差

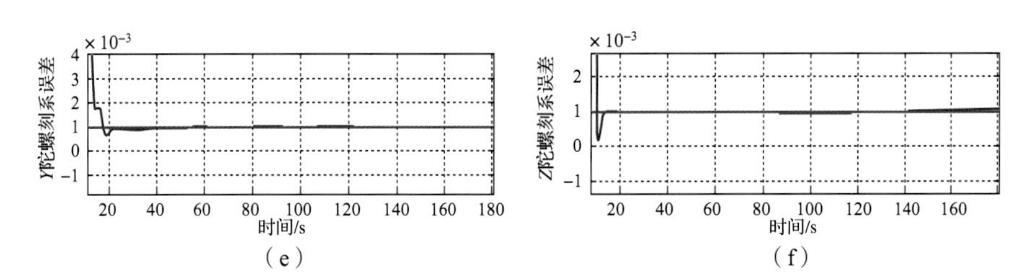

图 4-5　改变机动顺序条件下刻度系数误差的估计结果(续)

(e)Y 陀螺刻系误差;(f)Z 陀螺刻系误差

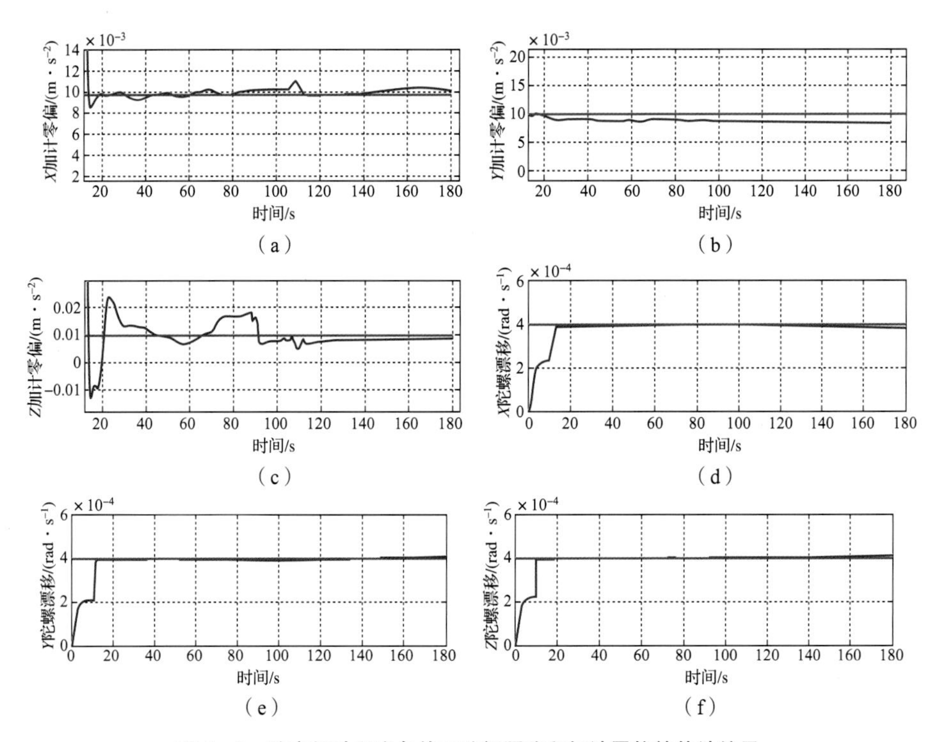

图 4-6　改变机动顺序条件下陀螺漂移和加计零偏的估计结果

(a)X 加计零偏;(b)Y 加计零偏;(c)Z 加计零偏;(d)X 陀螺漂移;
(e)Y 陀螺漂移;(f)Z 陀螺漂移

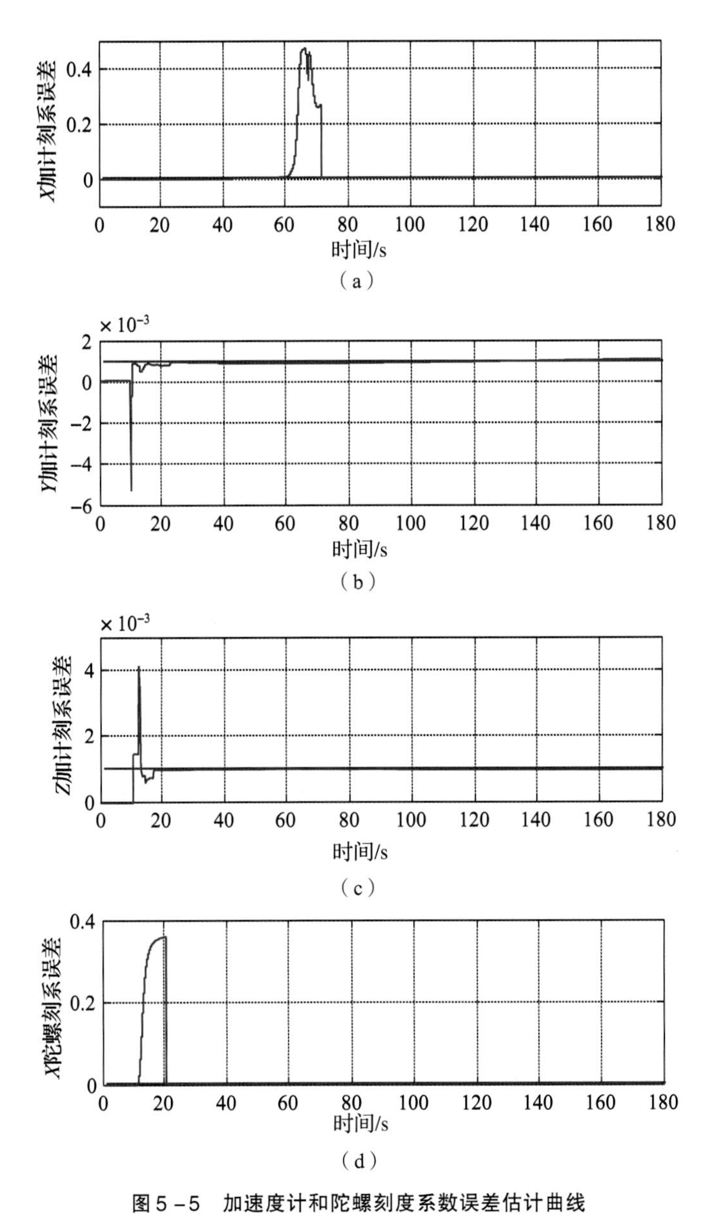

图 5-5　加速度计和陀螺刻度系数误差估计曲线

(a)X 加计刻系误差;(b)Y 加计刻系误差;(c)Z 加计刻系误差;(d)X 陀螺刻系误差

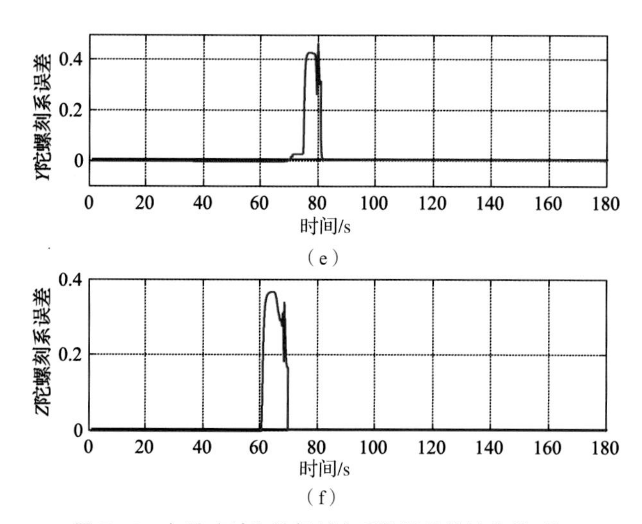

图 5-5　加速度计和陀螺刻度系数误差估计曲线(续)

(e) Y 陀螺刻系误差;(f) Z 陀螺刻系误差

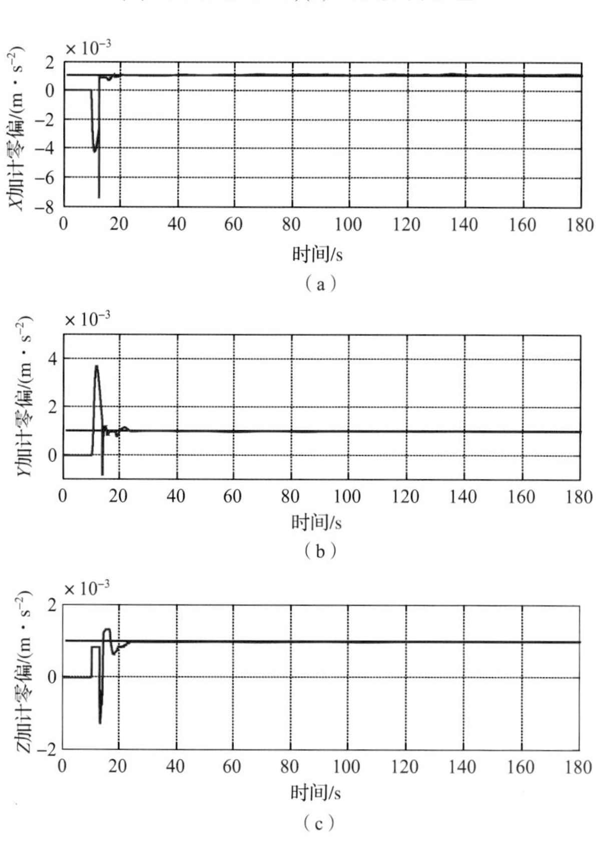

图 5-6　加速度计零偏和陀螺漂移估计曲线

(a) X 加计零偏;(b) Y 加计零偏;(c) Z 加计零偏

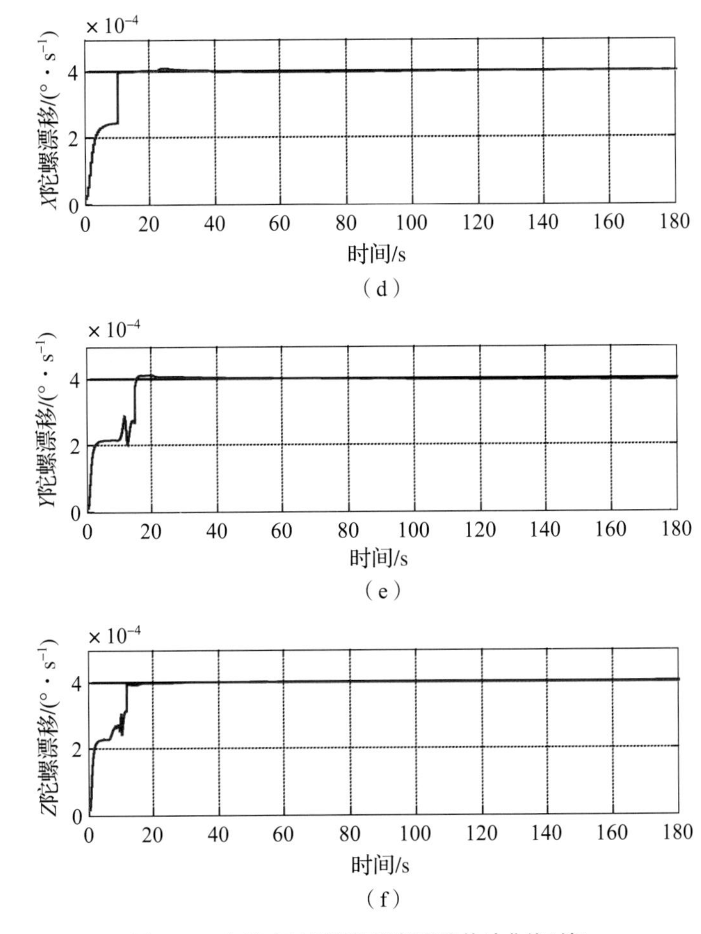

图 5-6　加速度计零偏和陀螺漂移估计曲线(续)

(d)X 陀螺漂移;(e)Y 陀螺漂移;(f)Z 陀螺漂移

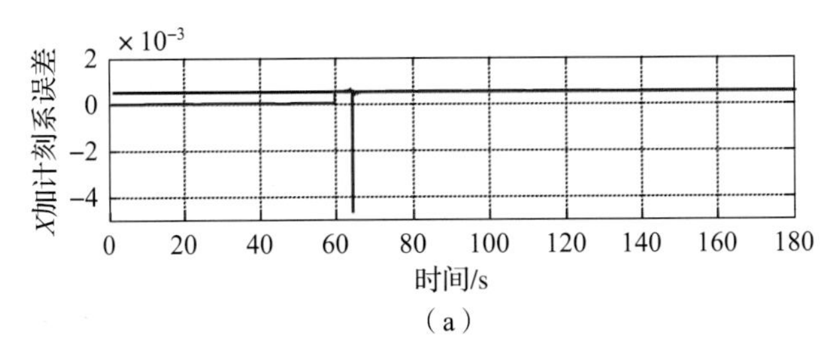

图 5-7　加速度计和陀螺刻度系数误差估计曲线

(a)X 加计刻系误差

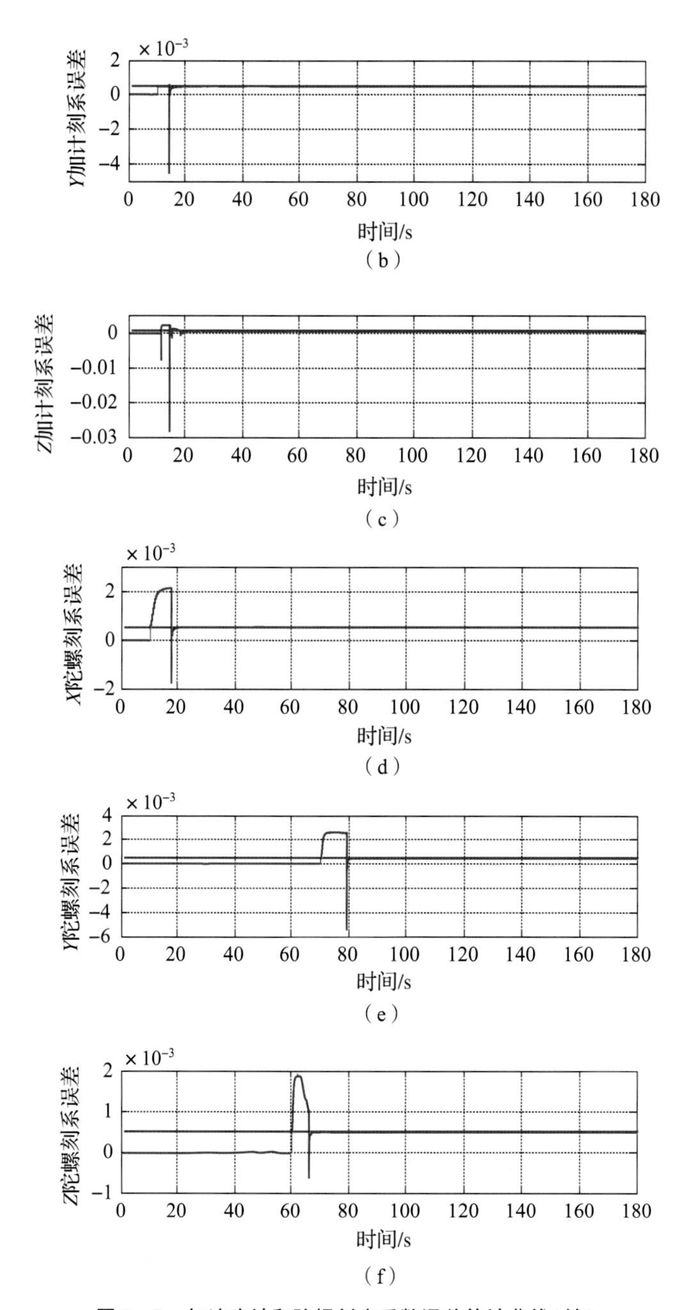

图 5 –7　加速度计和陀螺刻度系数误差估计曲线(续)

(b) Y 加计刻系误差;(c) Z 加计刻系误差;(d) X 陀螺刻系误差;

(e) Y 陀螺刻系误差;(f) Z 陀螺刻系误差

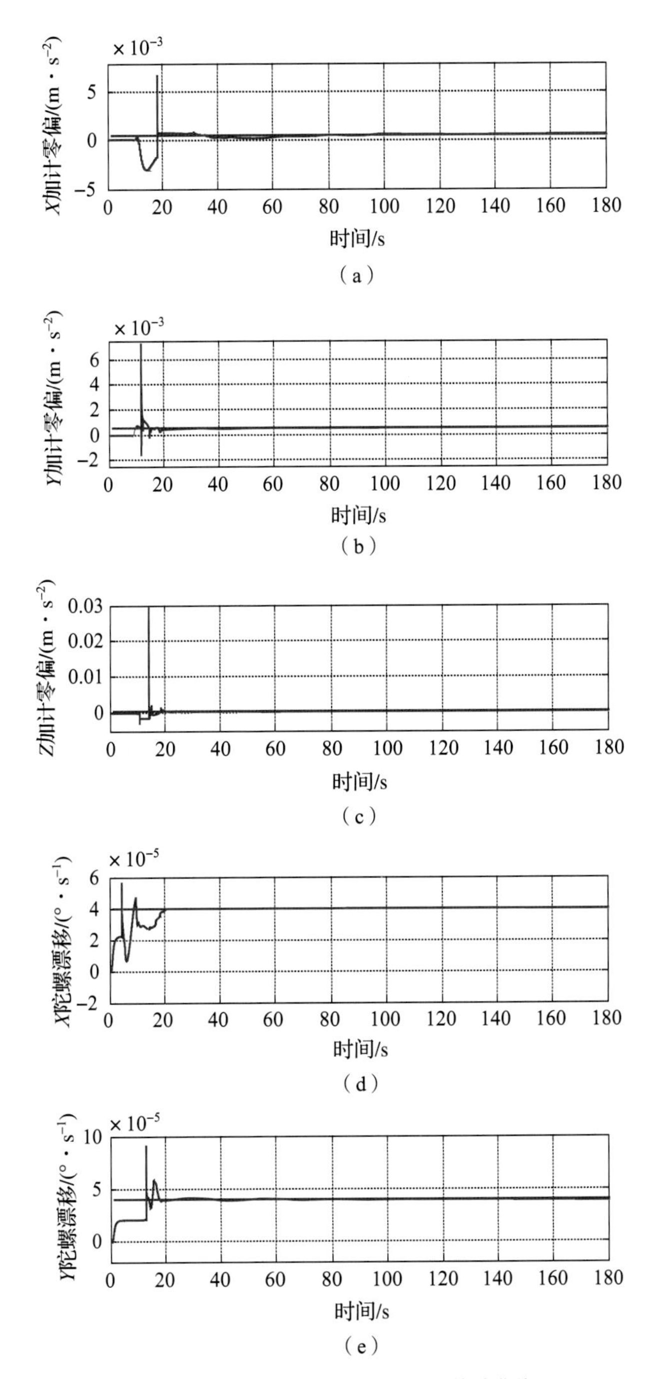

图 5-8　加速度计零偏和陀螺漂移估计曲线

(a) *X* 加计零偏;(b) *Y* 加计零偏;(c) *Z* 加计零偏;(d) *X* 陀螺漂移;(e) *Y* 陀螺漂移

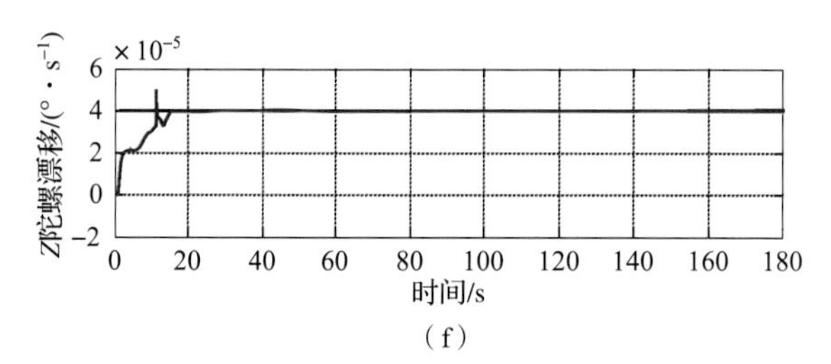

(f)

图 5－8　加速度计零偏和陀螺漂移估计曲线(续)

(f) Z 陀螺漂移

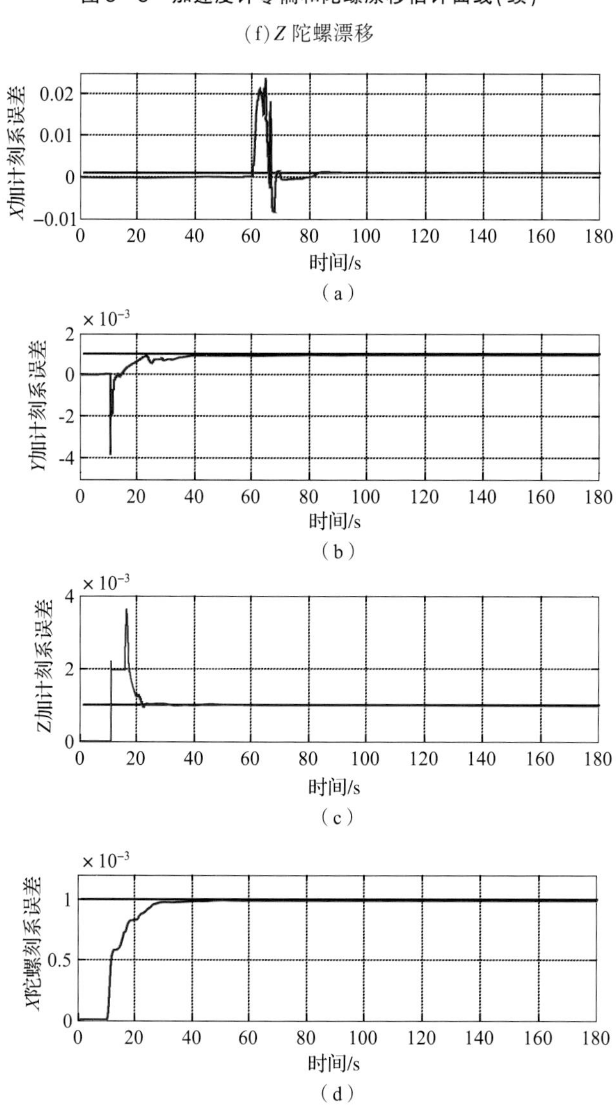

图 5－10　加速度计和陀螺刻度系数误差估计曲线

(a) X 加计刻系误差；(b) Y 加计刻系误差；(c) Z 加计刻系误差；(d) X 陀螺刻系误差

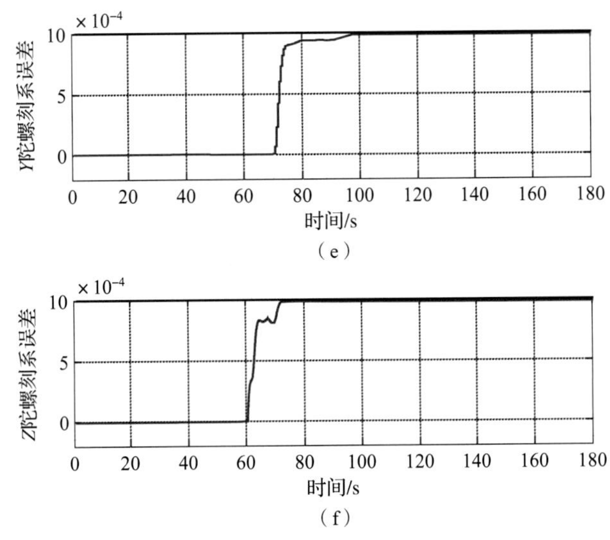

图 5－10　加速度计和陀螺刻度系数误差估计曲线(续)

(e) Y 陀螺刻系误差；(f) Z 陀螺刻系误差

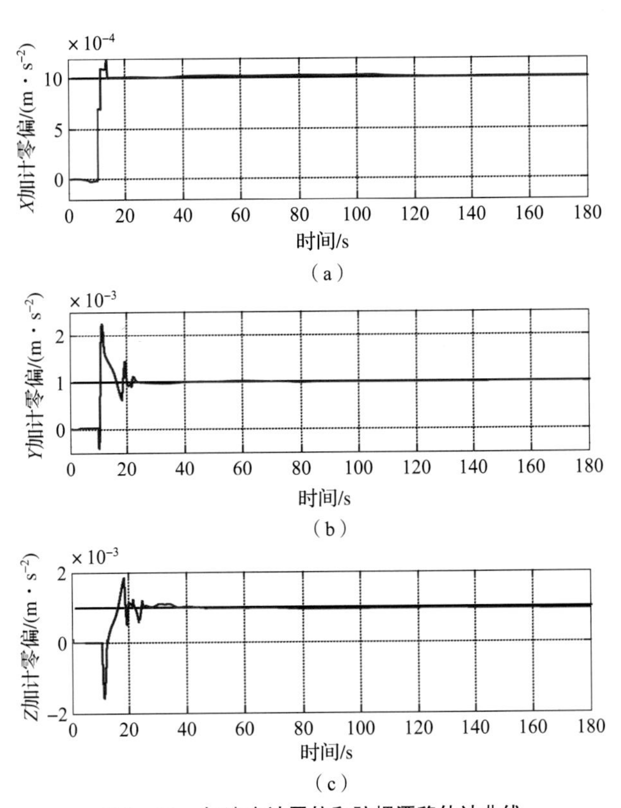

图 5－11　加速度计零偏和陀螺漂移估计曲线

(a) X 加计零偏；(b) Y 加计零偏；(c) Z 加计零偏

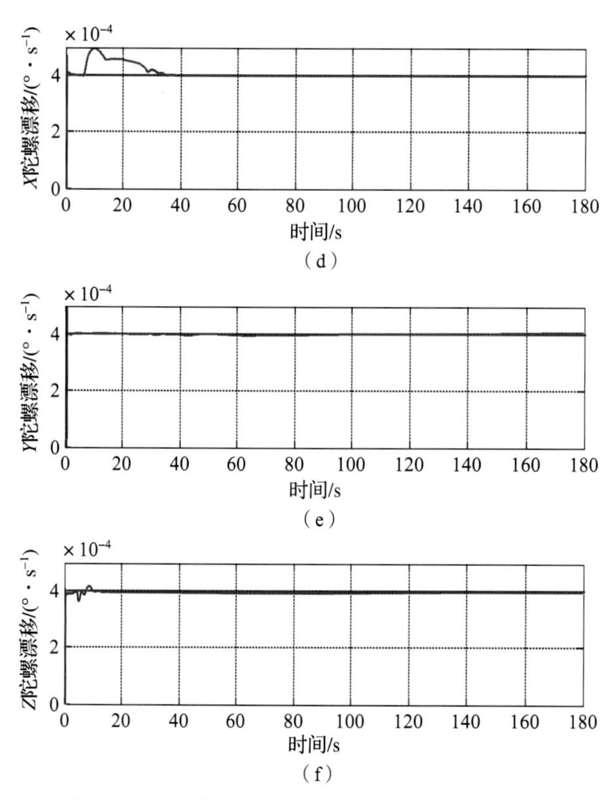

图 5－11　加速度计零偏和陀螺漂移估计曲线(续)

(d)X 陀螺漂移;(e)Y 陀螺漂移;(f)Z 陀螺漂移

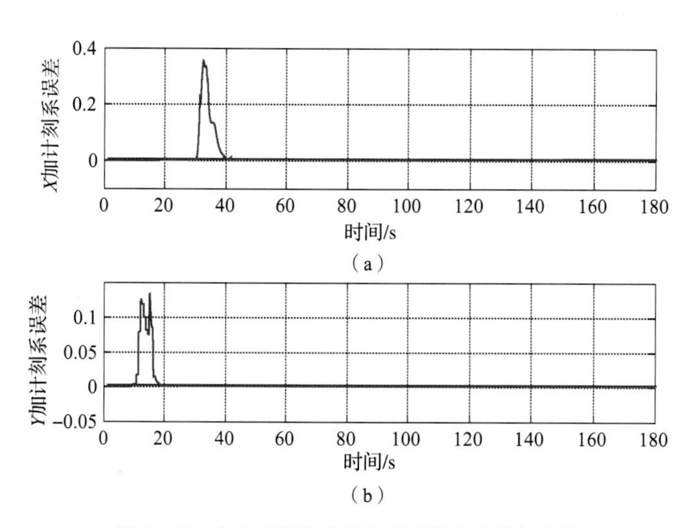

图 5－13　加速度计和陀螺刻度系数误差估计曲线

(a)X 加计刻系误差;(b)Y 加计刻系误差

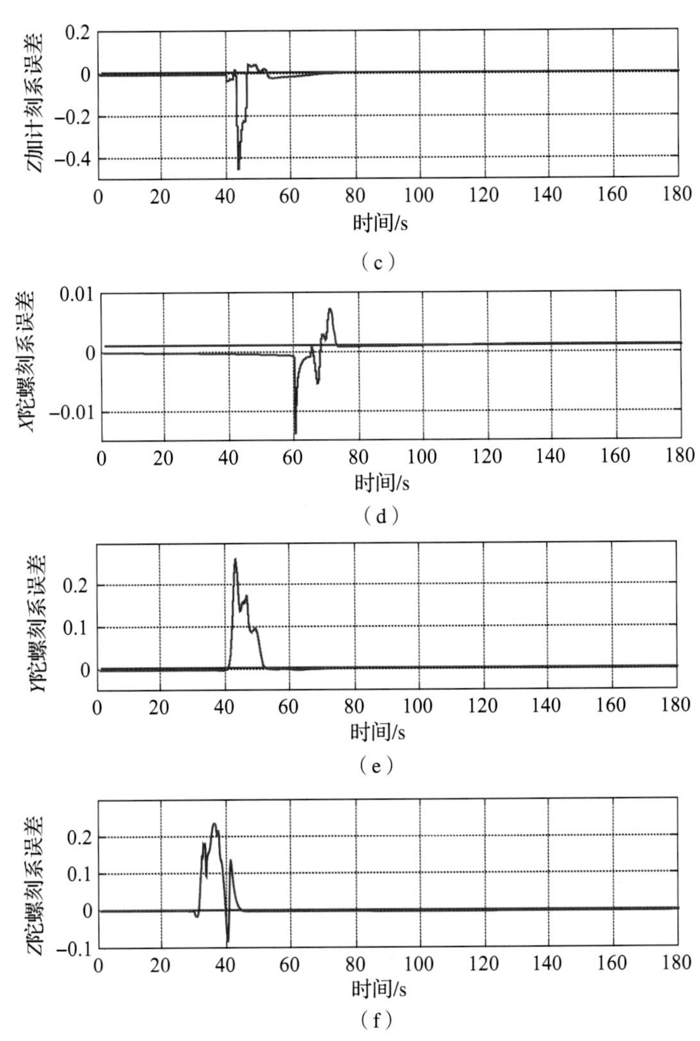

图 5－13　加速度计和陀螺刻度系数误差估计曲线（续）

（c）Z 加计刻系误差；（d）X 陀螺刻系误差；（e）Y 陀螺刻系误差；（f）Z 陀螺刻系误差

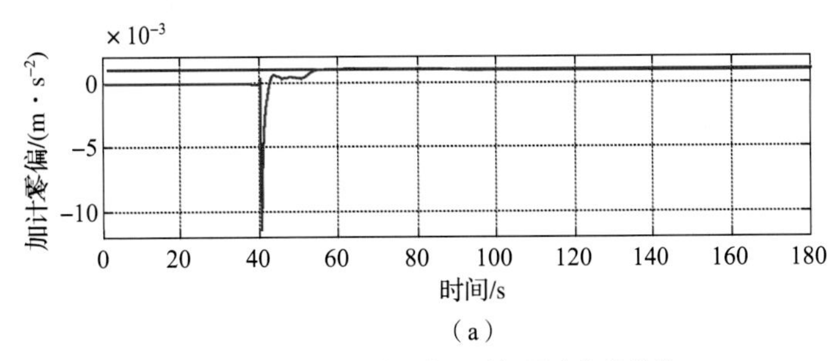

图 5－14　加速度计零偏和陀螺漂移估计曲线

（a）X 加计零偏

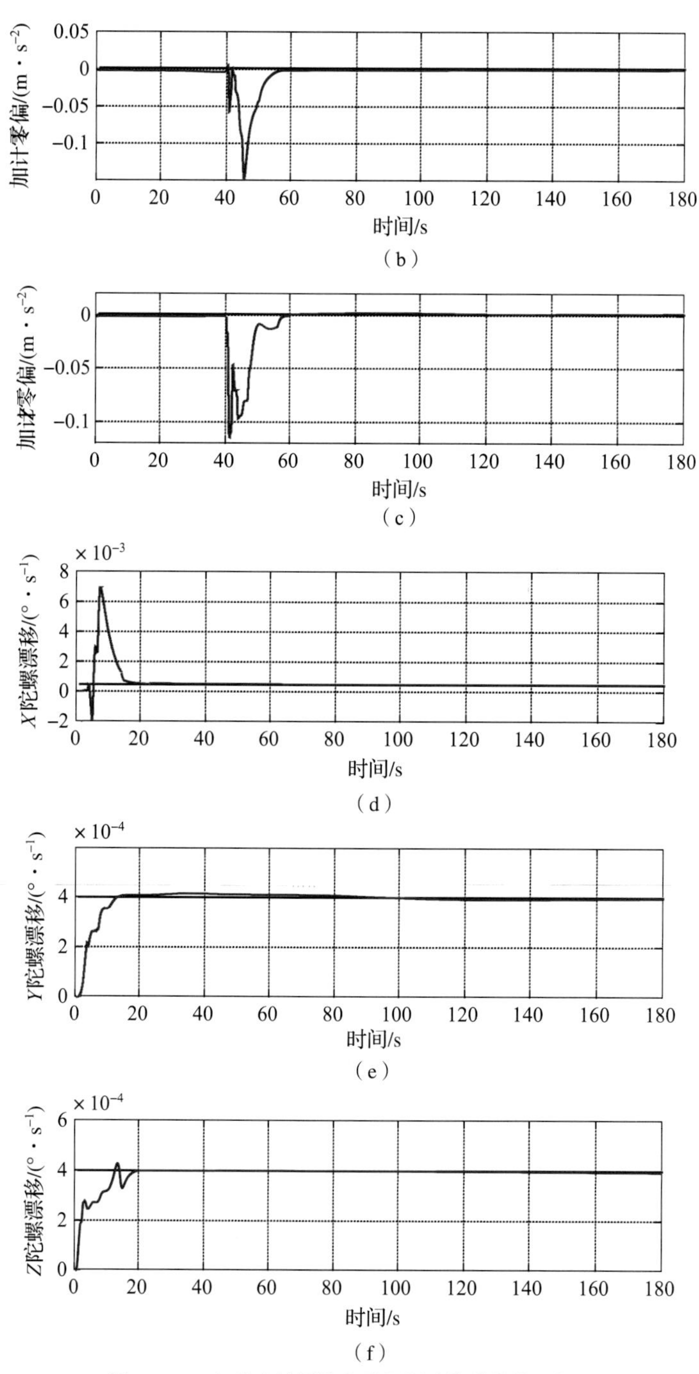

图 5－14　加速度计零偏和陀螺漂移估计曲线(续)

(b)Y 加计零偏;(c)Z 加计零偏;(d)X 陀螺漂移;(e)Y 陀螺漂移;(f)Z 陀螺漂移

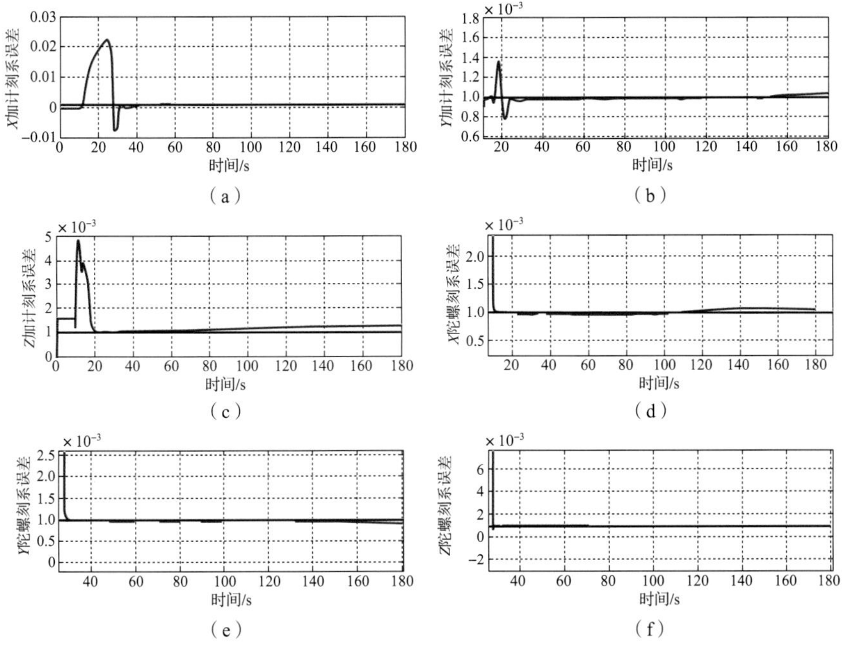

图 7-5　利用改进滤波算法得到的刻度系数估计结果

(a) X 加计刻系误差；(b) Y 加计刻系误差；(c) Z 加计刻系误差；(d) X 陀螺刻系误差；(e) Y 陀螺刻系误差；(f) Z 陀螺刻系误差

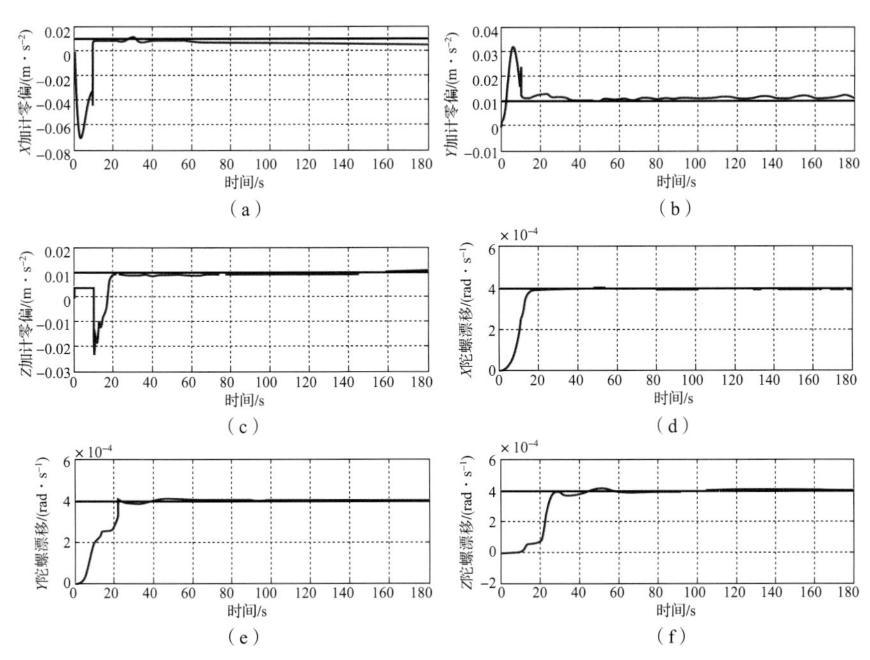

图 7-6　利用改进滤波算法得到的加计零偏和陀螺漂移的估计结果

(a) X 加计零偏；(b) Y 加计零偏；(c) Z 加计零偏；(d) X 陀螺漂移；(e) Y 陀螺漂移；(f) Z 陀螺漂移